N. BOURBAKI

ÉLÉMENTS DE MATHÉMATIQUE

N. BOURBAKI

ÉLÉMENTS DE
MATHÉMATIQUE

INTÉGRATION

Chapitres 7 et 8

Springer

Réimpression inchangée de l'édition originale de 1963

ISBN-10 3-540-35324-0 Springer Berlin Heidelberg New York
ISBN-13 978-3-540-35324-9 Springer Berlin Heidelberg New York

Springer est membre du Springer Science+Business Media
springer.com

Maquette de couverture: WMXDesign GmbH, Heidelberg
Imprimé sur papier non acide 41/3100/YL - 5 4 3 2 1 0 -

INTÉGRATION

CHAPITRE VII

MESURE DE HAAR

Dans ce chapitre et le suivant, lorsque nous parlerons d'une fonction (resp. d'une mesure), il s'agira indifféremment d'une fonction (resp. d'une mesure) réelle ou complexe ; si T *est un espace localement compact, la notation* $\mathcal{K}(\mathrm{T})$ *désignera indifféremment l'espace* $\mathcal{K}_{\mathbf{R}}(\mathrm{T})$ *ou l'espace* $\mathcal{K}_{\mathbf{C}}(\mathrm{T})$ *; de même pour les notations* $\overline{\mathcal{K}}(\mathrm{T})$, $\mathcal{C}(\mathrm{T})$, $\mathrm{L}^p(\mathrm{T}, \mu)$, $\mathcal{M}(\mathrm{T})$, *etc. Il est naturellement sous-entendu que dans une question où interviennent plusieurs fonctions, mesures ou espaces vectoriels, les résultats obtenus sont valables lorsque ces fonctions, mesures ou espaces vectoriels sont tous réels ou tous complexes. L'espace* $\overline{\mathcal{K}}(\mathrm{T})$ *sera toujours supposé muni de la topologie de la convergence uniforme, l'espace* $\mathcal{C}(\mathrm{T})$ *de la topologie de la convergence compacte, et l'espace* $\mathcal{K}(\mathrm{T})$ *de la topologie limite inductive dont la définition est rappelée en tête du chapitre* VI. *La notation* $\mathcal{K}_+(\mathrm{T})$ *désignera l'ensemble des fonctions* $\geqslant 0$ *de* $\mathcal{K}(\mathrm{T})$. *Si* $\mathrm{A} \subset \mathrm{T}$, *on notera toujours* φ_{A} *la fonction caractéristique de* A. *Si* $t \in \mathrm{T}$, ε_t *désignera la mesure positive définie par la masse* $+1$ *au point* t.

Tous les espaces localement convexes seront supposés séparés.

On notera e *les éléments neutres de tous les groupes considérés, sauf mention expresse du contraire.*

§ 1. Construction d'une mesure de Haar.

1. *Définitions et notations.*

Soit G un groupe topologique opérant continûment à gauche (*Top. gén.*, chap. III, 3e éd., § 2, n° 4) dans un espace localement compact X ; pour $s \in G$ et $x \in X$, soit sx le transformé de x par s. On notera $\gamma_X(s)$, ou $\gamma(s)$, l'homéomorphisme de X sur X défini par

$$\gamma(s)x = sx. \tag{1}$$

On a

$$\gamma(st) = \gamma(s)\gamma(t). \tag{2}$$

Si f est une fonction définie sur X, $\gamma(s)f$ sera définie par transport de structure, c'est-à-dire par la formule $(\gamma(s)f)(\gamma(s)x) = f(x)$; autrement dit :

$$(\gamma(s)f)(x) = f(s^{-1}x). \tag{3}$$

Si μ est une mesure définie sur X, $\gamma(s)\mu$ sera aussi définie par transport de structure, ce qui conduit à

$$\langle f, \gamma(s)\mu\rangle = \langle\gamma(s^{-1})f, \mu\rangle \quad \text{pour } f \in \mathscr{K}(X). \tag{4}$$

Autrement dit

$$\int_X f(x)d(\gamma(s)\mu)(x) = \int_X f(sx)d\mu(x). \tag{5}$$

Si A est un ensemble $(\gamma(s)\mu)$-intégrable, $s^{-1}A$ est μ-intégrable, et

$$(\gamma(s)\mu)(A) = \mu(s^{-1}A). \tag{6}$$

La mesure $\gamma(s)\mu$ peut aussi être définie comme *l'image* de μ par $\gamma(s)$.

Au lieu d'écrire $d(\gamma(s)\mu)(x)$, il est parfois commode d'écrire $d\mu(s^{-1}x)$; alors, (5) prend la forme suivante :

$$\int_X f(x)d\mu(s^{-1}x) = \int_X f(sx)d\mu(x) ;$$

le membre de droite se déduit de celui de gauche « en changeant x en sx ».

DÉFINITION 1. — *Soit* μ *une mesure sur* X.

a) *On dit que* μ *est invariante par* G *si* $\gamma(s)\mu = \mu$ *pour tout* $s \in G$.

b) *On dit que* μ *est relativement invariante par* G *si* $\gamma(s)\mu$ *est proportionnelle à* μ *pour tout* $s \in G$.

c) *On dit que* μ *est quasi-invariante par* G *si* $\gamma(s)\mu$ *est équivalente à* μ *pour tout* $s \in G$.

Remarques. — 1) Supposons μ invariante. Alors $|\mu|$, $\mathscr{R}\mu$, $\mathscr{I}\mu$ sont invariantes. Si μ est réelle, μ^+ et μ^- sont invariantes.

2) Supposons μ relativement invariante et non nulle. Il existe, pour tout $s \in G$, un nombre complexe $\chi(s)$ unique tel que

$$\gamma(s)\mu = \chi(s)^{-1}\mu \tag{7}$$

et la fonction χ sur G est une représentation de G dans $\mathbf{C}^*$ appelée *multiplicateur* de μ. La formule (5) donne alors

$$\int_X f(sx)d\mu(x) = \chi(s)^{-1}\int_X f(x)d\mu(x) \tag{8}$$

et la formule (6) donne

$$\mu(sA) = \chi(s)\mu(A). \tag{9}$$

Avec les conventions faites plus haut, (7) peut aussi s'écrire

$$d\mu(sx) = \chi(s)d\mu(x). \tag{10}$$

3) Comme $|\gamma(s)\mu| = \gamma(s)(|\mu|)$, dire que μ est quasi-invariante revient à dire que $|\mu|$ est quasi-invariante.

Si μ est quasi-invariante et si μ' est une autre mesure sur X équivalente à μ, $\gamma(s)\mu'$ est équivalente à $\gamma(s)\mu$, donc à μ, donc à μ', de sorte que μ' est quasi-invariante. Dire que μ est quasi-invariante par G signifie donc que la *classe* de μ est invariante par G.

Pour que μ soit quasi-invariante, il faut et il suffit que l'ensemble des parties localement μ-négligeables de X soit invariant par G (chap. V, § 5, n° 5, th. 2), ou encore que, pour toute partie compacte μ-négligeable K de X et tout $s \in G$, sK soit μ-négligeable *(loc. cit., Remarque)*.

Si μ est quasi-invariante, le support de μ est invariant par G. En particulier, si G est *transitif* dans X, ce support est ou bien vide (si $\mu = 0$) ou bien égal à X (si $\mu \neq 0$).

Lemme 1. — *Soient* X, Y, Z *trois espaces topologiques,* Y *étant localement compact. Soit* $(x, y) \to xy$ *une application continue de* $X \times Y$ *dans* Z, *qui définit une application* $x \to u_x$ *de* X *dans* $\mathscr{F}(Y; Z)$ *par la relation* $u_x(y) = xy$. *Soient* $\mathbf{f}$ *une fonction continue dans* Z, *à valeurs dans* $\overline{\mathbf{R}}$ *ou dans un espace de Banach,* S *le support de* $\mathbf{f}$, *et* μ *une mesure sur* Y. *On suppose que, pour tout* $x_0 \in X$, *il existe un voisinage* V *de* x_0 *dans* X *tel que* $\bigcup_{x \in V} u_x^{-1}(S)$ *soit relativement compact dans* Y. *Alors :*

a) *pour tout* $x \in X$, $\mathbf{f} \circ u_x$ *est continue dans* Y *et à support compact ;*

b) *l'application* $x \to \int_Y \mathbf{f}(xy) d\mu(y)$, *qui est définie d'après* a), *est continue dans* X.

L'assertion a) est évidente. Prouvons b). Comme la continuité est une propriété locale, on se ramène au cas où $\bigcup_{x \in X} u_x^{-1}(S)$ est contenu dans une partie compacte Y′ de Y. Comme la fonction $(x, y) \to \mathbf{f}(xy)$ est continue dans $X \times Y$, $\mathbf{f} \circ u_x$ tend uniformément dans Y′ vers $\mathbf{f} \circ u_{x_0}$ quand x tend vers x_0 (*Top. Gén.*, chap. X, 2e éd., § 3, n° 4, th. 3), donc $\mu(\mathbf{f} \circ u_x)$ tend vers $\mu(\mathbf{f} \circ u_{x_0})$. D'où le lemme.

Revenons maintenant aux notations antérieures.

Proposition 1. — *Supposons* G *localement compact. Soit* μ *une mesure relativement invariante non nulle sur* X. *Alors son multiplicateur* χ *est une fonction continue dans* G.

En effet, soient $f \in \mathscr{K}(X)$, S le support de f, s_0 un point de G, et V un voisinage compact de s_0 dans G ; alors

$$\bigcup_{s \in V} \gamma(s)^{-1}(S) = V^{-1}S$$

est compact dans X ; d'après le lemme 1 et la formule (8), $\chi(s)^{-1}\langle\mu, f\rangle$ dépend continûment de s ; si on a choisi f telle que $\langle\mu, f\rangle \neq 0$, on voit que χ est continu.

Soit maintenant G un groupe topologique opérant continûment à droite dans un espace localement compact X ; pour $s \in G$ et $x \in X$, soit xs le transformé de x par s. On notera $\boldsymbol{\delta}_X(s)$, ou $\boldsymbol{\delta}(s)$, l'homéomorphisme de X défini par

(1′) $$\boldsymbol{\delta}(s)x = xs^{-1}.$$

On a

(2′) $$\boldsymbol{\delta}(st) = \boldsymbol{\delta}(s)\boldsymbol{\delta}(t).$$

Par transport de structure, on définit l'action de $\boldsymbol{\delta}(s)$ sur les fonctions et les mesures sur X :

(3′) $$(\boldsymbol{\delta}(s)f)(x) = f(xs)$$

(4′) $$\langle f, \boldsymbol{\delta}(s)\mu\rangle = \langle\boldsymbol{\delta}(s^{-1})f, \mu\rangle$$

(5′) $$\int_X f(x)d(\boldsymbol{\delta}(s)\mu)(x) = \int_X f(xs^{-1})d\mu(x)$$

(6′) $$(\boldsymbol{\delta}(s)\mu)(A) = \mu(As).$$

On convient d'écrire $d\mu(xs)$ au lieu de $d(\boldsymbol{\delta}(s)\mu)(x)$, et (5′) prend la forme

$$\int_X f(x)d\mu(xs) = \int_X f(xs^{-1})d\mu(x).$$

On définit de manière analogue les mesures invariantes, relativement invariantes et quasi-invariantes par G sur X. Si μ est relativement invariante, on définit son multiplicateur χ par les formules

(7′) $$\boldsymbol{\delta}(s)\mu = \chi(s)\mu$$

(8′) $$\int_X f(xs)d\mu(x) = \chi(s)^{-1}\int_X f(x)d\mu(x)$$

(9′) $$\mu(\mathrm{A}s) = \chi(s)\mu(\mathrm{A}).$$

(10′) $$d\mu(xs) = \chi(s)d\mu(x).$$

Si on considère le groupe opposé G^0 à G comme opérant dans X par $(x, s) \to xs$, μ est relativement invariante par G^0 de même multiplicateur χ.

Soit enfin G un groupe localement compact. Il opère sur lui-même par translations à gauche et à droite, suivant les formules $\gamma(s)x = sx$, $\delta(s)x = xs^{-1}$. On a

(11) $$\gamma(s)\delta(t) = \delta(t)\gamma(s).$$

Tout ce qui précède est applicable, et on a donc, sur G, les notions de mesures *invariantes à gauche*, *invariantes à droite*, *relativement invariantes à gauche*, *relativement invariantes à droite*, *quasi-invariantes à gauche*, *quasi-invariantes à droite* (cf., toutefois, les nos 8 et 9).

L'application $x \to x^{-1}$ est un homéomorphisme de G sur G. Pour toute fonction f sur G, on définira la fonction $\check{f}$ sur G par

(12) $$\check{f}(x) = f(x^{-1}).$$

Pour toute mesure μ sur G, on définira la mesure $\check{\mu}$ par

(13) $$\check{\mu}(f) = \mu(\check{f}) \quad \text{pour } f \in \mathscr{K}(\mathrm{G}).$$

Autrement dit

(14) $$\int_{\mathrm{G}} f(x)d\check{\mu}(x) = \int_{\mathrm{G}} f(x^{-1})d\mu(x).$$

Si A est un ensemble $\check{\mu}$-intégrable, A^{-1} est μ-intégrable, et

(15) $$\check{\mu}(\mathrm{A}) = \mu(\mathrm{A}^{-1}).$$

On convient d'écrire $d\mu(x^{-1})$ au lieu de $d\check{\mu}(x)$, et (14) prend la forme

$$\int_{\mathrm{G}} f(x)d\mu(x^{-1}) = \int_{\mathrm{G}} f(x^{-1})d\mu(x).$$

2. *Le théorème d'existence et d'unicité.*

DÉFINITION 2. — *Soit* G *un groupe localement compact. On appelle mesure de Haar à gauche* (resp. *à droite*) *sur* G *une mesure positive non nulle sur* G, *invariante à gauche* (resp. *à droite*).

THÉORÈME 1. — *Sur tout groupe localement compact, il existe une mesure de Haar à gauche* (resp. *à droite*), *et, à un facteur constant près, il n'en existe qu'une.*

A) *Existence.* — Posons $\mathcal{K}(G) = \mathcal{K}$, $\mathcal{K}_+(G) = \mathcal{K}_+$,

$$\mathcal{K}_+^* = \mathcal{K}_+ - \{0\}.$$

Si C est une partie compacte de G, on notera $\mathcal{K}_+^*(C)$ l'ensemble des $f \in \mathcal{K}_+^*$ à support dans C. Pour $f \in \mathcal{K}$ et $g \in \mathcal{K}_+^*$, il existe des nombres $c_1, \ldots, c_n \geqslant 0$ et des éléments $s_1, \ldots, s_n$ de G tels que $f \leqslant \sum_{i=1}^{n} c_i \gamma(s_i) g$: en effet, il existe une partie ouverte non vide U de G telle que $\inf_{s \in U} g(s) > 0$, et le support de f peut être recouvert par un nombre fini de translatés à gauche de U. Soit alors $(f : g)$ la borne inférieure des nombres $\sum_{i=1}^{n} c_i$ pour tous les systèmes $(c_1, \ldots, c_n, s_1, \ldots, s_n)$ de nombres $\geqslant 0$ et d'éléments de G tels que $f \leqslant \sum_{i=1}^{n} c_i \gamma(s_i) g$. On a :

(i) $(\gamma(s)f : g) = (f : g)$ pour $f \in \mathcal{K}$, $g \in \mathcal{K}_+^*$, $s \in G$;

(ii) $(\lambda f : g) = \lambda (f : g)$ pour $f \in \mathcal{K}$, $g \in \mathcal{K}_+^*$, $\lambda \geqslant 0$;

(iii) $((f + f') : g) \leqslant (f : g) + (f' : g)$ pour $f \in \mathcal{K}$, $f' \in \mathcal{K}$, $g \in \mathcal{K}_+^*$;

(iv) $(f : g) \geqslant (\sup f)/(\sup g)$ pour $f \in \mathcal{K}$, $g \in \mathcal{K}_+^*$;

(v) $(f : h) \leqslant (f : g)(g : h)$ pour $f \in \mathcal{K}$, $g \in \mathcal{K}_+^*$, $h \in \mathcal{K}_+^*$;

(vi) $0 < \dfrac{1}{(f_0 : f)} \leqslant \dfrac{(f : g)}{(f_0 : g)} \leqslant (f : f_0)$ pour f, f_0, g dans $\mathcal{K}_+^*$;

(vii) soient f, f', h dans $\mathcal{K}_+$ avec $h(s) \geqslant 1$ dans le support de $f + f'$, et soit $\varepsilon > 0$; il existe un voisinage compact V de e tel que, pour toute $g \in \mathcal{K}_+^*(V)$, on ait

$$(f : g) + (f' : g) \leqslant ((f + f') : g) + \varepsilon (h : g).$$

Les propriétés (i), (ii), (iii) sont évidentes. Soient $f \in \mathcal{K}$, $g \in \mathcal{K}_+^*$; si $f \leqslant \sum_{i=1}^{n} c_i\gamma(s_i)g$ avec des $c_i \geqslant 0$, on a

$$\sup f \leqslant \sum_{i=1}^{n} c_i g(s_i^{-1}s)$$

pour un $s \in G$, donc $\sup f \leqslant \left(\sum_{i=1}^{n} c_i\right) \sup g$, d'où (iv). Prouvons (v) ; soient $f \in \mathcal{K}$, g, h dans $\mathcal{K}_+^*$; si $f \leqslant \sum_{i=1}^{n} c_i\gamma(s_i)g$ et $g \leqslant \sum_{j=1}^{p} d_j\gamma(t_j)h$ ($c_i \geqslant 0$, $d_j \geqslant 0$, s_i, t_j dans G), on a $f \leqslant \sum_{i,j} c_i d_j \gamma(s_i t_j)h$, donc $(f : h) \leqslant \sum_{i,j} c_i d_j = \left(\sum_i c_i\right)\left(\sum_j d_j\right)$; donc $(f : h) \leqslant (f : g)(g : h)$. Si on applique (v) à f_0, f, g d'une part et à f, f_0, g d'autre part, on obtient (vi). Enfin, soient f, f', h dans $\mathcal{K}_+$ avec $h(s) \geqslant 1$ dans le support de $f + f'$, et soit $\varepsilon > 0$. Posons $F = f + f' + \frac{1}{2}\varepsilon h$; les fonctions φ, φ', qui coïncident respectivement avec f/F et f'/F dans le support de $f + f'$ et qui sont nulles en dehors de celui-ci, appartiennent à $\mathcal{K}_+$; pour tout $\eta > 0$, il existe un voisinage compact V de e tel que $|\varphi(s) - \varphi(t)| \leqslant \eta$ et $|\varphi'(s) - \varphi'(t)| \leqslant \eta$ pour $s^{-1}t \in V$. Soit alors $g \in \mathcal{K}_+^*(V)$; pour tout $s \in G$, on a $\varphi . \gamma(s)g \leqslant (\varphi(s)+\eta) . \gamma(s)g$: en effet, c'est évident aux points où $\gamma(s)g$ s'annule, donc hors de sV ; et, dans sV, on a $\varphi \leqslant \varphi(s) + \eta$; de même,

$$\varphi' . \gamma(s)g \leqslant (\varphi'(s) + \eta) . \gamma(s)g.$$

Ceci posé, soient $c_1, \ldots, c_n$ des nombres $\geqslant 0$ et $s_1, \ldots, s_n$ des éléments de G tels que $F \leqslant \sum_{i=1}^{n} c_i\gamma(s_i)g$; on a

$$f = \varphi F \leqslant \sum_{i=1}^{n} c_i \varphi . \gamma(s_i)g \leqslant \sum_{i=1}^{n} c_i(\varphi(s_i) + \eta) . \gamma(s_i)g$$

et de même pour f' ; par suite

$$(f : g) + (f' : g) \leqslant \sum_{i=1}^{n} c_i(\varphi(s_i) + \varphi'(s_i) + 2\eta) \leqslant (1 + 2\eta) \sum_{i=1}^{n} c_i$$

puisque $\varphi + \varphi' \leqslant 1$. En appliquant la définition de F, puis (ii), (iii), et (v), on en conclut

$$(f : g) + (f' : g) \leqslant (1 + 2\eta)(\mathrm{F} : g) \leqslant$$
$$(1 + 2\eta)[((f + f') : g) + \frac{1}{2}\varepsilon(h : g)] \leqslant ((f + f') : g) + \frac{1}{2}\varepsilon(h : g)$$
$$+ 2\eta((f + f') : h)(h : g) + \varepsilon\eta(h : g)$$

et, si l'on a choisi η tel que $\eta[2((f + f') : h) + \varepsilon] \leqslant \frac{1}{2}\varepsilon$, on obtient (vii).

Quand V parcourt l'ensemble des voisinages compacts de e, les $\mathscr{K}_+^*(\mathrm{V})$ forment une base d'un filtre $\mathfrak{B}$ sur $\mathscr{K}_+^*$. Soit $\mathfrak{F}$ un ultrafiltre sur $\mathscr{K}_+^*$ plus fin que $\mathfrak{B}$. D'autre part, fixons $f_0 \in \mathscr{K}_+^*$ et posons, pour $f \in \mathscr{K}_+^*$ et $g \in \mathscr{K}_+^*$

$$\mathrm{I}_g(f) = \frac{(f : g)}{(f_0 : g)}.$$

D'après (vi), $\lim_{g, \mathfrak{F}} \mathrm{I}_g(f) = \mathrm{I}(f)$ existe dans l'espace compact $[1/(f_0 : f), (f : f_0)]$. D'après (iii), on a $\mathrm{I}(f + f') \leqslant \mathrm{I}(f) + \mathrm{I}(f')$. D'après (vii), on a $\mathrm{I}(f) + \mathrm{I}(f') \leqslant \mathrm{I}(f + f') + \varepsilon\mathrm{I}(h)$ quel que soit $\varepsilon > 0$ si h est $\geqslant 1$ dans le support de $f + f'$; il s'ensuit que $\mathrm{I}(f + f') = \mathrm{I}(f) + \mathrm{I}(f')$. D'après le chap. II, § 2, n° 1, prop. 2, I se prolonge en une forme linéaire sur $\mathscr{K}$; cette forme linéaire est une mesure positive non nulle sur G, invariante à gauche d'après (i) ; c'est la mesure de Haar à gauche cherchée. Passant au groupe opposé, on en déduit l'existence d'une mesure de Haar à droite.

B) *Unicité.* — Soient μ une mesure de Haar à gauche, ν une mesure de Haar à droite. Alors $\check{\nu}$ est une mesure de Haar à gauche. On va montrer que μ et $\check{\nu}$ sont proportionnelles. Ceci prouvera bien que deux mesures de Haar à gauche sont proportionnelles.

Soit $f \in \mathscr{K}$ telle que $\mu(f) \neq 0$. D'après le lemme 1, la fonction D_f définie sur G par

$$\mathrm{D}_f(s) = \mu(f)^{-1}\int f(t^{-1}s)d\nu(t) \tag{16}$$

est continue dans G. Soit $g \in \mathcal{K}$. La fonction $(s, t) \to f(s)g(ts)$ est continue à support compact dans G × G. D'après le chap. III, § 5, n° 1, th. 2, on a

$$(17) \qquad \mu(f)\nu(g) = \left(\int f(s)d\mu(s)\right)\left(\int g(t)d\nu(t)\right)$$

$$= \int d\mu(s)\int f(s)g(ts)d\nu(t) = \int d\nu(t)\int f(s)g(ts)d\mu(s)$$

$$= \int d\nu(t)\int f(t^{-1}s)g(s)d\mu(s)$$

$$= \int g(s)\left[\int f(t^{-1}s)d\nu(t)\right]d\mu(s) = \mu(g.\mu(f)\mathrm{D}_f)$$

d'où

$$(18) \qquad \nu(g) = \mu(\mathrm{D}_f . g).$$

Ceci prouve d'abord que D_f ne dépend pas de f. Car, si $f' \in \mathcal{K}$ est telle que $\mu(f') \neq 0$, on a $\mathrm{D}_f . \mu = \mathrm{D}_{f'} . \mu$, donc $\mathrm{D}_f = \mathrm{D}_{f'}$ localement presque partout pour μ, donc partout puisque D_f et $\mathrm{D}_{f'}$ sont continues et que le support de μ est G. Posons donc $\mathrm{D}_f = \mathrm{D}$. La formule (16) donne

$$(19) \qquad \mu(f)\mathrm{D}(e) = \check{\nu}(f).$$

La formule (19) s'étend par linéarité aux fonctions $f \in \mathcal{K}$ telles que $\mu(f) = 0$. On a $\mathrm{D}(e) \neq 0$ puisque $\check{\nu} \neq 0$. Ceci établit bien la proportionnalité de μ et $\check{\nu}$.

Corollaire. — *Toute mesure invariante à gauche* (resp. *à droite*) *sur* G *est proportionnelle à une mesure de Haar à gauche* (resp. *à droite*).

Exemples. — 1) Sur le groupe additif **R**, la mesure de Lebesgue dx est une mesure de Haar (Chap. III, § 2, n° 2, *Exemple*).

2) Pour toute fonction $f \in \mathcal{K}(\mathbf{R}_+^*)$, on a (*Fonct. var. réelle*, chap. II, § 1, formule (13))

$$\int_0^{+\infty} \frac{f(x)}{x}\,dx = \int_0^{+\infty} \frac{f(tx)}{tx}\,tdx = \int_0^{+\infty} \frac{f(tx)}{x}\,dx$$

quel que soit $t > 0$; la mesure $x^{-1}dx$ est donc une mesure de Haar sur le groupe multiplicatif $\mathbf{R}_+^*$.

3) Prenons pour G le tore $\mathbf{T} = \mathbf{R}/\mathbf{Z}$. Soit φ l'application canonique de $\mathbf{R}$ sur $\mathbf{T}$. Pour $f \in \mathscr{K}(\mathbf{T})$, la fonction $f \circ \varphi$ est continue et périodique de période 1 sur $\mathbf{R}$, et l'intégrale

$$\mathrm{I}(f) = \int_a^{a+1} f(\varphi(x))dx$$

est indépendante du choix de $a \in \mathbf{R}$; il est immédiat qu'elle est invariante par translation ; elle définit donc une mesure de Haar sur $\mathbf{T}$. Par transport de structure, on en déduit que $\mathrm{I}(f) = \int_a^{a+1} f(e^{2\pi it})dt$ est une mesure de Haar sur le groupe multiplicatif $\mathbf{U}$ des nombres complexes de valeur absolue 1 (*Top. gén.*, chap. VIII, § 2, n° 1).

PROPOSITION 2. — *Soient* G *un groupe localement compact,* μ *une mesure de Haar à gauche ou à droite sur* G. *Pour que* G *soit discret, il faut et il suffit que* $\mu(\{e\}) > 0$. *Pour que* G *soit compact, il faut et il suffit que* $\mu^*(\mathrm{G}) < +\infty$.

Les conditions sont évidemment nécessaires. Montrons leur suffisance. Soit V un voisinage compact de e. Si $\mu(\{e\}) > 0$, V est un ensemble fini puisque $\mu(\mathrm{V}) < +\infty$; comme G est séparé, il est donc discret. Supposons $\mu^*(\mathrm{G}) < +\infty$, et μ invariante à gauche par exemple. Considérons l'ensemble $\mathscr{E}$ des parties finies $\{s_1, \ldots, s_n\}$ de G telles que $s_i\mathrm{V} \cap s_j\mathrm{V} = \varnothing$ pour $i \neq j$; on a

$$n\mu(\mathrm{V}) = \mu(s_1\mathrm{V} \cup \ldots \cup s_n\mathrm{V}) \leq \mu^*(\mathrm{G}),$$

donc $n \leq \mu^*(\mathrm{G})/\mu(\mathrm{V})$. On peut donc choisir dans $\mathscr{E}$ un élément $\{s_1, \ldots, s_n\}$ maximal. Alors, pour tout $s \in \mathrm{G}$, il y a un i tel que $s\mathrm{V} \cap s_i\mathrm{V} \neq \varnothing$, donc tel que $s \in s_i\mathrm{VV}^{-1}$. Donc G est réunion des ensembles compacts $s_i\mathrm{VV}^{-1}$ et est par suite compact.

3. Module.

Soit μ une mesure de Haar à gauche sur G. Pour tout $s \in G$, $\delta(s)\mu$ est encore invariante à gauche (n° 1, formule (11)), donc (th. 1) il existe un nombre unique $\Delta_G(s) > 0$ tel que $\delta(s)\mu = \Delta_G(s)\mu$. En vertu du th. 1, le nombre $\Delta_G(s)$ est indépendant du choix de μ.

DÉFINITION 3. — *La fonction* Δ_G *sur* G *s'appelle le module de* G. *Si* $\Delta_G = 1$, *le groupe* G *est dit unimodulaire.*

On peut dire aussi que μ est relativement invariante à droite de multiplicateur Δ_G. Donc Δ_G est une *représentation continue de* G *dans* $\mathbf{R}_+^*$ (n° 1, prop. 1).

Remarque. — Si φ est un isomorphisme de G sur un groupe localement compact G', on a $\Delta_{G'} \circ \varphi = \Delta_G$. En particulier :

1) Comme $x \to x^{-1}$ est un isomorphisme de G sur le groupe opposé G^0, on a $\Delta_{G^0} = \Delta_G^{-1}$.

2) Si φ est un automorphisme de G, on a $\Delta_G \circ \varphi = \Delta_G$.

Soit $s \in G$. On a :

$$\delta(s)(\Delta_G^{-1}.\mu) = (\delta(s)\Delta_G^{-1}).(\delta(s)\mu) = (\Delta_G(s)^{-1}\Delta_G^{-1}).(\Delta_G(s)\mu) = \Delta_G^{-1}.\mu$$

donc $\Delta_G^{-1}.\mu = \mu'$ est une mesure de Haar à droite. On en déduit que $\gamma(s)\mu' = (\gamma(s)\Delta_G^{-1}).\mu = \Delta_G(s)(\Delta_G^{-1}.\mu) = \Delta_G(s)\mu'$, donc, pour toute mesure de Haar à droite ν, on a $\gamma(s)\nu = \Delta_G(s)\nu$. Puisque $\check{\mu}$ est une mesure de Haar à droite, on a $\check{\mu} = a\Delta_G^{-1}.\mu$ avec une constante $a > 0$; on en déduit

$$\mu = a(\Delta_G^{-1}.\mu)^{\vee} = a\Delta_G.\check{\mu} = a^2\mu,$$

donc $a = 1$ et finalement $\check{\mu} = \Delta_G^{-1}.\mu$. On voit de même que $\check{\nu} = \Delta_G.\nu$. On a donc les résultats suivants :

Formulaire. — Soient G un groupe localement compact, Δ son module, μ une mesure de Haar à gauche, ν une mesure de Haar à droite.

1) On a

$$(20) \qquad \gamma(s)\mu = \mu \qquad \delta(s)\mu = \Delta(s)\mu \qquad \check{\mu} = \Delta^{-1}.\mu.$$

Si f est μ-intégrable sur G, les translatées à gauche et à droite de f sont μ-intégrables, et on a

$$(21) \qquad \begin{aligned} \int f(sx)d\mu(x) &= \int f(x)d\mu(x) \\ \int f(xs)d\mu(x) &= \Delta(s)^{-1}\int f(x)d\mu(x). \end{aligned}$$

En outre, $\check{f}$ est intégrable pour $\Delta^{-1}.\mu$ et

$$(22) \qquad \int f(x^{-1})\Delta(x)^{-1}d\mu(x) = \int f(x)d\mu(x).$$

Si A est une partie μ-intégrable de G, sA et As sont μ-intégrables et

$$(23) \qquad \mu(sA) = \mu(A) \qquad \mu(As) = \Delta(s)\mu(A).$$

2) On a

$$(24) \qquad \delta(s)\nu = \nu \qquad \gamma(s)\nu = \Delta(s)\nu \qquad \check{\nu} = \Delta.\nu.$$

Si f est ν-intégrable sur G, les translatées à gauche et à droite de f sont ν-intégrables, et on a

$$(25) \qquad \begin{aligned} \int f(xs)d\nu(x) &= \int f(x)d\nu(x) \\ \int f(sx)d\nu(x) &= \Delta(s)\int f(x)d\nu(x). \end{aligned}$$

En outre, $\check{f}$ est intégrable pour $\Delta.\nu$ et

$$(26) \qquad \int f(x^{-1})\Delta(x)d\nu(x) = \int f(x)d\nu(x).$$

Si A est une partie ν-intégrable de G, sA et As sont ν-intégrables et

$$(27) \qquad \nu(As) = \nu(A) \qquad \nu(sA) = \Delta(s)^{-1}\nu(A).$$

3) ν est proportionnelle à $\Delta^{-1}.\mu$, μ est proportionnelle à $\Delta.\nu$.

4) Supposons G *unimodulaire.* Soit μ une mesure de Haar sur G. On a

$$\gamma(s)\mu = \delta(s)\mu = \check{\mu} = \mu. \tag{28}$$

Si f est μ-intégrable sur G, les translatées à gauche et à droite de f sont μ-intégrables ainsi que $\check{f}$, et l'on a

$$\int f(sx)d\mu(x) = \int f(xs)d\mu(x) = \int f(x^{-1})d\mu(x) = \int f(x)d\mu(x). \tag{29}$$

Si A est une partie μ-intégrable de G, sA, As et A^{-1} sont μ-intégrables, et

$$\mu(sA) = \mu(As) = \mu(A^{-1}) = \mu(A). \tag{30}$$

On a des propriétés analogues pour l'intégrale essentielle.

Proposition 3. — *S'il existe dans* G *un voisinage compact* V *de* e *invariant par les automorphismes intérieurs, alors* G *est unimodulaire.*

En effet, soit μ une mesure de Haar à gauche sur G. On a, pour tout $s \in G$, $\mu(V) = \mu(s^{-1}Vs) = \Delta_G(s)\mu(V)$, d'où

$$\Delta_G(s) = 1$$

puisque $0 < \mu(V) < +\infty$.

On en déduit aussitôt :

Corollaire. — *Si* G *est discret, ou compact, ou commutatif,* G *est unimodulaire.*

Ceci est d'ailleurs trivial lorsque G est *commutatif*. Notons aussi que, si G est *discret*, la mesure sur G pour laquelle chaque point est de masse 1 est évidemment une mesure de Haar à gauche et à droite sur G, qu'on appelle mesure de Haar *normalisée* sur G. Si G est *compact*, il existe une mesure de Haar μ et une seule sur G telle que $\mu(G) = 1$; on l'appelle la mesure de Haar *normalisée* de G. Les deux conventions précédentes ne concordent pas lorsque G est à la fois discret et compact, c'est-à-dire fini ; quand on sera dans ce cas, on précisera toujours explicitement ce qu'on entend par mesure de Haar normalisée.

Un sous-groupe, un groupe quotient d'un groupe unimodulaire ne sont pas toujours unimodulaires (§ 2, exerc. 5). Cf., toutefois, le § 2, n° 7, prop. 10.

Nous verrons plus tard que les groupes de Lie connexes semi-simples ou nilpotents sont unimodulaires.

4. *Module d'un automorphisme.*

Soient G un groupe localement compact, φ un automorphisme de G, μ une mesure de Haar à gauche sur G. Il est clair que $\varphi^{-1}(\mu)$ est encore une mesure de Haar à gauche sur G. Il existe donc (n° 2, th. 1) un nombre $a > 0$ et un seul tel que $\varphi^{-1}(\mu) = a\mu$. D'après le n° 2, th. 1, ce nombre est indépendant du choix de μ. Remarquons que, si l'on partait d'une mesure de Haar à droite, par exemple $\Delta_G^{-1} . \mu$ (n° 3), on aboutirait au même scalaire a : car, comme φ^{-1} laisse Δ_G invariant (n° 3, *Remarque*), on a $\varphi^{-1}(\Delta_G^{-1} . \mu) = \Delta_G^{-1} . \varphi^{-1}(\mu) = a\Delta_G^{-1} . \mu$.

DÉFINITION 4. — *Le nombre $a > 0$ tel que $\varphi^{-1}(\mu) = a\mu$ s'appelle le module de l'automorphisme φ et se note* $\mathrm{mod}_G \varphi$ *ou simplement* $\mathrm{mod}\, \varphi$.

Si f est une fonction μ-intégrable sur G, on a

$$\int f(\varphi^{-1}(x))d\mu(x) = (\mathrm{mod}\, \varphi)\int f(x)d\mu(x). \tag{31}$$

Si A est une partie μ-intégrable de G, on a

$$\mu(\varphi(\mathrm{A})) = (\mathrm{mod}\, \varphi)\mu(\mathrm{A}). \tag{32}$$

En particulier, pour $s \in G$, soit i_s l'automorphisme intérieur $x \to s^{-1}xs$. On a $i_s^{-1} = \delta(s)\gamma(s)$, donc

$$i_s^{-1}(\mu) = \delta(s)\mu = \Delta_G(s)\mu,$$

et par suite

(33) $$\operatorname{mod} i_s = \Delta_G(s).$$

Si G est soit discret, soit compact, sa mesure de Haar normalisée est transformée en elle-même par tout automorphisme φ de G, comme on le voit tout de suite par transport de structure. Donc *un automorphisme d'un groupe discret ou compact est de module* 1.

PROPOSITION 4. — *Soient* G *un groupe localement compact,* Γ *un groupe topologique, et* $\gamma \to u_\gamma$ *un homomorphisme de* Γ *dans le groupe* $\mathscr{G}$ *des automorphismes de* G, *tel que* $(\gamma, x) \to u_\gamma(x)$ *soit une application continue de* $\Gamma \times G$ *dans* G. *Alors l'application* $\gamma \to \operatorname{mod}(u_\gamma)$ *est une représentation continue de* Γ *dans* $\mathbf{R}_+^*$.

Cette application est évidemment une représentation (algébrique) de Γ dans $\mathbf{R}_+^*$; il suffit de prouver sa continuité. Soient $f \in \mathscr{K}(G)$ et S son support. Soient $\gamma_0 \in \Gamma$ et U un voisinage relativement compact de $u_{\gamma_0}^{-1}(S)$. L'application $\gamma \to u_\gamma$ est une application continue de Γ dans $\mathscr{G}$ muni de la topologie de la convergence compacte (*Top. Gén.*, chap. X, 2e éd., § 3, no 4, th. 3) ; donc $u_\gamma^{-1}(S) \subset U$ pour γ assez voisin de γ_0. Le lemme 1 du no 1 prouve alors que $\int f(u_\gamma(x))d\mu(x)$ (où μ désigne une mesure de Haar à gauche de G) dépend continûment de γ ; d'où la proposition.

5. *Mesure de Haar d'un produit.*

PROPOSITION 5. — *Soit* $(G_\iota)_{\iota\in I}$ *une famille de groupes localement compacts. Pour tout* $\iota \in I$, *soit* μ_ι *une mesure de Haar à gauche* (resp. *à droite*) *sur* G_ι. *On suppose qu'il existe une partie finie* J *de* I *telle que, pour tout* $\iota \in I - J$, G_ι *soit compact et* $\mu(G_\iota) = 1$. *Alors la mesure produit* $\bigotimes_{\iota\in I} \mu_\iota$ *est une mesure de Haar à gauche* (resp. *à droite*) *sur* $G = \prod_{\iota\in I} G_\iota$. *Si* $x = (x_\iota) \in G$, *on a*

$$\Delta_G(x) = \prod_{\iota\in I} \Delta_{G_\iota}(x_\iota).$$

Pour toute partie finie J de I, $\bigotimes_{\iota \in J} \mu_\iota$ est une mesure de Haar à gauche (resp. à droite) sur $\prod_{\iota \in J} G_\iota$, comme il résulte aussitôt des définitions. Donc $\bigotimes_{\iota \in I} \mu_\iota$ est une mesure de Haar à gauche (resp. à droite) sur G (chap. III, § 5, n° 5, prop. 6). D'autre part, si les μ_ι sont des mesures de Haar à gauche, on a

$$\delta(x)(\bigotimes_{\iota \in I} \mu_\iota) = \bigotimes_{\iota \in I} \delta(x_\iota)\mu_\iota = \bigotimes_{\iota \in I} (\Delta_{G_\iota}(x_\iota)\mu_\iota) = (\prod_{\iota \in I} \Delta_{G_\iota}(x_\iota)) \bigotimes_{\iota \in I} \mu_\iota,$$

d'où $\Delta_G(x) = \prod_{\iota \in I} \Delta_{G_\iota}(x_\iota)$.

Exemples. — 1) La mesure de Lebesgue sur $\mathbf{R}^n$ est une mesure de Haar du groupe additif $\mathbf{R}^n$.

2) L'application $(r, u) \to ru$ est un isomorphisme de $\mathbf{R}_+^* \times \mathbf{U}$ sur $\mathbf{C}^*$ (*Top. gén.*, chap. VIII, § 1, n° 3). Si on identifie $\mathbf{C}^*$ à $\mathbf{R}_+^* \times \mathbf{U}$ par cet isomorphisme, et si on note du une mesure de Haar de $\mathbf{U}$, $r^{-1}drdu$ est une mesure de Haar de $\mathbf{C}^*$ d'après l'exemple 2 du n° 2. D'autre part, la bijection $\theta \to e^{2i\pi\theta}$ de $[0, 1[$ sur $\mathbf{U}$ transforme la mesure de Lebesgue $d\theta$ de $[0, 1[$ en une mesure de Haar sur $\mathbf{U}$ d'après l'exemple 3 du n° 2. Il en résulte que, si $f \in \mathscr{K}(\mathbf{C}^*)$, l'intégrale

$$\int_0^{+\infty} \int_0^1 f(re^{2i\pi\theta}) r^{-1} dr d\theta$$

définit une mesure de Haar sur $\mathbf{C}^*$.

6. *Mesure de Haar d'une limite projective.*

Soit G un groupe localement compact (donc complet). Soit $(K_\alpha)_{\alpha \in A}$ une famille filtrante décroissante de sous-groupes distingués compacts de G, d'intersection $\{e\}$ (de sorte que la base de filtre formée des K_α converge vers e). Posons $G_\alpha = G/K_\alpha$; soient $\varphi_\alpha : G \to G_\alpha$ et $\varphi_{\beta\alpha} : G_\alpha \to G_\beta$ ($\alpha \geqslant \beta$) les homomorphismes canoniques. Alors la limite projective du système projectif $(G_\alpha, \varphi_{\beta\alpha})$ s'identifie à G et l'application canonique de cette limite projective dans G_α s'identifie à φ_α (*Top. Gén.*, chap. III, 3e éd., § 7, n° 3, prop. 2). Les applications φ_α et $\varphi_{\beta\alpha}$ sont propres (*loc. cit.*, § 4, n° 1, cor. 2 de la prop. 1). Ces données resteront fixées dans tout ce n[o].

Lemme 2. — a) *Soient* $f \in \mathscr{K}_+(G)$, S *une partie compacte de* G *contenant* Supp f, U *un voisinage ouvert de* S *dans* G, *et* $\varepsilon > 0$. *Il existe un* $\alpha \in A$ *et une fonction* $g \in \mathscr{K}_+(G)$, *nulle hors de* U, *constante sur les classes suivant* K_α, *telle que* $|f - g| \leqq \varepsilon$.

b) *Soient* μ *et* μ' *deux mesures sur* G *telles que* $\varphi_\alpha(\mu) = \varphi_\alpha(\mu')$ *pour tout* $\alpha \in A$. *Alors* $\mu = \mu'$.

Il existe un $\alpha_1 \in A$ tel que $K_{\alpha_1}S \cap K_{\alpha_1}(G - U) = \varnothing$ (*Top. Gén.*, chap. II, 3e éd., § 4, n° 3, prop. 4). En augmentant S et en diminuant U, on peut donc supposer que S et U sont des réunions de classes suivant K_{α_1}. Considérons les fonctions numériques continues h sur S qui possèdent la propriété suivante : il existe $\alpha \geqslant \alpha_1$ tel que h soit constante sur les classes suivant K_α. Ces fonctions forment une sous-algèbre de $\mathscr{K}(S)$ (parce que la famille (K_α) est filtrante décroissante) qui contient les constantes et qui sépare les points de S : en effet, soient x, y deux points distincts de S ; comme l'intersection des K_α est $\{e\}$, il existe $\alpha \geqslant \alpha_1$ tel que $\varphi_\alpha(x) \neq \varphi_\alpha(y)$, puis une fonction numérique u continue dans $\varphi_\alpha(S)$, telle que $u(\varphi_\alpha(x)) \neq u(\varphi_\alpha(y))$. D'après le th. de Weierstrass-Stone, il existe un $\alpha \geqslant \alpha_1$ et une fonction $h \geqslant 0$ continue dans S, constante sur les classes suivant K_α, et telle que $|f - h| \leqslant \frac{\varepsilon}{2}$ dans S. Pour tout $t \in \mathbf{R}$, posons $\delta(t) = \left(t - \frac{\varepsilon}{2}\right)^+$, et posons $h' = \delta \circ h$. Alors h' est une fonction $\geqslant 0$, continue dans S, constante sur les classes suivant K_α, et l'on a $|h - h'| \leqslant \frac{\varepsilon}{2}$ dans S, donc $|f - h'| \leqslant \varepsilon$ dans S. D'autre part, on a $h'(x) = 0$ si x appartient à la frontière de S dans G, car alors $h(x) \leqslant \frac{\varepsilon}{2}$. Si on prolonge h' par 0 dans le complémentaire de S, on obtient une fonction g qui répond à la question, ce qui prouve *a*).

Soient maintenant μ, μ' deux mesures sur G telles que $\varphi_\alpha(\mu) = \varphi_\alpha(\mu')$ pour tout $\alpha \in A$. Soit $v \in \mathscr{K}(G)$ une fonction constante sur les classes suivant K_α pour un $\alpha \in A$, de sorte qu'on peut écrire $v = w \circ \varphi_\alpha$ avec $w \in \mathscr{K}(G_\alpha)$; on a alors $\mu(v) = (\varphi_\alpha(\mu))(w) = (\varphi_\alpha(\mu'))(w) = \mu'(v)$; on en conclut que $\mu = \mu'$ en vertu de *a*).

Proposition 6. — *Pour tout* $\alpha \in A$, *soit* μ_α *une mesure positive sur* G_α. *On suppose que* $\varphi_{\beta\alpha}(\mu_\alpha) = \mu_\beta$ *pour* $\alpha \geqslant \beta$. *Il existe alors une mesure positive* μ *sur* G *et une seule telle que* $\varphi_\alpha(\mu) = \mu_\alpha$ *pour tout* $\alpha \in A$.

L'unicité résulte aussitôt du lemme 2 b). Prouvons l'existence de μ. Soit V l'espace vectoriel des fonctions appartenant à $\mathscr{K}(G)$ et constantes sur les classes suivant un K_α. D'après le lemme 2 a), V est un sous-espace vectoriel positivement riche (chap. III, § 2, n° 5) de $\mathscr{K}(G)$. Soit $f \in V$. Il existe un $\alpha \in A$ tel que f soit constante sur les classes suivant K_α. Par passage au quotient, f définit une fonction $f_\alpha \in \mathscr{K}(G_\alpha)$. Le nombre $\mu(f) = \mu_\alpha(f_\alpha)$ ne dépend pas du choix de α ; car soit β un indice tel que f soit constante sur les classes suivant K_β ; soit $\gamma \in A$ tel que $\gamma \geqslant \alpha$, $\gamma \geqslant \beta$; alors f définit des fonctions $f_\beta \in \mathscr{K}(G_\beta)$, $f_\gamma \in \mathscr{K}(G_\gamma)$ telles que $f = f_\beta \circ \varphi_\beta = f_\gamma \circ \varphi_\gamma$; on a $f_\alpha \circ \varphi_{\alpha\gamma} = f_\gamma$, donc $\mu_\gamma(f_\gamma) = (\varphi_{\alpha\gamma}(\mu_\gamma))(f_\alpha) = \mu_\alpha(f_\alpha)$, et de même $\mu_\gamma(f_\gamma) = \mu_\beta(f_\beta)$, d'où notre assertion. Ceci posé, il est clair que μ est une forme linéaire sur V et que $\mu(f) \geqslant 0$ pour $f \geqslant 0$. D'après la prop. 2 du chap. III, § 2, n° 5, μ se prolonge en une mesure positive, que nous noterons encore μ, sur G. On a $\varphi_\alpha(\mu) = \mu_\alpha$ pour tout $\alpha \in A$ par construction même de μ.

Définition 5. — *On dit que* μ *est la limite projective des* μ_α.

Proposition 7. — *On conserve les notations de la prop.* 6. *Si chaque* μ_α *est une mesure de Haar à gauche* (resp. *à droite*) *sur* G_α, *alors* μ *est une mesure de Haar à gauche* (resp. *à droite*) *sur* G.

Supposons par exemple que les μ_α soient des mesures de Haar à gauche. Soit $s \in G$. On a, pour tout $x \in G$,

$$(\varphi_\alpha \circ \gamma(s))(x) = \varphi_\alpha(sx) = \varphi_\alpha(s)\varphi_\alpha(x) = (\gamma(\varphi_\alpha(s)) \circ \varphi_\alpha)(x)\,;$$

donc $\varphi_\alpha(\gamma(s)\mu) = \gamma(\varphi_\alpha(s))\mu_\alpha = \mu_\alpha$. Donc $\gamma(s)\mu = \mu$ d'après le lemme 2 b), de sorte que μ est une mesure de Haar à gauche.

On suppose désormais les K_α, non seulement compacts, mais *ouverts* dans G. Alors les G_α sont discrets, et K_α/K_β est, pour $\beta \geqslant \alpha$, un groupe compact et discret, donc fini. Le groupe G est unimodulaire (prop. 3).

PROPOSITION 8. — a) *Soient μ et μ' deux mesures positives sur* G *telles que, pour tout α et toute classe* C *suivant* K_α, *on ait* $\mu(C) = \mu'(C)$. *Alors* $\mu = \mu'$.

b) *Fixons un* $\alpha_0 \in A$. *Pour tout* $\alpha \geqslant \alpha_0$, *soit* n_α *le nombre d'éléments du groupe fini* K_{α_0}/K_α. *Il existe sur* G *une mesure positive* μ *et une seule telle que, pour tout* $\alpha \in A$, *chaque classe suivant* K_α *soit de mesure* n_α^{-1}. *En outre,* μ *est une mesure de Haar sur* G, *telle que* $\mu(K_{\alpha_0}) = 1$.

Soient μ et μ' deux mesures positives sur G vérifiant la condition de a). Alors les points du groupe discret G_α ont même mesure pour $\varphi_\alpha(\mu)$ et $\varphi_\alpha(\mu')$, d'où $\varphi_\alpha(\mu) = \varphi_\alpha(\mu')$ et ceci quel que soit α. Donc $\mu = \mu'$ (lemme 2 b)).

Prouvons b). Pour tout $\alpha \geqslant \alpha_0$, soit μ_α la mesure de Haar du groupe discret G_α telle que chaque point soit de mesure n_α^{-1}. Soient α, β tels que $\alpha \geqslant \beta \geqslant \alpha_0$. Alors K_β/K_α a n_α/n_β éléments. Donc $\varphi_{\beta\alpha}(\mu_\alpha)$ est la mesure sur G_β telle que chaque point ait pour mesure $n_\alpha^{-1} . \dfrac{n_\alpha}{n_\beta} = n_\beta^{-1}$; autrement dit,

$$\varphi_{\beta\alpha}(\mu_\alpha) = \mu_\beta.$$

Il suffit alors d'appliquer les prop. 6 et 7.

Exemple. — Soit $\mathbf{Q}_p$ le corps p-adique, complété de $\mathbf{Q}$ pour la valeur absolue p-adique $|x|_p = p^{-v_p(x)}$ (*Top. Gén.*, chap. IX, 2e éd., § 3, no 2). Les éléments de $\mathbf{Q}_p$ s'appellent *nombres p-adiques*. Nous noterons encore $|x|_p$ le prolongement continu à $\mathbf{Q}_p$ de la valeur absolue p-adique. On a

$$|x + y|_p \leqslant \sup(|x|_p, |y|_p)$$

pour x, y dans $\mathbf{Q}$ (*loc. cit.*), donc pour x, y dans $\mathbf{Q}_p$; en outre, si $|y|_p < |x|_p$, on a $|x + y|_p = |x|_p$, car

$$|x|_p = |(x + y) - y|_p \leqq \sup(|x + y|_p, |y|_p).$$

Si (x_n) est une suite de points de $\mathbf{Q}_p$ tendant vers $x \in \mathbf{Q}_p^*$, on a $|x - x_n|_p < |x|_p$ et $|x - x_n|_p < |x_n|_p$ pour n assez grand, donc $|x|_p = |x_n|_p$. Ceci prouve que, pour tout $x \in \mathbf{Q}_p^*$, $|x|_p$ est une puissance de p.

Soit $\mathbf{Z}_p$ l'adhérence de $\mathbf{Z}$ dans $\mathbf{Q}_p$; c'est un sous-anneau de $\mathbf{Q}_p$; ses éléments s'appellent *entiers p-adiques*. On a $|x|_p \leqq 1$ pour tout $x \in \mathbf{Z}_p$. Réciproquement, soit x un élément de $\mathbf{Q}_p$ tel que $|x|_p \leqq 1$, et montrons que $x \in \mathbf{Z}_p$; il existe une suite (x_n) d'éléments de $\mathbf{Q}$ tendant vers x, et $|x_n|_p \leqq 1$ pour n assez grand d'après ce qu'on a vu plus haut ; il suffit de montrer que x_n appartient à $\mathbf{Z}_p$ pour n assez grand ; autrement dit, nous sommes ramenés au cas où $x \in \mathbf{Q}$; alors $x = a/b$ avec b étranger à p ; pour tout entier $n > 0$, il existe $b'_n \in \mathbf{Z}$ et $h_n \in \mathbf{Z}$ tels que $bb'_n + h_n p^n = 1$, d'où $x = \dfrac{abb'_n + ah_n p^n}{b} = ab'_n + \dfrac{ah_n p^n}{b}$ et $|x - ab'_n|_p \leqq p^{-n}$, donc ab'_n tend vers x.

Il résulte de là que la boule fermée de centre 0 et de rayon p^{-n}, identique à la boule ouverte de centre 0 et de rayon p^{-n+1}, est $p^n\mathbf{Z}_p$. L'espace topologique $\mathbf{Q}_p$ est donc éparpillé et par suite totalement discontinu (*Top. Gén.*, Chap. IX, 2e éd., § 6, n° 4).

Montrons que les entiers $0, 1, \ldots, p^n - 1$ constituent un système de représentants de $\mathbf{Z}_p$ modulo $p^n\mathbf{Z}_p$. D'abord, on a $|k - k'|_p > p^{-n}$ pour deux tels entiers k et k', donc les classes modulo $p^n\mathbf{Z}_p$ de ces entiers sont distinctes. D'autre part, soit $x \in \mathbf{Z}_p$; il existe un $k \in \mathbf{Z}$ tel que $|x - k|_p \leqq p^{-n}$; en ajoutant à k un multiple de p^n, on peut supposer que $k \in [0, p^n - 1]$, et x est congru à k modulo $p^n\mathbf{Z}_p$. D'où notre assertion. Ceci montre que $\mathbf{Z}_p/p^n\mathbf{Z}_p$ est canoniquement isomorphe à $\mathbf{Z}/p^n\mathbf{Z}$. On voit en outre que $\mathbf{Z}_p$ est précompact, donc *compact* puisqu'il est complet. Comme $\mathbf{Z}_p$ est un sous-groupe ouvert de $\mathbf{Q}_p$, $\mathbf{Q}_p$ est *localement compact*. La topologie de $\mathbf{Q}_p$ est à base dénombrable (*Top. Gén.*, Chap. IX, 2e éd., § 2, no 9, cor. de la prop. 16). Le groupe additif $\mathbf{Q}_p$ s'identifie à la limite projective des groupes discrets $\mathbf{Q}_p/p^n\mathbf{Z}_p$.

Il existe sur le groupe additif $\mathbf{Q}_p$ une mesure de Haar α et une seule telle que $\alpha(\mathbf{Z}_p) = 1$; celle-ci est dite la *mesure de Haar normalisée* sur $\mathbf{Q}_p$. Comme $\mathbf{Z}_p$ est réunion de p^n classes disjointes suivant $p^n\mathbf{Z}_p$ (n entier $\geqslant 0$), on a $\alpha(p^n\mathbf{Z}_p) = p^{-n}$; de même, $\alpha(p^{-n}\mathbf{Z}_p) = p^n$, de sorte que finalement $\alpha(p^n\mathbf{Z}_p) = p^{-n}$ pour tout $n \in \mathbf{Z}$. D'après la prop. 8 b), α *est la seule mesure positive sur* $\mathbf{Q}_p$ *telle que toute classe suivant* $p^n\mathbf{Z}_p$ *(*n *entier* $\geqslant 0$*) soit de mesure* p^{-n}.

La restriction de α à $\mathbf{Z}_p$ est évidemment une mesure de Haar sur $\mathbf{Z}_p$.

7. *Définition locale d'une mesure de Haar.*

PROPOSITION 9. — *Soient* G *un groupe localement compact,* V *une partie ouverte de* G, μ *une mesure positive non nulle sur* V, *ayant la propriété suivante : si* U *est une partie ouverte de* V *et si* $s \in G$ *est tel que* $sU \subset V$, *l'image de la mesure* μ_U, *induite par* μ *sur* U, *par l'homéomorphisme* $x \to sx$ *de* U *sur* sU, *est* μ_{sU}. *Alors il existe sur* G *une mesure de Haar à gauche* α *et une seule induisant* μ *sur* V.

Pour tout $s \in G$, soit μ_s l'image de μ par l'homéomorphisme $x \to sx$ de V sur sV. La restriction de μ_s à $V \cap sV$ est l'image de $\mu_{s^{-1}V\cap V}$ par la restriction de $x \to sx$ à $s^{-1}V \cap V$; par hypothèse, cette image est $\mu_{V\cap sV}$. Par translation, on en conclut que μ_s et μ_t ont même restriction à $sV \cap tV$ quels que soient s, t. D'après la prop. 1 du chap. III, § 3, no 1, il existe donc une mesure α sur G induisant μ_s sur sV quel que soit s. Il est clair que α est l'unique mesure de Haar à gauche sur G induisant μ sur V.

COROLLAIRE. — *Soient* G, G' *deux groupes localement compacts,* V (resp. V') *un voisinage ouvert de l'élément neutre de* G (resp. G'), φ *un isomorphisme local de* G' *à* G (*Top. Gén.*, chap. III, § 1, no 3, déf. 2) *défini dans* V', *tel que* $\varphi(V') = V$.

Soient α' *une mesure de Haar à gauche sur* G', *et* $\alpha'_{V'}$ *sa restriction à* V'. *Alors* $\varphi(\alpha'_{V'})$ *est la restriction à* V *d'une mesure de Haar à gauche unique* α *sur* G.

Soit V_1 un voisinage ouvert de e dans G tel que $V_1 V_1^{-1} \subset V$. Soit μ la restriction de $\varphi(\alpha'_{V'})$ à V_1. Soient U une partie ouverte de V_1 et $s \in G$ tels que $sU \subset V_1$. On a $s \in V_1 V_1^{-1} \subset V$, donc $s = \varphi(s')$ avec un $s' \in V'$. Soit $x \in U$. On a $x = \varphi(x')$ avec un $x' \in V'$, donc $sx = \varphi(s')\varphi(x') = \varphi(s'x')$ puisque $sx \in sU \subset V$. Comme les translations à gauche dans G' conservent α', on voit que V_1 et μ satisfont aux conditions de la prop. 9. Soit α la mesure de Haar à gauche sur G induisant μ sur V_1. Pour tout $t \in V$, il existe un voisinage ouvert W de e dans V_1 tel que $tW \subset V$. Alors la restriction de $\varphi(\alpha'_{V'})$ à tW se déduit par translation de la restriction de μ à W, donc est la restriction de α à tW. Donc $\varphi(\alpha'_{V'})$ est la restriction de α à V.

On dit que α *se déduit de* α' *par l'isomorphisme local* φ.

Exemple. — La mesure de Haar sur **T** obtenue au n° 2, *Exemple* 3, peut se déduire de la mesure de Lebesgue de **R** par un isomorphisme local de **R** à **T**.

8. *Mesures relativement invariantes.*

PROPOSITION 10. — *Soient* G *un groupe localement compact,* μ *une mesure relativement invariante à gauche de multiplicateur* χ *sur* G. *Si* χ_1 *est une représentation continue de* G *dans* $\mathbf{C}^*$, *la mesure* $\chi_1 . \mu$ *est relativement invariante à gauche de multiplicateur* $\chi_1\chi$.

En effet,

$$\gamma(s)(\chi_1 . \mu) = (\gamma(s)\chi_1) . (\gamma(s)\mu) = (\chi_1(s^{-1})\chi_1) . (\chi(s)^{-1}\mu)$$
$$= (\chi_1\chi)(s)^{-1}(\chi_1 . \mu).$$

COROLLAIRE 1. — *Soit* μ *une mesure de Haar à gauche sur* G. *Pour qu'une mesure non nulle* ν *sur* G *soit relativement invariante à gauche, il faut et il suffit qu'elle soit de la forme* $a\chi . \mu$, *où* $a \in \mathbf{C}^*$ *et où* χ *est une représentation continue de* G *dans* $\mathbf{C}^*$ *; son multiplicateur est alors* χ.

La condition est suffisante (prop. 10). D'autre part, si ν est une mesure non nulle relativement invariante à gauche de multiplicateur χ, $\chi^{-1}.\nu$ est invariante à gauche (prop. 10), donc de la forme $a\mu$ avec $a \in \mathbf{C}^*$ (nº 2, cor. du th. 1).

COROLLAIRE 2. — *Toute mesure relativement invariante à gauche est relativement invariante à droite.*

En effet, avec les notations du cor. 1, on a

$$(34) \qquad \begin{aligned} \delta(s)(\chi.\mu) &= (\delta(s)\chi).(\delta(s)\mu) = (\chi(s)\chi).(\Delta_G(s)\mu) \\ &= (\chi\Delta_G)(s)(\chi.\mu). \end{aligned}$$

En raison du cor. 2, on parlera désormais de *mesures relativement invariantes sur* G, sans préciser. Les mesures relativement invariantes admettent comme cas particuliers les mesures de Haar à gauche et les mesures de Haar à droite. Etant donnée une mesure relativement invariante ν sur G, il convient de distinguer son *multiplicateur à gauche* χ et son *multiplicateur à droite* χ' définis par $\gamma(s)\nu = \chi(s)^{-1}\nu$, $\delta(s)\nu = \chi'(s)\nu$. D'après (34), on a entre ces multiplicateurs la relation

$$(35) \qquad \chi' = \chi\Delta_G.$$

Notant toujours μ une mesure de Haar à gauche, on a

$$\check{\nu} = (\chi.\mu)^{\vee} = \check{\chi}.\check{\mu} = (\chi^{-1}\Delta_G^{-1}).\mu,$$

donc $\check{\nu}$ est relativement invariante de multiplicateur à gauche $\chi^{-1}\Delta_G^{-1}$, de multiplicateur à droite χ^{-1}.

Les notions de fonctions négligeables, localement négligeables, mesurables, localement intégrables sont les mêmes vis-à-vis de toute mesure relativement invariante.

9. *Mesures quasi-invariantes.*

PROPOSITION 11. — *Soient* G *un groupe localement compact,* μ *une mesure de Haar à gauche sur* G. *Pour qu'une mesure*

$\nu \neq 0$ *sur* G *soit quasi-invariante à gauche, il faut et il suffit que* ν *soit équivalente à* μ.

La suffisance est évidente. Soit $\nu \neq 0$ une mesure quasi-invariante à gauche, et montrons que ν est équivalente à μ. On peut se borner au cas où $\nu > 0$. Soit A une partie compacte de G. On va montrer, ce qui établira la proposition, que les conditions $\mu(A) = 0$, $\nu(A) = 0$ sont équivalentes (chap. V, § 5, n° 5, *Remarque*).

a) Pour toute $f \in \mathscr{K}_+(G)$, la fonction $(x, y) \to f(x)\varphi_A(xy)$ sur $G \times G$ est $(\nu \otimes \mu)$-intégrable, car elle est semi-continue supérieurement, bornée, et son support est contenu dans l'ensemble compact $K \times K^{-1}A$ si l'on pose $K = \text{Supp } f$. On a donc, par le théorème de Lebesgue-Fubini

$$(36) \qquad \int d\nu(y) \int \varphi_A(xy)f(x)d\mu(x) = \int f(x)d\mu(x) \int \varphi_A(xy)d\nu(y).$$

b) Supposons $\nu(A) = 0$. Par hypothèse, $\nu(xA) = 0$ pour tout $x \in G$, donc le second membre de (36) est nul. Il existe donc un ensemble ν-négligeable N_f tel que, pour $y \notin N_f$, on ait

$$(37) \qquad 0 = \int \varphi_A(xy)f(x)d\mu(x) = \Delta_G(y)^{-1} \int \varphi_A(x)f(xy^{-1})d\mu(x).$$

Soit B une partie compacte de G telle que $\nu(B) \neq 0$, et prenons pour f une fonction de $\mathscr{K}_+(G)$ égale à 1 sur AB^{-1}. Il existe alors un $y \in B$ tel que (37) soit vérifié. Mais comme

$$\varphi_A(x)f(xy^{-1}) = \varphi_A(x)$$

pour $y \in B$, cela prouve que $\mu(A) = 0$.

c) Supposons $\mu(A) = 0$. Alors, pour toute $f \in \mathscr{K}_+(G)$, le premier membre de (36) est nul, donc aussi le second. Par suite, il existe un ensemble M localement μ-négligeable tel que

$$\int \varphi_A(xy)d\nu(y) = 0,$$

pour $x \notin M$. Comme $\mu \neq 0$, on en conclut que $\nu(xA) = 0$ pour certains $x \in G$, d'où $\nu(A) = 0$.

Appliquant la prop. 11 à G^o, on voit que les mesures quasi-invariantes à droite sont identiques aux mesures quasi-invariantes à gauche. On les appelle simplement mesures *quasi-invariantes sur* G.

10. Corps localement compacts.

DÉFINITION 6. — *Soit* K *un corps localement compact. Pour* $a \in K^*$, *on appelle module de a, et on note* $\mathrm{mod}_K(a)$ *ou simplement* $\mathrm{mod}(a)$, *le module de l'automorphisme* $x \to ax$ *du groupe additif* K^+ *sous-jacent à* K ; *on pose* $\mathrm{mod}(0) = 0$.

Exemples. — 1) Soit $K = \mathbf{R}$. Si $s > 0$, on a $s.[0,1] = [0,s]$; si $s < 0$, on a $s.[0,1] = [s,0]$. Donc $\mathrm{mod}_{\mathbf{R}}\, t = |t|$ pour tout $t \in \mathbf{R}$.

2) Soit $K = \mathbf{Q}_p$. Si $s \in \mathbf{Q}_p^*$ est tel que $|s|_p = p^{-n}$, alors $s\mathbf{Z}_p$ est l'ensemble des $x \in \mathbf{Q}_p$ tels que $|x|_p \leq p^{-n}$; donc, si on désigne par μ la mesure de Haar normalisée sur $\mathbf{Q}_p$, on a

$$\mu(s\mathbf{Z}_p) = p^{-n}.$$

Donc $\mathrm{mod}_{\mathbf{Q}_p}\, t = |t|_p$ pour tout $t \in \mathbf{Q}_p$.

PROPOSITION 12. — *La fonction* mod *est continue dans* K, *et on a* $\mathrm{mod}(ab) = \mathrm{mod}(a)\mathrm{mod}(b)$ *quels que soient a, b dans* K.

La dernière relation est évidente. La prop. 4 du n° 4 montre que la fonction mod est continue en tout point de K^*. Il ne reste qu'à démontrer sa continuité en 0. Celle-ci est évidente pour K discret ; nous supposerons donc K non discret. Soient α une mesure de Haar sur K^+ et C une partie compacte de K telle que $\alpha(C) > 0$; pour $a \in K^*$, on a $\alpha(aC) = \mathrm{mod}(a)\alpha(C)$. Comme K n'est pas discret, on a $\alpha(\{0\}) = 0$ (n° 2, prop. 2) ; pour tout $\varepsilon > 0$, il existe donc un voisinage ouvert U de 0 tel que $\alpha(U) \leq \varepsilon$. Comme le produit dans K est continu, on a $aC \subset U$ pour a assez voisin de 0, et alors $\mathrm{mod}(a) \leq \varepsilon/\alpha(C)$.

PROPOSITION 13. — *Pour tout* $M > 0$, *soit* V_M *l'ensemble des* $x \in K$ *tels que* $\mathrm{mod}(x) \leq M$. *Si* K *est non discret, les* V_M *forment un système fondamental de voisinages compacts de* 0 *dans* K.

Les V_M sont des voisinages fermés de 0 d'après la prop. 12. Montrons qu'ils sont compacts. Soit U un voisinage compact de 0. Il existe un $r \neq 0$ dans K tel que $\mathrm{mod}(r) < 1$ et $r^n \in U$ pour tout $n > 0$: en effet, soit W un voisinage de 0 tel que $WU \subset U$; d'après la prop. 12, il existe un $r \neq 0$ dans K tel que $\mathrm{mod}(r) < 1$ et $r \in U \cap W$; on a $r^2 \in WU \subset U$, et $r^n \in U$ pour tout $n > 0$, par récurrence sur n. Nous allons montrer que V_M est contenu dans une réunion finie d'ensemble $r^{-q}U$ (q entier $\geqslant 0$), ce qui prouvera bien que les V_M sont compacts. Si x est une valeur d'adhérence de la suite (r^n), $\mathrm{mod}(x)$ est valeur d'adhérence de la suite $(\mathrm{mod}(r)^n)$, donc $\mathrm{mod}(x) = 0$, $x = 0$; comme U est compact, on en conclut (*Top. Gén.*, chap. I, 3ᵉ éd., § 9, n° 1, cor. du th. 7) que $\lim_{n\to\infty} r^n = 0$. Soit alors $a \in V_M$. Comme la suite $(r^n a)_{n \geqslant 0}$ tend vers 0, il existe un plus petit entier $n \geqslant 0$ tel que $r^n a \in U$. Si $n > 0$, on a $r^{n-1}a \notin U$, donc $r^n a \in U \cap \complement(rU)$; l'adhérence X de $U \cap \complement(rU)$ est compacte puisque U est compact, et ne contient pas 0 puisque rU est un voisinage de 0 ; donc, dans X, $\mathrm{mod}\, x$ est minoré par un nombre $m > 0$. Donc, si $n > 0$, on a $m \leqslant \mathrm{mod}(r^n a)$, d'où $\mathrm{mod}(r^{-1})^n \leqslant M/m$. Comme $\mathrm{mod}(r^{-1}) > 1$, l'entier n n'est susceptible que d'un nombre fini de valeurs ne dépendant pas de a, ce qui achève de prouver notre assertion.

Ceci étant, comme l'intersection des V_M est réduite à $\{0\}$, les V_M forment un système fondamental de voisinages de 0 (*Top. Gén.*, Chap. I, 3ᵉ éd., § 9, n° 2, prop. 1).

COROLLAIRE. — *La topologie d'un corps localement compact non discret admet une base dénombrable.*

En effet, K est réunion des ensembles compacts $V_1, V_2, \ldots$. D'autre part, K est métrisable d'après la prop. 1 de *Top. Gén.*, Chap. IX, 2ᵉ éd., § 3, n° 1. Donc la topologie de K admet une base dénombrable (*loc. cit.*, § 2, cor. de la prop. 16).

PROPOSITION 14. — *Soit* α *une mesure de Haar sur* K^+. *Alors la mesure* $\beta = (\mathrm{mod}_K)^{-1}.\alpha$ *sur* K^* *est une mesure de Haar à gauche sur le groupe multiplicatif* K^*.

En effet, si $b \in \mathrm{K}^*$, l'application $a \to b^{-1}a$ de K dans K transforme α en $(\mathrm{mod}_{\mathrm{K}}\, b)\alpha$, donc $(\mathrm{mod}_{\mathrm{K}})^{-1}.\alpha$ en elle-même, d'où la proposition.

Corollaire. — *Soit* $\mathbf{f}$ *une fonction définie dans* K^*, *à valeurs dans* $\overline{\mathbf{R}}$ *ou dans un espace de Banach. Pour que* $\mathbf{f}$ *soit* β-*intégrable, il faut et il suffit que* $(\mathrm{mod}_{\mathrm{K}})^{-1}\mathbf{f}$ *soit* α-*intégrable, et on a*

$$\int_{\mathrm{K}^*} \mathbf{f}(x)d\beta(x) = \int_{\mathrm{K}^+} (\mathrm{mod}_{\mathrm{K}}(x))^{-1}\mathbf{f}(x)d\alpha(x).$$

Ceci résulte de la prop. 14, du cor. de la prop. 13, et du chap. V, § 5, nº 3, th. 1.

Proposition 15. — *Supposons* K *commutatif. Soit* u *un automorphisme de l'espace vectoriel* $\mathrm{E} = \mathrm{K}^n$. *Alors*

$$\mathrm{mod}_{\mathrm{E}}\, u = \mathrm{mod}_{\mathrm{K}}\, (\det u).$$

Il suffit de vérifier la formule lorsque u parcourt un système de générateurs de $\mathbf{GL}(\mathrm{E})$. Or $\mathbf{GL}(\mathrm{E})$ est engendré par les éléments suivants (*Alg.*, chap. II, 3ᵉ éd., § 10, nº 13, cor. 2 de la prop. 14) :

(*a*) les éléments u_1 de la forme

$$(x_1, \ldots, x_n) \to (x_{\sigma(1)}, \ldots, x_{\sigma(n)}),$$

où $\sigma \in \mathfrak{S}_n$;

(*b*) les éléments u_2 de la forme

$$(x_1, \ldots, x_n) \to (ax_1, x_2, \ldots, x_n)$$

avec $a \in \mathrm{K}^*$;

(*c*) les éléments u_3 de la forme

$$(x_1, \ldots, x_n) \to (x_1 + \sum_{i=2}^{n} c_i x_i, x_2, \ldots, x_n).$$

Si $f \in \mathscr{K}(\mathrm{E})$, on a, en notant α une mesure de Haar sur K^+,

$$\int \ldots \int_{K^n} f(x_1 + \sum_{i=2}^{n} c_i x_i, x_2, \ldots, x_n) d\alpha(x_1) d\alpha(x_2) \ldots d\alpha(x_n)$$

$$= \int \ldots \int_{K^{n-1}} d\alpha(x_2) \ldots d\alpha(x_n) \int_K f(x_1 + \sum_{i=2}^{n} c_i x_i, x_2, \ldots, x_n) d\alpha(x_1)$$

$$= \int \ldots \int_{K^{n-1}} d\alpha(x_2) \ldots d\alpha(x_n) \int_K f(x_1, x_2, \ldots, x_n) d\alpha(x_1)$$

$$= \int \ldots \int_{K^n} f(x_1, \ldots, x_n) d\alpha(x_1) \ldots d\alpha(x_n) ;$$

et d'autre part $\mathrm{mod}_K(\det u_3) = \mathrm{mod}_K(1) = 1$, d'où le résultat pour u_3. On l'établit de manière analogue pour u_1 et u_2.

Soient K un corps localement compact commutatif, E un espace vectoriel de dimension finie n sur K. Si φ est un isomorphisme de l'espace vectoriel K^n sur l'espace vectoriel E, φ transforme la topologie de K^n en une topologie sur E qui fait de E un espace vectoriel localement compact. Cette topologie (dite *canonique*) est indépendante de φ puisque tout automorphisme de l'espace vectoriel K^n est bicontinu. Sauf mention du contraire, quand on parlera de E comme d'un espace vectoriel topologique, il s'agira toujours de la topologie qu'on vient de définir. Tout automorphisme u de l'espace vectoriel E est bicontinu, donc $\mathrm{mod}_E\, u$ est défini. Par ailleurs, si u est un endomorphisme non inversible de E, on pose $\mathrm{mod}_E\, u = 0$. Alors :

Corollaire 1. — *Soient* K *un corps localement compact commutatif,* E *un espace vectoriel de dimension finie sur* K, *et* u *un endomorphisme de l'espace vectoriel* E. *On a*

$$\mathrm{mod}_E(u) = \mathrm{mod}_K(\det u).$$

Si u est inversible, cela résulte de la prop. 15. Si u n'est pas inversible, on a $\det u = 0$, donc $\mathrm{mod}_K(\det u) = 0 = \mathrm{mod}_E\, u$.

Corollaire 2. — *Soient* E *un espace vectoriel réel de dimension finie* n, $(e_1, e_2, \ldots, e_n)$ *une base de* E, P *l'ensemble des* $x = \sum_{i=1}^{n} \xi_i e_i \in E$ *tels que* $0 \leqslant \xi_i \leqslant 1$ *pour tout* i, μ *l'unique mesure de Haar sur le groupe additif* E *telle que* $\mu(P) = 1$. *Soient* $x_1, \ldots, x_n$ *des points de* E, S *l'enveloppe convexe fermée dans* E *de l'ensemble* $\{0, x_1, \ldots, x_n\}$. *Si on pose* $x_i = \sum_{j=1}^{n} \alpha_{ij} e_j$, *on a*

$$\mu(S) = \mu(\dot{S}) = \frac{1}{n!} |\det(\alpha_{ij})|.$$

Nous identifierons E à $\mathbf{R}^n$ par l'isomorphisme qui transforme (e_i) en la base canonique de $\mathbf{R}^n$. Alors μ s'identifie à la mesure de Lebesgue μ_n sur $\mathbf{R}^n$.

Supposons d'abord que $x_i = e_i$ pour tout i. Alors S est l'ensemble S_n des $x = (\xi_i) \in \mathbf{R}^n$ tels que

$$\xi_i \geqslant 0 \text{ pour tout } i \text{ et } \xi_1 + \ldots + \xi_n \leqslant 1.$$

Posons $\mu_n(S_n) = a_n$. Soit $\lambda \in \mathbf{R}$. Identifiant $\mathbf{R}^n$ à $\mathbf{R}^{n-1} \times \mathbf{R}$, on peut considérer la coupe C_λ de S_n suivant λ. Cette coupe est vide si $\lambda < 0$ ou $\lambda > 1$; si $0 \leqslant \lambda \leqslant 1$, C_λ est l'ensemble des $(\xi_1, \ldots, \xi_{n-1}) \in \mathbf{R}^{n-1}$ tels que

$$\xi_1 \geqslant 0, \ldots, \xi_{n-1} \geqslant 0, \quad \xi_1 + \ldots + \xi_{n-1} \leqslant 1 - \lambda,$$

donc se déduit de S_{n-1} par une homothétie de rapport $1 - \lambda$, de sorte que $\mu_{n-1}(C_\lambda) = (1 - \lambda)^{n-1} a_{n-1}$. D'après le théorème de Lebesgue-Fubini,

$$a_n = \int_0^1 (1 - \lambda)^{n-1} a_{n-1} d\lambda = \frac{1}{n} a_{n-1}.$$

Comme $a_1 = 1$, on voit que $a_n = \frac{1}{n!}$.

Revenons au cas général du corollaire. Soit u l'endomorphisme de $\mathbf{R}^n$ tel que $u(e_i) = x_i$ pour tout i. On a $u(S_n) = S$. Si u est inversible, la prop. 15 prouve que

$$\mu_n(S) = \frac{1}{n!} |\det u| = \frac{1}{n!} |\det(\alpha_{ij})|.$$

Comme $S - \dot{S}$ est contenu dans un nombre fini d'hyperplans, on a $\mu(\dot{S}) = \mu(S)$. Enfin, si u est non inversible, S est contenu dans un hyperplan, de sorte que $\mu(S) = 0 = \det(\alpha_{ij})$.

11. *Algèbres de dimension finie sur un corps localement compact.*

Soient K un corps commutatif, A une K-algèbre de rang fini à élément unité. Pour tout $a \in \mathrm{A}$, soient L_a, R_a les endomorphismes $x \to ax$, $x \to xa$ de l'espace vectoriel A, et soient $\mathrm{N}_{\mathrm{A/K}}(a) \in \mathrm{K}$, $\mathrm{N}_{\mathrm{A^o/K}}(a) \in \mathrm{K}$ les normes de a dans les représentations régulières de A et de l'algèbre opposée $\mathrm{A^o}$; rappelons que $\mathrm{N}_{\mathrm{A/K}}(a) = \det(L_a)$, $\mathrm{N}_{\mathrm{A^o/K}}(a) = \det(R_a)$. Les conditions suivantes sont équivalentes : a inversible, L_a inversible dans $\mathrm{Hom_K(A,A)}$, R_a inversible dans $\mathrm{Hom_K(A,A)}$, $\mathrm{N}_{\mathrm{A/K}}(a) \neq 0$, $\mathrm{N}_{\mathrm{A^o/K}}(a) \neq 0$. Notons A^* l'ensemble des éléments inversibles de A.

Supposons maintenant le corps K localement compact, donc l'algèbre A localement compacte. Alors $\mathrm{N}_{\mathrm{A/K}}$ et $\mathrm{N}_{\mathrm{A^o/K}}$ sont des applications continues de A dans K, donc A^* est *ouvert* dans A. D'après le cor. 1 de la prop. 15 du n° 10, on a

$$\text{(38)} \qquad \mathrm{mod_A} L_a = \mathrm{mod_K N_{A/K}}(a), \quad \mathrm{mod_A} R_a = \mathrm{mod_K N_{A^o/K}}(a).$$

Proposition 16. — *Soit α une mesure de Haar du groupe additif de* A. *Les mesures*

$$(\mathrm{mod_K\, N_{A/K}}(a))^{-1} d\alpha(a), \qquad (\mathrm{mod_K N_{A^o/K}}(a))^{-1} d\alpha(a)$$

sur A^* *sont des mesures de Haar respectivement à gauche et à droite du groupe multiplicatif* A^*.

En effet, soit α' la restriction de α à l'ensemble ouvert A^*. Pour $a \in \mathrm{A}^*$, on a $L_a(\alpha') = (\mathrm{mod_K N_{A/K}}(a))^{-1}\alpha'$, donc

$$(\mathrm{mod_K N_{A/K}}(a))^{-1} d\alpha'(a)$$

est une mesure de Haar à gauche sur A^* (n° 8, cor. 1 de la prop. 10). Passant à l'algèbre opposée, on voit que

$$(\mathrm{mod_K N_{A^o/K}}(a))^{-1} d\alpha'(a)$$

est une mesure de Haar à droite sur A^*.

PROPOSITION 17. — *Supposons que* A *soit un corps (localement compact). Pour tout* $a \in A$, *on a* $\mathrm{mod}_A(a) = \mathrm{mod}_K N_{A/K}(a)$.

C'est une traduction de la première formule (38).

Exemples. — 1) Prenons $K = \mathbf{R}$, $A = \mathbf{C}$. Compte tenu d'*Alg.*, chap. VIII, § 12, nº 2, prop. 4, on obtient $\mathrm{mod}_{\mathbf{C}}(z) = |z|^2$ pour tout $z \in \mathbf{C}$.

2) Prenons $K = \mathbf{R}$, et pour A le *corps des quaternions* $\mathbf{H}$ (*Top. Gén.*, chap. VIII, 3ᵉ éd., § 1, nº 4). Considérons les éléments suivants de $\mathbf{M}_2(\mathbf{C})$:

$$X_1 = \begin{pmatrix} 0 & i \\ i & 0 \end{pmatrix} \quad X_2 = \begin{pmatrix} 0 & -1 \\ 1 & 0 \end{pmatrix} \quad X_3 = \begin{pmatrix} i & 0 \\ 0 & -i \end{pmatrix}$$

qui, avec I_2, forment une base de $\mathbf{M}_2(\mathbf{C})$ sur $\mathbf{C}$. On vérifie aisément que

$$X_1^2 = X_2^2 = X_3^2 = -I_2, \quad X_1X_2 = -X_2X_1 = X_3,$$
$$X_2X_3 = -X_3X_2 = X_1, \quad X_3X_1 = -X_1X_3 = X_2.$$

Donc l'application $a + bi + cj + dk \to aI_2 + bX_1 + cX_2 + dX_3$ se prolonge en un $\mathbf{C}$-isomorphisme de l'algèbre $\mathbf{C} \otimes_{\mathbf{R}} \mathbf{H}$ sur l'algèbre $\mathbf{M}_2(\mathbf{C})$. Comme $[\mathbf{H} : \mathbf{R}] = 4$, $\mathbf{C}$ est un corps neutralisant de $\mathbf{H}$, et la norme réduite de $q = a + bi + cj + dk \in \mathbf{H}$ est

$$\begin{aligned}\mathrm{Nrd}(q) &= \det(aI_2 + bX_1 + cX_2 + dX_3) \\ &= \det\begin{pmatrix} a + id & -c + ib \\ c + ib & a - id \end{pmatrix} = a^2 + b^2 + c^2 + d^2 = \|q\|^2.\end{aligned}$$

D'après *Alg.*, chap. VIII, § 12, nº 3, prop. 8, on a

$$N_{\mathbf{H}/\mathbf{R}}(q) = (\mathrm{Nrd}_{\mathbf{H}/\mathbf{R}}(q))^2 = \|q\|^4.$$

Ceci posé, la prop. 17 montre que

$$\mathrm{mod}_{\mathbf{H}}(q) = \|q\|^4.$$

Une étude plus approfondie de la structure des corps localement compacts sera faite en *Alg. comm.*, chap. VI, § 9.

§ 2. Quotient d'un espace par un groupe ; espaces homogènes.

1. *Résultats généraux.*

Soit X un espace localement compact dans lequel un groupe localement compact H opère à droite, continûment et *proprement*, par $(x, \xi) \to x\xi$ $(x \in X, \xi \in H)$. La relation d'équivalence définie par H dans X est ouverte (*Top. Gén.*, chap. III, 3e éd., § 2, nº 4, lemme 2) et X/H est séparé (*loc. cit.*, § 4, nº 2, prop. 3) donc localement compact (*Top. Gén.*, chap. I, 3e éd., § 10, nº 4, prop. 10). On notera π l'application canonique de X sur X/H. Le saturé d'une partie Y de X est $YH = \pi^{-1}(\pi(Y))$. Si K est une partie compacte de X, $\pi(K)$ est compact, et le saturé $\pi^{-1}(\pi(K))$ est fermé dans X. Toute partie compacte de X/H est l'image par π d'une partie compacte de X (*Top. Gén.*, chap. I, 3e éd., § 10, nº 4, prop. 10). *On suppose donnée une fois pour toutes une mesure de Haar à gauche* β *sur* H.

Soit χ une représentation continue de H dans $\mathbf{R}_+^*$. Si une fonction g sur X satisfait à $g(x\xi) = \chi(\xi)g(x)$ quels que soient $x \in X$ et $\xi \in H$, son support S est invariant par H et s'écrit donc $\pi^{-1}(\pi(S))$. On désignera par $\mathscr{K}^\chi(X)$ l'espace de Riesz formé des fonctions numériques continues g sur X qui satisfont à $g(x\xi) = \chi(\xi)g(x)$ $(x \in X, \xi \in H)$, et dont le support est le saturé d'une partie compacte de X ; on notera $\mathscr{K}_+^\chi(X)$ l'ensemble des éléments $\geqslant 0$ de $\mathscr{K}^\chi(X)$. En particulier, $\mathscr{K}^1(X)$ n'est autre que l'ensemble des fonctions continues sur X, constantes sur les orbites, et dont le support est le saturé d'une partie compacte.

Proposition 1. — *Soit* f *une fonction numérique continue sur* X *dont le support* S *ait une intersection compacte avec le saturé de toute partie compacte de* X.

a) *Pour tout* $x \in X$, *la fonction* $\xi \to f(x\xi)$ *sur* H *appartient à* $\mathscr{K}(H)$; *on pose*

$$f^\chi(x) = \int_H f(x\xi)\chi(\xi)^{-1}d\beta(\xi). \tag{1}$$

b) *La fonction* f^{χ} *est continue, est nulle hors de* SH, *et satisfait à* $f^{\chi}(x\xi) = \chi(\xi)f^{\chi}(x)$.

c) *Si* g *est une fonction numérique continue sur* X *et satisfait à* $g(x\xi) = \chi(\xi)g(x)$, *on a* $(fg)^{\chi} = f^1 g$ (f^1 étant donné par la formule (1) où on remplace χ par la représentation $\xi \to 1$ de H dans $\mathbf{R}_+^*$).

d) *Si* $\eta \in$ H, *on a* $(\boldsymbol{\delta}(\eta)f)^{\chi} = \chi(\eta)\Delta_{\mathrm{H}}(\eta)^{-1}f^{\chi}$.

Soient $x_0 \in$ X et V un voisinage compact de x_0 dans X. L'ensemble des $\xi \in$ H tels que Vξ rencontre S est aussi l'ensemble des $\xi \in$ H tels que Vξ rencontre S $\cap$ VH, donc est compact dans H puisque S $\cap$ VH est compact et que H opère proprement dans X (*Top. Gén.*, chap. III, 3e éd., § 4, no 5, th. 1) ; alors le lemme 1 du § 1, no 1 prouve a) et la continuité de f^{χ}. Le reste de b) est évident. Enfin c) et d) résultent des calculs suivants :

$$(fg)^{\chi}(x) = \int_{\mathrm{H}} f(x\xi)g(x\xi)\chi(\xi)^{-1}d\beta(\xi) = \int_{\mathrm{H}} f(x\xi)g(x)\chi(\xi)\chi(\xi)^{-1}d\beta(\xi)$$

$$= g(x)\int_{\mathrm{H}} f(x\xi)d\beta(\xi) = g(x)f^1(x)$$

$$(\boldsymbol{\delta}(\eta)f)^{\chi}(x) = \int_{\mathrm{H}} f(x\xi\eta)\chi(\xi)^{-1}d\beta(\xi)$$

$$= \Delta_{\mathrm{H}}(\eta)^{-1}\int_{\mathrm{H}} f(x\xi)\chi(\xi\eta^{-1})^{-1}d\beta(\xi)$$

$$= \chi(\eta)\Delta_{\mathrm{H}}(\eta)^{-1}\int_{\mathrm{H}} f(x\xi)\chi(\xi)^{-1}d\beta(\xi).$$

Proposition 2. — *L'application* $f \to f^{\chi}$ *de* $\mathscr{K}$(X) *dans* $\mathscr{K}^{\chi}$(X) *est linéaire, et l'image de* $\mathscr{K}$(X) (resp. $\mathscr{K}_+$(X)) *est* $\mathscr{K}^{\chi}$(X) (resp. $\mathscr{K}^{\chi}_+$(X)).

La linéarité est immédiate. Il est clair que $f^{\chi} \geqslant 0$ pour $f \geqslant 0$. Il suffit alors d'appliquer le lemme suivant :

Lemme 1. — *Soient* K *une partie compacte de* X, *u une fonction de* $\mathscr{K}_+$(X), *avec* $u(x) > 0$ *pour* $x \in$ K. *Soit* $g \in \mathscr{K}^{\chi}$(X) *telle que* Supp $g \subset$ KH.

a) *On a* $\inf_{x \in KH} u^1(x) > 0$.

b) *La fonction h égale à* g/u^1 *dans* KH, *à* 0 *dans* X — KH, *appartient à* $\mathscr{K}^\chi(X)$.

c) $g = (uh)^\chi$.

On a $u^1(x) > 0$ pour $x \in K$, donc $\inf_{x \in KH} u^1(x) = \inf_{x \in K} u^1(x) > 0$. L'assertion b) en résulte aussitôt. Enfin, d'après la prop. 1 c), on a $(uh)^\chi = u^1 h$, et il est clair que $u^1 h = g$.

Soit I une forme linéaire relativement bornée (chap. II, § 2, nº 2) sur $\mathscr{K}^\chi(X)$. Alors $f \to I(f^\chi)$ est une forme linéaire relativement bornée sur $\mathscr{K}(X)$, c'est-à-dire une *mesure* μ_I sur X. L'application $I \to \mu_I$ est injective d'après la prop. 2. Les mesures μ_I ainsi obtenues sur X peuvent être caractérisées comme suit :

Proposition 3. — *Soit* μ *une mesure sur* X. *Les conditions suivantes sont équivalentes :*

a) *Il existe une forme linéaire relativement bornée* I *sur* $\mathscr{K}^\chi(X)$ *telle que* $I(f^\chi) = \mu(f)$ *pour toute* $f \in \mathscr{K}(X)$.

b) $\boldsymbol{\delta}(\xi)\mu = \chi(\xi)^{-1}\Delta_H(\xi)\mu$ *pour tout* $\xi \in H$.

c) *Quelles que soient f, g dans* $\mathscr{K}(X)$, *on a*

$$\mu(f \cdot g^1) = \mu(f^\chi \cdot g). \tag{2}$$

d) *Si* $f \in \mathscr{K}(X)$ *est telle que* $f^\chi = 0$, *alors* $\mu(f) = 0$.

a) ⇒ *b)* : si $\mu(f) = I(f^\chi)$, on a, compte tenu de la prop. 1 d) :

$$\begin{aligned}\langle \boldsymbol{\delta}(\xi)\mu, f\rangle = \langle \mu, \boldsymbol{\delta}(\xi^{-1})f\rangle = I((\boldsymbol{\delta}(\xi^{-1})f)^\chi) &= I(\chi(\xi)^{-1}\Delta_H(\xi)f^\chi) \\ &= \chi(\xi)^{-1}\Delta_H(\xi)\langle \mu, f\rangle,\end{aligned}$$

donc $\boldsymbol{\delta}(\xi)\mu = \chi(\xi)^{-1}\Delta_H(\xi)\mu$.

b) ⇒ *c)* : supposons l'hypothèse b) satisfaite. Observons que les fonctions $(x, \xi) \to f(x)g(x\xi)$ et $(x, \xi) \to f(x\xi)g(x)$ sur $X \times H$ sont continues à support compact (parce que H opère proprement dans X) ; ceci posé, le th. 2 du chap. III, § 5, nº 1 permet d'écrire :

$$\int_X f(x)d\mu(x)\int_H g(x\xi)d\beta(\xi) = \int_H d\beta(\xi)\int_X f(x)g(x\xi)d\mu(x)$$

$$= \int_H d\beta(\xi)\int_X f(x\xi^{-1})g(x)\chi(\xi)\Delta_H(\xi)^{-1}d\mu(x)$$

$$= \int_X g(x)d\mu(x)\int_H f(x\xi^{-1})\chi(\xi)\Delta_H(\xi)^{-1}d\beta(\xi)$$

$$= \int_X g(x)d\mu(x)\int_H f(x\xi)\chi(\xi)^{-1}d\beta(\xi)$$

ce qui prouve c).

c) ⇒ *d)* : si c) est vérifiée et si $f^\chi = 0$, on a $\mu(f.g^1) = 0$ pour toute $g \in \mathcal{K}(X)$, donc $\mu(f) = 0$ en choisissant $g \in \mathcal{K}(X)$ telle que $g^1 = 1$ sur Supp f (ce qui est possible d'après la prop. 2 appliquée avec $\chi = 1$).

d) ⇒ *a)* : si la condition d) est satisfaite, il existe une forme linéaire I sur $\mathcal{K}^\chi(X)$ telle que $\mu(f) = I(f^\chi)$ pour $f \in \mathcal{K}(X)$, et cette forme est relativement bornée en vertu de la prop. 2.

2. *Cas où* $\chi = 1$.

Si f est une fonction sur X/H, $f \circ \pi$ est une fonction sur X constante sur les orbites, continue si et seulement si f est continue. L'application $f \to f \circ \pi$ définit en particulier une *bijection* de $\mathcal{K}(X/H)$ sur $\mathcal{K}^1(X)$.

Nous pouvons alors, dans le cas où $\chi = 1$, reformuler de la manière suivante certains résultats du nº 1 :

Soit f une fonction numérique continue dans X dont le support ait une intersection compacte avec le saturé de toute partie compacte de X. La formule

$$f^\flat(\pi(x)) = \int_H f(x\xi)d\beta(\xi) \tag{3}$$

définit une fonction continue $f^\flat$ sur X/H. Si g est une fonction continue sur X/H, on a

$$(f.g \circ \pi)^\flat = f^\flat.g. \tag{4}$$

Si $\eta \in \mathrm{H}$, on a

$$(5) \qquad (\delta(\eta)f)^\flat = \Delta_{\mathrm{H}}(\eta)^{-1}f^\flat.$$

On n'oubliera pas que la définition de $f^\flat$ dépend du choix de β. Si H est compact et β normalisée, la fonction $f^\flat$ s'appelle parfois *moyenne orbitale* de f.

Si $f \in \mathscr{K}(\mathrm{X})$, on a $f^\flat \in \mathscr{K}(\mathrm{X}/\mathrm{H})$. L'application $f \to f^\flat$ de $\mathscr{K}(\mathrm{X})$ dans $\mathscr{K}(\mathrm{X}/\mathrm{H})$ est linéaire, et l'image de $\mathscr{K}(\mathrm{X})$ (resp. $\mathscr{K}_+(\mathrm{X})$) est $\mathscr{K}(\mathrm{X}/\mathrm{H})$ (resp. $\mathscr{K}_+(\mathrm{X}/\mathrm{H})$).

Remarque 1. — On va montrer que l'application $f \to f^\flat$ est un *morphisme strict* (*Top. gén.*, chap. III, 3e éd., § 2, n° 8) de $\mathscr{K}(\mathrm{X})$ sur $\mathscr{K}(\mathrm{X}/\mathrm{H})$.

a) Cette application est continue : il suffit de prouver que, pour toute partie compacte K de X, la restriction à $\mathscr{K}(\mathrm{X}, \mathrm{K})$ de $f \to f^\flat$ est une application continue de $\mathscr{K}(\mathrm{X}, \mathrm{K})$ dans $\mathscr{K}(\mathrm{X}/\mathrm{H}, \pi(\mathrm{K}))$ (*Esp. vect. top.*, chap. II, § 2, n° 2, cor. de la prop. 1) ; comme H opère proprement dans X, l'ensemble P des $\xi \in \mathrm{H}$ tels que $\mathrm{K}\xi$ rencontre K est compact ; on conclut de (3) que $\sup\limits_{x \in \mathrm{K}} |f^\flat(\pi(x))| \leqslant \beta(\mathrm{P}) \sup\limits_{x \in \mathrm{K}} |f(x)|$, et ceci prouve notre assertion.

b) Soit K′ une partie compacte de X/H. Choisissons une partie compacte K de X telle que $\pi(\mathrm{K}) = \mathrm{K}'$, et montrons que la restriction de $f \to f^\flat$ à $\mathscr{K}(\mathrm{X}, \mathrm{K})$ est un morphisme strict de $\mathscr{K}(\mathrm{X}, \mathrm{K})$ sur $\mathscr{K}(\mathrm{X}/\mathrm{H}, \mathrm{K}')$. Il suffit de construire pour cette restriction un inverse à droite (*Esp. vect. top.*, chap. I, § 1, n° 8, prop. 13). Or, d'après le lemme 1 du n° 1 (dont nous adoptons les notations), on obtient un tel inverse en composant les applications suivantes :

α) l'application $f' \to f' \circ \pi$ de $\mathscr{K}(\mathrm{X}/\mathrm{H}, \mathrm{K}')$ dans l'ensemble E des fonctions de $\mathscr{K}^1(\mathrm{X})$ dont le support est contenu dans KH ;

β) l'application de E dans E qui, à toute $g \in \mathrm{E}$, fait correspondre la fonction égale à g/u^1 dans KH, à 0 dans $\mathrm{X} - \mathrm{KH}$;

γ) l'application de E dans $\mathscr{K}(\mathrm{X})$ qui, à toute fonction $h \in \mathrm{E}$, fait correspondre uh.

c) Ceci posé, si V est un voisinage convexe de 0 dans $\mathscr{K}(\mathrm{X})$, $\mathrm{V} \cap \mathscr{K}(\mathrm{X}, \mathrm{K})$ est un voisinage convexe de 0 dans $\mathscr{K}(\mathrm{X}, \mathrm{K})$, donc $\mathrm{V}^\flat \cap \mathscr{K}(\mathrm{X}/\mathrm{H}, \mathrm{K}')$ est un voisinage convexe de 0 dans $\mathscr{K}(\mathrm{X}/\mathrm{H}, \mathrm{K}')$ d'après *b*), donc $\mathrm{V}^\flat$ est un voisinage de 0 dans $\mathscr{K}(\mathrm{X}/\mathrm{H})$ (*Esp. vect. top.*, chap. II, § 2, n° 4). Ceci achève la démonstration.

PROPOSITION 4. — a) *Soit λ une mesure sur X/H. Il existe une mesure $\lambda^\#$ et une seule sur X telle que*

$$(6) \qquad \int_{\mathrm{X}/\mathrm{H}} f^\flat d\lambda = \int_{\mathrm{X}} f d\lambda^\#$$

quelle que soit $f \in \mathscr{K}(\mathrm{X})$. On a $\delta(\xi)\lambda^\# = \Delta_{\mathrm{H}}(\xi)\lambda^\#$ pour tout $\xi \in \mathrm{H}$.

b) *Réciproquement, soit* μ *une mesure sur* X *telle que* $\delta(\xi)\mu = \Delta_H(\xi)\mu$ *pour tout* $\xi \in H$. *Il existe une mesure* λ *et une seule sur* X/H *telle que* $\mu = \lambda^\#$.

C'est un cas particulier du n° 1.

DÉFINITION 1. — *Les hypothèses et les notations étant celles de la prop.* 4, λ *s'appelle le quotient de* μ *par* β *et se note* $\frac{\mu}{\beta}$ *ou* μ/β.

L'application $\lambda \to \lambda^\#$ de $\mathscr{M}(X/H)$ dans $\mathscr{M}(X)$ n'est autre que la *transposée* de l'application $f \to f^\flat$ de $\mathscr{K}(X)$ dans $\mathscr{K}(X/H)$. Soit $\mathfrak{F}$ un filtre sur $\mathscr{M}(X/H)$; dire que $\lim_{\lambda,\mathfrak{F}} \lambda^\#(f) = 0$ pour toute $f \in \mathscr{K}(X)$ équivaut à dire que $\lim_{\lambda,\mathfrak{F}} \lambda(f') = 0$ pour toute $f' \in \mathscr{K}(X/H)$; l'application $\lambda \to \lambda^\#$ est donc, pour les topologies vagues, un *isomorphisme* de $\mathscr{M}(X/H)$ sur un sous-espace vectoriel de $\mathscr{M}(X)$. Ce sous-espace est *vaguement fermé*, puisqu'il est l'ensemble des $\mu \in \mathscr{M}(X)$ telles que $\delta(\xi)\mu = \Delta_H(\xi)\mu$ pour tout $\xi \in H$. Il est clair que les conditions $\lambda \geqslant 0$ et $\lambda^\# \geqslant 0$ sont équivalentes.

La formule (6) s'écrit, par analogie avec la notation usuelle pour les intégrales doubles

$$(7) \quad \int_X f(x)d\lambda^\#(x) = \int_{X/H} d\lambda(\dot{x}) \int_H f(x\xi)d\beta(\xi) \qquad (\dot{x} = \pi(x)).$$

Il s'agit d'un abus de notations, l'intégrale $\int_H f(x\xi)d\beta(\xi)$ étant considérée comme fonction de $\dot{x}$ et non de x ; cette manière d'écrire s'emploiera souvent par la suite quand elle ne pourra prêter à confusion.

Remarque 2. — Soit E un espace vectoriel localement convexe et soit $\mathbf{m}$ une mesure vectorielle sur X/H, à valeurs dans E. L'application $f \to \mathbf{m}(f^\flat)$ de $\mathscr{K}(X)$ dans E est alors une mesure vectorielle sur X, à valeurs dans E, que nous noterons encore $\mathbf{m}^\#$. L'application $\mathbf{m} \to \mathbf{m}^\#$ est encore un *isomorphisme* de $\mathscr{L}(\mathscr{K}(X/H); E)$ sur un sous-espace vectoriel A de $\mathscr{L}(\mathscr{K}(X); E)$ (si on munit ces espaces de la topologie de la convergence simple). De plus, comme l'application $f \to f^\flat$ est un morphisme strict surjectif, le sous-espace A se compose exactement des mesures vectorielles $\mathbf{n}$ sur X qui sont nulles sur le noyau N de l'application $f \to f^\flat$. Pour que $\mathbf{n} \in A$, il est donc nécessaire et suffisant que les mesures scalaires $z' \circ \mathbf{n}$ soient nulles sur N pour tout $z' \in E'$. On déduit alors de la prop. 3 que $\mathbf{n} \in A$ si et seulement si l'on a

$$\boldsymbol{\delta}(\xi)\mathbf{n} = \Delta_H(\xi)\mathbf{n}$$

pour tout $\xi \in H$.

3. *Autre interprétation de* $\lambda^\sharp$.

Pour tout $x \in X$, l'application $\xi \to x\xi$ de H dans X est *propre* (*Top. Gén.*, chap. III, 3e éd., § 4, n° 2, prop. 4), donc β admet une mesure image dans X par cette application, image qui est concentrée sur l'orbite xH (chap. V, § 6, n° 2, cor. 3 de la prop. 2) ; comme β est invariante à gauche, cette mesure image ne dépend que de la classe $u = \pi(x)$ de x dans X/H, et sera notée β_u. Par définition, pour $f \in \mathscr{K}(X)$, on a

$$\int_X f(y)d\beta_u(y) = \int_H f(x\xi)d\beta(\xi) = f^\flat(u). \tag{8}$$

On voit donc que

$$(\varepsilon_u)^\sharp = \beta_u. \tag{9}$$

Lemme 2. — Soit f une fonction sur X, *à valeurs dans un espace topologique.*

a) *Si f est une fonction numérique $\geqslant 0$, on a, pour $x \in X$*

$$\int_X^* f(y)d\beta_{\dot{x}}(y) = \int_H^* f(x\xi)d\beta(\xi) \qquad (\dot{x} = \pi(x)).$$

b) *Pour que f soit $\beta_{\dot{x}}$-mesurable, il faut et il suffit que la fonction $\xi \to f(x\xi)$ sur* H *soit β-mesurable.*

c) *Supposons que $\mathbf{f}$ soit une fonction sur* X, *à valeurs dans un espace de Banach ou dans $\overline{\mathbf{R}}$; alors, pour que $\mathbf{f}$ soit $\beta_{\dot{x}}$-intégrable* (resp. *essentiellement $\beta_{\dot{x}}$-intégrable*), *il faut et il suffit que la fonction $\xi \to \mathbf{f}(x\xi)$ sur* H *soit β-intégrable* (resp. *essentiellement β-intégrable*), *et on a alors* $\int_X \mathbf{f}(y)d\beta_{\dot{x}}(y) = \int_H \mathbf{f}(x\xi)d\beta(\xi)$.

Cela résulte du chap. V, § 4, prop. 2, prop. 3 et th. 2.

Puisque $f^\flat \in \mathscr{K}(X/H)$ pour $f \in \mathscr{K}(X)$, la formule (8) prouve que l'application $u \to \beta_u$ de X/H dans $\mathscr{M}(X)$ est vaguement continue, que la famille (β_u) est λ-adéquate quelle que soit la mesure positive λ sur X/H, et que

$$\lambda^\sharp = \int_{X/H} \beta_u d\lambda(u) \tag{10}$$

ce qui fournit une nouvelle interprétation de $\lambda^\sharp$.

PROPOSITION 5. — *Soit λ une mesure positive sur* X/H.

a) *Soit f une fonction $\lambda^\sharp$-mesurable sur* X, *à valeurs dans un espace topologique, constante hors d'une réunion dénombrable d'ensembles $\lambda^\sharp$-intégrables. Alors, l'ensemble des $\dot{x} \in X/H$ tels que la fonction $\xi \to f(x\xi)$ ne soit pas β-mesurable est localement λ-négligeable.*

b) *Soit f une fonction $\lambda^\sharp$-mesurable $\geqslant 0$ sur* X, *nulle hors d'une réunion dénombrable d'ensembles $\lambda^\sharp$-intégrables. Alors la fonction $\dot{x} \to \int^* f(x\xi)d\beta(\xi)$ sur* X/H *est λ-mesurable, et l'on a*

$$\int_X^* f(x)d\lambda^\sharp(x) = \int_{X/H}^* d\lambda(\dot{x}) \int_H^* f(x\xi)d\beta(\xi) \qquad (\dot{x} = \pi(x)).$$

c) *Soit $\mathbf{f}$ une fonction $\lambda^\sharp$-intégrable sur* X, *à valeurs dans un espace de Banach ou dans $\overline{\mathbf{R}}$. Alors l'ensemble des $\dot{x} \in X/H$ tels que $\xi \to \mathbf{f}(x\xi)$ ne soit pas β-intégrable est λ-négligeable ; la fonction $\mathbf{f}^\flat$ sur* X/H *définie presque partout par la formule*

$$\mathbf{f}^\flat(\dot{x}) = \int_H \mathbf{f}(x\xi)d\beta(\xi) \qquad (\dot{x} = \pi(x)) \tag{11}$$

est λ-intégrable, et l'on a

$$\int_{X/H} \mathbf{f}^\flat d\lambda = \int_X \mathbf{f} d\lambda^\sharp \tag{12}$$

et

$$\int_{X/H} |\mathbf{f}^\flat| d\lambda \leqslant \int_X |\mathbf{f}| d\lambda^\sharp. \tag{13}$$

d) *Soit* $\mathbf{f}$ *une fonction* $\lambda^\sharp$*-mesurable sur* X, *à valeurs dans un espace de Banach ou dans* $\overline{\mathbf{R}}$, *et nulle hors d'une réunion dénombrable d'ensembles* $\lambda^\sharp$*-intégrables. Alors, pour que* $\mathbf{f}$ *soit* $\lambda^\sharp$*-intégrable, il faut et il suffit que*

$$\int_{X/H}^{*} d\lambda(\dot{x}) \int_{H}^{*} |\mathbf{f}(x\xi)|\, d\beta(\xi) < +\infty \qquad (\dot{x} = \pi(x)).$$

Compte tenu du lemme 2, a), b), c) résultent du chap. V, § 3, prop. 3, prop. 4 et th. 1 (à l'exception de (13) qui résulte de (12), car il est clair que $|\mathbf{f}^\flat| \leqslant |\mathbf{f}|^\flat$) ; d) résulte de b).

PROPOSITION 6. — *Soit* λ *une mesure positive sur* X/H.

a) *Soit* N *une partie de* X/H. *Pour que* N *soit localement* λ*-négligeable, il faut et il suffit que* $\pi^{-1}(N)$ *soit localement* $\lambda^\sharp$*-négligeable.*

b) *Soit* g *une fonction sur* X/H, *à valeurs dans un espace topologique. Pour que* g *soit* λ*-mesurable, il faut et il suffit que* $g \circ \pi$ *soit* $\lambda^\sharp$*-mesurable.*

c) *Soit* $\mathbf{h}$ *une fonction sur* X/H *à valeurs dans un espace de Banach ou dans* $\overline{\mathbf{R}}$. *Pour que* $\mathbf{h}$ *soit localement* λ*-intégrable, il faut et il suffit que* $\mathbf{h} \circ \pi$ *soit localement* $\lambda^\sharp$*-intégrable, et l'on a alors* $(\mathbf{h}.\lambda)^\sharp = (\mathbf{h} \circ \pi).\lambda^\sharp$.

Supposons $\mathbf{h} \circ \pi$ localement $\lambda^\sharp$-intégrable. Pour toute $f \in \mathscr{K}(X)$, $f.(h \circ \pi)$ est $\lambda^\sharp$-intégrable, donc (prop. 5) la fonction $(f.(\mathbf{h} \circ \pi))^\flat = f^\flat.\mathbf{h}$ est λ-intégrable et l'on a

$$\int_{X/H} f^\flat.\mathbf{h}\, d\lambda = \int_X f.(\mathbf{h} \circ \pi)\, d\lambda^\sharp.$$

Comme $f \to f^\flat$ est une application surjective de $\mathscr{K}(X)$ sur $\mathscr{K}(X/H)$, cela montre que $\mathbf{h}$ est localement λ-intégrable et que

$$(\mathbf{h}.\lambda)^\sharp = (\mathbf{h} \circ \pi).\lambda^\sharp.$$

En particulier, si $\pi^{-1}(N)$ est localement $\lambda^\sharp$-négligeable, $\varphi_N \circ \pi$ est localement $\lambda^\sharp$-négligeable, donc $(\varphi_N.\lambda)^\sharp = (\varphi_N \circ \pi).\lambda^\sharp = 0$, et par suite $\varphi_N.\lambda = 0$ et N est localement λ-négligeable. Maintenant, supposons que $g \circ \pi$ soit $\lambda^\sharp$-mesurable. Soit K′ une partie compacte de X/H. Soit $f \in \mathscr{K}_+(X)$, telle que $f^\flat = 1$ dans K′ (nº 1, prop. 2), et soit $K = \operatorname{Supp} f$; on a $\pi(K) \supset K'$. Il existe une partition de K formée d'un ensemble $\lambda^\sharp$-négligeable M et d'une suite (K_n) d'ensembles compacts tels que $(g \circ \pi)|K_n$ soit continue pour tout n. Alors $g|\pi(K_n)$ est continue. Soit P l'ensemble des points de K n'appartenant pas à $\pi(K_1) \cup \pi(K_2) \cup \ldots$; alors $\pi^{-1}(P) \cap K$ est contenu dans M, donc est $\lambda^\sharp$-négligeable ; donc $f.\varphi_{\pi^{-1}(P)}$ est $\lambda^\sharp$-négligeable ; on en déduit (prop. 5)

$$0 = \int_X f.\varphi_{\pi^{-1}(P)} d\lambda^\sharp = \int_{X/H} f^\flat.\varphi_P d\lambda \geqslant \int^*_{X/H} \varphi_P d\lambda$$

donc P est λ-négligeable, et g est λ-mesurable.

Si N est localement λ-négligeable, $\pi^{-1}(N)$ est localement $\lambda^\sharp$-négligeable (App. 2). Si g est λ-mesurable, $g \circ \pi$ est $\lambda^\sharp$-mesurable (*ibid.*). Enfin, supposons $\mathbf{h}$ localement λ-intégrable. Alors on sait déjà que $\mathbf{h} \circ \pi$ est $\lambda^\sharp$-mesurable. Pour toute $f \in \mathscr{K}_+(X)$, on a, d'après la prop. 5,

$$\int^*_X f(x)|\mathbf{h}|(\pi(x))d\lambda^\sharp(x) = \int^*_{X/H} |\mathbf{h}|(u)f^\flat(u)d\lambda(u) < +\infty$$

donc $\mathbf{h} \circ \pi$ est localement $\lambda^\sharp$-intégrable.

Corollaire 1. — *Soient λ, λ' deux mesures positives sur* X/H. *Pour que λ' soit de base λ, il faut et il suffit que $\lambda'^\sharp$ soit de base $\lambda^\sharp$. Pour que λ et λ' soient équivalentes, il faut et il suffit que $\lambda^\sharp$ et $\lambda'^\sharp$ soient équivalentes.*

La première assertion résulte de la prop. 6, a) et c). La deuxième résulte de la première.

Corollaire 2. — *Soient λ une mesure positive sur* X/H, *et f une fonction numérique $\lambda^\sharp$-mesurable sur* X. *On suppose que, pour tout* $\xi \in H$, *on ait $\boldsymbol{\delta}(\xi)f = f$ localement $\lambda^\sharp$-presque partout. Alors il existe une fonction λ-mesurable g sur* X/H *telle que $f = g \circ \pi$ localement $\lambda^\sharp$-presque partout.*

En remplaçant f par $f/(1 + |f|)$, on se ramène au cas où f est bornée, donc localement $\lambda^\sharp$-intégrable. Soit $\mu = f.\lambda^\sharp$. L'hypothèse sur f entraîne que $\boldsymbol{\delta}(\xi)\mu = f.\boldsymbol{\delta}(\xi)\lambda^\sharp = \Delta_H(\xi)\mu$ pour tout $\xi \in H$. Il existe alors (prop. 4) une mesure λ' sur X/H telle que $\mu = \lambda'^{\#}$. D'après le cor. 1, il existe une fonction localement λ-intégrable g sur X/H telle que $\lambda' = g.\lambda$. D'après la prop. 6, on a $f.\lambda^{\#} = \lambda'^{\#} = (g \circ \pi).\lambda^{\#}$, d'où $f = g \circ \pi$ localement $\lambda^{\#}$-presque partout.

COROLLAIRE 3. — a) *Soit* $(\lambda_\iota)_{\iota \in I}$ *une famille de mesures réelles sur* X/H. *Pour que la famille* (λ_ι) *soit majorée dans* $\mathscr{M}$(X/H), *il faut et il suffit que la famille* $(\lambda_\iota^{\#})$ *soit majorée dans* $\mathscr{M}$(X), *et on a alors*

$$\sup(\lambda_\iota^{\#}) = (\sup \lambda_\iota)^{\#}.$$

b) *Soit* λ *une mesure réelle sur* X/H. *On a* $(\lambda^+)^{\#} = (\lambda^{\#})^+$ *et* $(\lambda^-)^{\#} = (\lambda^{\#})^-$.

c) *Soit* λ *une mesure complexe sur* X/H. *On a* $|\lambda|^{\#} = |\lambda^{\#}|$.

Supposons la famille (λ_ι) majorée et posons $\mu = \sup \lambda_\iota$. Puisque $\lambda \geqslant 0$ entraîne $\lambda^{\#} \geqslant 0$, on a $\mu^{\#} \geqslant \lambda_\iota^{\#}$ pour tout ι ce qui montre que la famille $(\lambda_\iota^{\#})$ est majorée et que

$$(\sup \lambda_\iota)^{\#} \geqslant \sup(\lambda_\iota^{\#}).$$

Réciproquement, supposons la famille $(\lambda_\iota^{\#})$ majorée et soit $\nu = \sup(\lambda_\iota^{\#})$. Puisque $\delta(\xi)\lambda_\iota^{\#} = \Delta_H(\xi)\lambda_\iota^{\#}$ pour tout $\xi \in H$, on a évidemment $\delta(\xi)\nu = \Delta_H(\xi)\nu$, donc il existe une mesure $\mu' \in \mathscr{M}$(X/H) telle que $\nu = \mu'^{\#}$. Comme $\lambda^{\#} \geqslant 0$ entraîne $\lambda \geqslant 0$, on a $\mu' \geqslant \lambda_\iota$ pour tout ι, ce qui montre que la famille (λ_ι) est majorée et que $\nu = \mu'^{\#} \geqslant (\sup \lambda_\iota)^{\#}$, d'où

$$\sup(\lambda_\iota^{\#}) \geqslant (\sup \lambda_\iota)^{\#}$$

ce qui achève la démonstration de a). L'assertion b) en résulte aussitôt, puisque λ^+ par exemple n'est autre que $\sup(\lambda, 0)$. Pour démontrer c), il suffit de remarquer que $|\lambda| = \sup \mathscr{R}(\alpha\lambda)$ pour α nombre complexe de module 1, et d'autre part que $\mathscr{R}(\mu^{\#}) = (\mathscr{R}\mu)^{\#}$ pour toute $\mu \in \mathscr{M}$(X/H).

Remarques. — 1) La prop. 6 a) peut s'exprimer en disant que λ est une mesure *pseudo-image* de $\lambda^{\#}$ par π (chap. VI, § 3, n° 2, déf. 1).

2) Supposons H *compact* et β normalisée. Le saturé de toute partie compacte de X est compact. Donc, si $f \in \mathscr{K}(X/H)$, on a $f \circ \pi \in \mathscr{K}(X)$; et, pour toute mesure positive λ sur X/H, la prop. 5*c*) donne

$$\int_{X} (f \circ \pi)(x) d\lambda^{\#}(x) = \int_{X/H} f(u) d\lambda(u).$$

Autrement dit, λ est *l'image* de $\lambda^{\#}$ par π.

3) Le cor. 3 c) de la prop. 6 montre aussitôt que les résultats de ce n° restent valables dans le cas des mesures complexes (sauf ceux qui font intervenir l'intégrale supérieure).

4) Soit $\mathbf{m}$ une mesure vectorielle sur X/H à valeurs dans E et soit q une semi-norme semi-continue inférieurement sur E. Pour que $\mathbf{m}$ soit q-majorable (chap. VI, § 2, n° 3, déf. 3), il faut et il suffit que $\mathbf{m}^{\#}$ le soit, et on a alors $q(\mathbf{m}^{\#}) = q(\mathbf{m})^{\#}$. Ceci résulte aussitôt des définitions et du cor. 3 *a*).

Soit d'autre part μ une mesure positive sur X/H. Pour que $\mathbf{m}$ soit scalairement de base μ, il faut et il suffit que $\mathbf{m}^{\#}$ soit scalairement de base $\mu^{\#}$: cela résulte du cor. 1.

Enfin, si $\mathbf{m}$ est de base μ, de densité $\mathbf{f}$ par rapport à μ (chap. VI, § 2, n° 4, déf. 4), alors $\mathbf{m}^{\#}$ est de base $\mu^{\#}$, de densité $\mathbf{f} \circ \pi$: cela résulte de la prop. 6 *c*).

4. *Cas où X/H est paracompact.*

Si X/H est paracompact, on va voir d'abord que les espaces vectoriels $\mathscr{K}^{\chi}(X)$, pour χ variable, sont tous *isomorphes* entre eux, et en particulier isomorphes à $\mathscr{K}^{1}(X)$.

PROPOSITION 7. — *Supposons* X/H *paracompact. Soit* χ *une représentation continue de* H *dans* $\mathbf{R}_{+}^{*}$.

a) *Il existe sur* X *une fonction continue* r, *à valeurs* > 0, *telle que* $r(x\xi) = \chi(\xi) r(x)$ *quels que soient* $x \in X$ *et* $\xi \in H$.

b) *L'application* $g \rightarrow g/r$ *est un isomorphisme de l'espace vectoriel* $\mathscr{K}^{\chi}(X)$ *sur l'espace vectoriel* $\mathscr{K}^{1}(X)$.

Appliquons la prop. 1 du n° 1 en prenant pour f une fonction $\geqslant 0$ non identiquement nulle sur chaque orbite (c'est possible d'après le lemme 1 de l'Appendice 1) ; alors $r = f^{\chi}$ vérifie les propriétés de *a*). L'assertion *b*) est évidente.

PROPOSITION 8. — *Supposons* X/H *paracompact. Il existe une fonction $h \geqslant 0$ continue dans* X, *dont le support a une intersection compacte avec le saturé de toute partie compacte de* X, *et telle que $h^{\flat} = 1$. Pour une telle fonction, on a $g = (h.(g \circ \pi))^{\flat}$ quelle que soit la fonction g continue dans* X/H.

Appliquons la prop. 1 du n° 1, avec $\chi = 1$, en prenant pour f une fonction $\geqslant 0$ non identiquement nulle sur chaque orbite. On a $f^1(x) > 0$ en tout point x de X. Posons $h = f/f^1$. Alors $h^1 = f^1/f^1 = 1$, donc $h^{\flat} = 1$. Si g est une fonction continue sur X/H, on a donc $(h.(g \circ \pi))^{\flat} = h^{\flat}.g = g$.

Remarques. — 1) En particulier, soit X un espace localement compact sur lequel opère à droite, continûment et proprement, un groupe *discret* D ; supposons X/D paracompact. Alors il existe sur X une fonction continue $h \geqslant 0$, dont le support a une intersection compacte avec le saturé de toute partie compacte de X, et telle que $\sum_{d \in \mathrm{D}} h(xd) = 1$ pour tout $x \in \mathrm{X}$ (tous les termes de la somme étant nuls sauf un nombre fini d'entre eux).

2) Conservons les hypothèses et les notations de la prop. 8. L'application $g \rightarrow h.(g \circ \pi)$ est une application continue de $\mathscr{K}(\mathrm{X/H})$ dans $\mathscr{K}(\mathrm{X})$ qui est *inverse à droite* de l'application $f \rightarrow f^{\flat}$. Par suite, toute partie bornée (resp. compacte) de $\mathscr{K}(\mathrm{X/H})$ est l'image d'une partie bornée (resp. compacte) de $\mathscr{K}(\mathrm{X})$. On en déduit aussitôt que l'application $\lambda \rightarrow \lambda^{\sharp}$ est encore un isomorphisme de $\mathscr{M}(\mathrm{X/H})$ sur un sous-espace vectoriel fermé de $\mathscr{M}(\mathrm{X})$ quand on munit ces espaces de la topologie de la convergence bornée (resp. compacte).

PROPOSITION 9. — *On conserve les hypothèses et les notations de la prop.* 8. *Soit λ une mesure positive sur* X/H.

a) *Le couple* (π, h) *est $\lambda^{\sharp}$-adapté, et* $\int_{\mathrm{X}} h(x)\varepsilon_{\pi(x)}d\lambda^{\sharp}(x) = \lambda$.

b) *L'application π est propre pour la mesure $h.\lambda^{\sharp}$, et* $\pi(h.\lambda^{\sharp}) = \lambda$.

c) *Soit* **k** *une fonction sur* X/H, *à valeurs dans un espace* *de Banach ou dans* $\overline{\mathbf{R}}$. *Pour que* $\mathbf{k}$ *soit mesurable* (resp. *localement intégrable, essentiellement intégrable, intégrable*) *pour* λ, *il faut et il suffit que* $h.(\mathbf{k} \circ \pi)$ *le soit pour* $\lambda^\sharp$; *et, si* $\mathbf{k}$ *est essentiellement intégrable pour* λ, *on a*

$$\int_{X/H} \mathbf{k}d\lambda = \int_X h.(\mathbf{k} \circ \pi)d\lambda^\sharp. \tag{14}$$

Soit $f \in \mathcal{K}(X/H)$. Alors $h.(f \circ \pi) \in \mathcal{K}(X)$ et l'on a

$$\int_X h(x)f(\pi(x))d\lambda^\sharp(x) = \int_{X/H} f(\dot{x})d\lambda(\dot{x}) \int_H h(x\xi)d\beta(\xi) = \int_{X/H} f(\dot{x})d\lambda(\dot{x})$$

d'où a). L'assertion b) se démontre de même. Les assertions de c) concernant la mesurabilité, l'intégrabilité essentielle et la formule (14) s'obtiennent alors en appliquant les résultats du chap. V (§ 4, prop. 3, § 5, prop. 4, § 4, th. 2). Si $\mathbf{k}$ est λ-intégrable, $h.(\mathbf{k} \circ \pi)$ est $\lambda^\sharp$-intégrable (chap. V, § 3, n° 4, th. 1). Si $h.(\mathbf{k} \circ \pi)$ est $\lambda^\sharp$-intégrable, la prop. 5 prouve que $(h.(\mathbf{k} \circ \pi))^\flat = h^\flat.\mathbf{k} = \mathbf{k}$ est λ-intégrable. Si $\mathbf{k}$ est localement λ-intégrable, $h.(\mathbf{k} \circ \pi)$ est localement $\lambda^\sharp$-intégrable (prop. 6). Enfin, supposons $h.(\mathbf{k} \circ \pi)$ localement $\lambda^\sharp$-intégrable; pour toute $f \in \mathcal{K}(X/H)$, $h.(\mathbf{k} \circ \pi).(f \circ \pi)$ est à support compact, et

$$|h.(\mathbf{k} \circ \pi).(f \circ \pi)| \leq M\,|h.(\mathbf{k} \circ \pi)|$$

en posant $M = \sup |f|$; donc $h.((\mathbf{k}f) \circ \pi)$ est $\lambda^\sharp$-intégrable, et par suite $\mathbf{k}f$ est λ-intégrable d'après ce qu'on a déjà démontré ; ceci prouve bien que $\mathbf{k}$ est localement λ-intégrable.

COROLLAIRE. — *L'application linéaire continue* $f \to f^\flat$ *de* $L^1(X, \lambda^\sharp)$ *dans* $L^1(X/H, \lambda)$ *définie par la prop.* 5 *est surjective.*

Supposons d'abord X/H paracompact et soit h une fonction sur X satisfaisant aux conditions de la prop. 8. Si k est une fonction numérique essentiellement λ-intégrable, $h.(k \circ \pi)$ est essentiellement $\lambda^\sharp$-intégrable, et évidemment $(h.(k \circ \pi))^\flat = k$.

Dans le cas général, soit $u \in L^1(X/H, \lambda)$. Il existe une fonction $f \in \mathcal{L}^1(X/H, \lambda)$, de classe u et nulle en dehors d'une réunion dénombrable d'ensembles compacts K_n. Définissons par récurrence une suite d'ensembles ouverts relativement compacts U_n de X/H, tels que $U_{n+1} \supset K_n \cup \overline{U}_n$, et soit V la réunion des U_n. Alors V est une partie ouverte de X/H, réunion dénombrable de parties compactes $\overline{U}_n$, donc paracompacte (*Top. gén.*, chap. I, 3e éd., § 9, n° 10, th. 5). Posons $Y = \pi^{-1}(V)$ et soit λ_V (resp. $\lambda^\sharp_Y$) la mesure induite par λ (resp. $\lambda^\sharp$) sur V (resp. Y). Il est clair que Y/H s'identifie à V (*Top. gén.*, chap. I, 3e éd., § 3, prop. 10) et que $\lambda^\sharp_Y$ s'identifie à $(\lambda_V)^\sharp$. De plus, f est nulle en dehors de V et appartient à $\mathscr{L}^1(V, \lambda_V)$. Il existe donc $g \in \mathscr{L}^1(Y, \lambda^\sharp_Y)$ telle que $g^\flat = f$ presque partout sur V. En prolongeant g par 0 sur X — Y, on obtient une fonction $g_1 \in \mathscr{L}^1(X, \lambda^\sharp)$ et il est clair que la classe de $g_1^\flat$ dans $L^1(X/H, \lambda)$ n'est autre que u.

Remarque 3. — Supposons X/H paracompact et gardons les notations de la proposition 9. L'application $k \to h(k \circ \pi)$ de $L^1(X/H, \lambda)$ dans $L^1(X, \lambda^\sharp)$ est alors *isométrique* d'après (14) et est *inverse à droite* de l'application $f \to f^\flat$ de $L^1(X, \lambda^\sharp)$ sur $L^1(X/H, \lambda)$.

5. *Mesures quasi-invariantes sur un espace homogène.*

Lemme 3. — *Soient* G *un groupe localement compact,* μ *une mesure de Haar à gauche sur* G, ν *et* ν' *deux mesures non nulles quasi-invariantes sur* G. *Si, pour tout* $s \in G$, *les densités de* $\gamma(s)\nu$ *par rapport à* ν *et de* $\gamma(s)\nu'$ *par rapport à* ν' *sont égales localement* μ*-presque partout,* ν *et* ν' *sont proportionnelles.*

Ecrivons $\nu = \rho . \mu$, $\nu' = \rho' . \mu$ où ρ, ρ' sont des fonctions localement μ-intégrables sur G et partout non nulles (§ 1, n° 9, prop. 11). Pour tout $s \in G$, on a

$$\gamma(s)\nu = (\gamma(s)\rho) . \mu, \qquad \gamma(s)\nu' = (\gamma(s)\rho') . \mu,$$

et l'hypothèse entraîne que $\rho^{-1} . \gamma(s)\rho = \rho'^{-1} . \gamma(s)\rho'$ localement μ-presque partout. Posons $\sigma = \rho'/\rho$, qui est une fonction μ-mesurable sur G. Pour tout $s \in G$, on a $\gamma(s)\sigma = \sigma$ localement μ-presque partout. Donc σ est égale à une constante localement

μ-presque partout, d'après le cor. 2 de la prop. 6 appliqué avec $X = H = G$.

Soient G un groupe localement compact, H un sous-groupe fermé de G. Considérons l'espace homogène G/H des classes à gauche suivant H, sur lequel G opère continûment à gauche. Nous allons montrer qu'il existe *une classe et une seule* de mesures quasi-invariantes non nulles sur G/H.

Remarquons que H opère sur G continûment et proprement par translations à droite ; et l'espace quotient, qui n'est autre que G/H, est paracompact (*Top. Gén.*, chap. III, 3e éd., § 4, n° 6, prop. 13). On peut ainsi appliquer les résultats des n°s 1 à 4, avec $X = G$. On a donc des applications $f \to f^{\flat}$ de $\mathscr{K}(G)$ sur $\mathscr{K}(G/H)$, et $\lambda \to \lambda^{\sharp}$ de $\mathscr{M}(G/H)$ dans $\mathscr{M}(G)$ (une fois fixée une mesure de Haar à gauche β dans H). Le fait que G opère à gauche dans G/H donne lieu à une propriété supplémentaire :

$$\gamma_{G/H}(s).f^{\flat} = (\gamma_G(s).f)^{\flat} \quad (s \in G,\ f \in \mathscr{K}(G)) \tag{15}$$

$$(\gamma_{G/H}(s).\lambda)^{\sharp} = \gamma_G(s).\lambda^{\sharp} \quad (s \in G,\ \lambda \in \mathscr{M}(G/H)). \tag{16}$$

En effet, pour tout $x \in G$, on a

$$(\gamma_{G/H}(s).f^{\flat})(\pi(x)) = f^{\flat}(s^{-1}\pi(x)) = f^{\flat}(\pi(s^{-1}x))$$

$$= \int_H f(s^{-1}x\xi)d\beta(\xi) = \int_H (\gamma_G(s)f)(x\xi)d\beta(\xi) = (\gamma_G(s)f)^{\flat}(\pi(x))$$

d'où la formule (15), qui entraîne la formule (16).

Lemme 4. — *Soient* λ *une mesure* $\neq 0$ *sur* G/H *et* μ *une mesure de Haar à gauche sur* G. *Les propriétés suivantes sont équivalentes :*

a) λ *est quasi-invariante par* G ;

b) *pour qu'une partie* A *de* G/H *soit localement* λ*-négligeable, il faut et il suffit que* $\pi^{-1}(A)$ *soit localement* μ*-négligeable ;*

c) *la mesure* $\lambda^{\sharp}$ *est équivalente à* μ.

Supposons qu'il en soit ainsi, et soit $\lambda^{\sharp} = \rho.\mu$, ρ *étant une fonction localement* μ*-intégrable partout non nulle. Alors, pour* *tout* $s \in G$, *la densité* θ_s *de* $\gamma_{G/H}(s)\lambda$ *par rapport à* λ *est telle que*

$$\theta_s(\pi(x)) = \frac{\rho(s^{-1}x)}{\rho(x)} \tag{17}$$

localement μ*-presque partout sur* G.

c) ⇒ b) : cela résulte aussitôt de la prop. 6 a).

b) ⇒ a) : si la propriété b) est vérifiée, l'ensemble des parties de G/H localement λ-négligeables est invariant par G, donc λ est quasi-invariante par G.

a) ⇒ c) : supposons λ quasi-invariante par G ; pour tout $s \in G$, λ et $\gamma_{G/H}(s)\lambda$ sont équivalentes, donc $\lambda^\#$ et

$$\gamma_G(s).\lambda^\# = (\gamma_{G/H}(s).\lambda)^\#$$

sont équivalentes (cor. 1 de la prop. 6) ; comme $\lambda^\# \neq 0$, $\lambda^\#$ est équivalente à μ (§1, n° 9, prop. 11).

En outre, pour tout $s \in G$, on a

$$\begin{aligned}(\theta_s \circ \pi).\lambda^\# = (\theta_s.\lambda)^\# = (\gamma_{G/H}(s)\lambda)^\# &= \gamma_G(s)\lambda^\# \\ &= (\gamma_G(s)\rho).\mu = \frac{\gamma_G(s)\rho}{\rho}.\lambda^\#\end{aligned}$$

d'où (17).

L'équivalence de a) et b) entraîne d'abord le résultat d'unicité déjà annoncé, et même un résultat plus précis :

THÉORÈME 1. — *Soient* G *un groupe localement compact,* H *un sous-groupe fermé de* G.

a) *Deux mesures quasi-invariantes non nulles sur* G/H *sont équivalentes ; les parties de* G/H *localement négligeables pour ces mesures sont celles dont l'image réciproque dans* G *sont localement négligeables pour une mesure de Haar.*

b) *Soient* λ, λ' *deux mesures quasi-invariantes non nulles sur* G/H. *Si, pour tout* $s \in G$, *les densités de* $\gamma_{G/H}(s)\lambda$ *par rapport à* λ *et de* $\gamma_{G/H}(s)\lambda'$ *par rapport à* λ' *sont égales localement presque partout pour* λ *(ou* λ'*),* λ *et* λ' *sont proportionnelles.*

a) résulte aussitôt du lemme 4. Soient λ et λ' deux mesures quasi-invariantes non nulles vérifiant la condition de b). Alors, pour tout $s \in G$, les densités de $\gamma_G(s)\lambda^\#$ par rapport à $\lambda^\#$ et de

$\gamma_G(s)\lambda'^{\#}$ par rapport à $\lambda'^{\#}$ sont égales localement μ-presque partout, donc (lemme 3) $\lambda^{\#}$ et $\lambda'^{\#}$ sont proportionnelles, donc λ et λ' sont proportionnelles.

D'autre part, le lemme 4 ramène la recherche des mesures quasi-invariantes non nulles sur G/H à celle des mesures sur G équivalentes à la mesure de Haar et de la forme $\lambda^{\#}$. On a à ce sujet le lemme suivant :

Lemme 5. — *Soient* μ *une mesure de Haar à gauche sur* G, *et* ρ *une fonction localement* μ*-intégrable. Pour que* $\rho.\mu$ *soit de la forme* $\lambda^{\#}$, *il faut et il suffit que, pour tout* $\xi \in$ H, *on ait*

$$(18) \qquad \rho(x\xi) = \frac{\Delta_H(\xi)}{\Delta_G(\xi)}\rho(x)$$

localement μ*-presque partout sur* G.

Dire que $\rho.\mu$ est de la forme $\lambda^{\#}$ revient à dire que, pour tout $\xi \in$ H, on a $\boldsymbol{\delta}(\xi)(\rho.\mu) = \Delta_H(\xi)\rho.\mu$ (prop. 4). Or

$$\boldsymbol{\delta}(\xi)(\rho.\mu) = (\boldsymbol{\delta}(\xi)\rho).(\boldsymbol{\delta}(\xi)\mu) = \Delta_G(\xi)(\boldsymbol{\delta}(\xi)\rho).\mu,$$

d'où le lemme.

Nous pouvons maintenant établir le résultat d'existence annoncé, et même un résultat plus précis :

THÉORÈME 2. — *Soient* G *un groupe localement compact,* H *un sous-groupe fermé de* G, μ *une mesure de Haar à gauche sur* G, β *une mesure de Haar à gauche sur* H.

a) *Il existe des fonctions* ρ *continues* > 0 *sur* G *telles que* $\rho(x\xi) = \dfrac{\Delta_H(\xi)}{\Delta_G(\xi)}\rho(x)$ *quels que soient* $x \in$ G *et* $\xi \in$ H.

b) *Etant donnée une telle fonction* ρ, *on peut former la mesure* $\lambda = (\rho.\mu)/\beta$ *sur* G/H, *et* λ *est une mesure positive non nulle quasi-invariante par* G.

c) *Pour* s, x *dans* G, $\rho(sx)/\rho(x)$ *ne dépend que de* s *et* $\pi(x)$, *donc définit une fonction* χ *continue* > 0 *sur* G $\times$ (G/H) *telle que*

$$(19) \qquad \chi(s, \pi(x)) = \frac{\rho(sx)}{\rho(x)}.$$

Alors on a

(20) $\gamma_{G/H}(s)\lambda = \chi(s^{-1}, .).\lambda$ *pour tout* $s \in G$.

a) résulte de la prop. 7.

b) résulte des lemmes 5 et 4.

c) résulte de (17).

Remarques. — 1) On déduit de la remarque 1 du n° 3 que les mesures quasi-invariantes non nulles sur G/H ne sont autres que les mesures pseudo-images par π d'une mesure de Haar sur G.

2) Si G est un groupe de Lie, nous verrons plus tard qu'on peut choisir la fonction ρ du th. 2 indéfiniment différentiable.

Dans les conditions du th. 2, certains résultats des nos 3 et 4 se spécialisent ainsi (compte tenu du chap. V, § 4, th. 2 et prop. 2 pour passer des propriétés relatives à μ aux propriétés relatives à $\rho.\mu$) :

a) Soit f une fonction μ-mesurable sur G, à valeurs dans un espace topologique, constante hors d'une réunion dénombrable d'ensembles μ-intégrables ; alors l'ensemble des $\dot{x} \in G/H$ tels que la fonction $\xi \to f(x\xi)$ ne soit pas β-mesurable est localement λ-négligeable.

b) Soit f une fonction μ-mesurable $\geqslant 0$ sur G, nulle hors d'une réunion dénombrable d'ensembles μ-intégrables. Alors la fonction $\dot{x} \to \int_H^* f(x\xi)d\beta(\xi)$ sur G/H est λ-mesurable et on a

$$\int_G^* f(x)\rho(x)d\mu(x) = \int_{G/H}^* d\lambda(\dot{x}) \int_H^* f(x\xi)d\beta(\xi) \qquad (\dot{x} = \pi(x)).$$

c) Soit $\mathbf{f}$ une fonction μ-intégrable sur G, à valeurs dans un espace de Banach ou dans $\overline{\mathbf{R}}$. Alors l'ensemble des $\dot{x} \in G/H$ tels que $\xi \to \mathbf{f}(x\xi)$ ne soit pas β-intégrable est λ-négligeable ; la fonction $\dot{x} \to \int_H \mathbf{f}(x\xi)d\beta(\xi)$ est λ-intégrable, et

$$\int_G \mathbf{f}(x)\rho(x)d\mu(x) = \int_{G/H} d\lambda(\dot{x}) \int_H \mathbf{f}(x)\xi d\beta(\xi).$$

d) Il existe sur G une fonction continue $h \geqslant 0$, dont le support a une intersection compacte avec le saturé KH de toute partie compacte K de G, et telle que $\int_H h(x\xi)d\beta(\xi) = 1$ pour tout $x \in G$. Pour qu'une fonction $\mathbf{g}$ sur G/H soit mesurable (resp. localement intégrable, essentiellement intégrable, intégrable) pour λ, il faut et il suffit que $h.(\mathbf{g} \circ \pi)$ le soit pour μ ; et, quand $\mathbf{g}$ est essentiellement intégrable pour λ, on a

$$\int_{G/H} \mathbf{g}(u)d\lambda(u) = \int_G h(x)\mathbf{g}(\pi(x))\rho(x)d\mu(x).$$

6. Mesures relativement invariantes sur un espace homogène.

Soient toujours G un groupe localement compact, H un sous-groupe fermé, β une mesure de Haar à gauche sur H.

Lemme 6. — *Soient* λ *une mesure sur* G/H, χ *une représentation continue de* G *dans* $\mathbf{C}^*$. *Les propriétés suivantes sont équivalentes :*

a) λ *est relativement invariante sur* G/H *de multiplicateur* χ ;

b) $\lambda^\#$ *est relativement invariante sur* G *de multiplicateur à gauche* χ ;

c) $\lambda^\#$ *est de la forme* $a\chi.\mu$ $(a \in \mathbf{C})$.

La condition a) signifie que, pour tout $s \in G$, on a

$$\gamma_{G/H}(s)\lambda = \chi(s)^{-1}\lambda ;$$

ceci équivaut à $(\gamma_{G/H}(s)\lambda)^\# = \chi(s)^{-1}\lambda^\#$, c'est-à-dire à

$$\gamma_G(s)\lambda^\# = \chi(s)^{-1}\lambda^\#.$$

D'où l'équivalence de a) et b). L'équivalence de b) et c) résulte du § 1, nº 8, cor. 1 de la prop. 10.

THÉORÈME 3. — *Soient* G *un groupe localement compact,* H *un sous-groupe fermé de* G, μ (resp. β) *une mesure de Haar à gauche sur* G (resp. H), χ *une représentation continue de* G *dans* $\mathbf{C}^*$.

a) *Pour qu'il existe sur* G/H *une mesure non nulle relativement invariante par* G *et de multiplicateur* χ, *il faut et il suffit que* $\chi(\xi) = \Delta_H(\xi)/\Delta_G(\xi)$ *pour tout* $\xi \in H$.

b) *Cette mesure est alors unique à un facteur constant près ; plus précisément, elle est proportionnelle à* $(\chi\cdot\mu)/\beta$.

Pour qu'il existe sur G/H une mesure non nulle relativement invariante par G de multiplicateur χ, il faut et il suffit (lemme 6) que $\chi\cdot\mu$ soit de la forme $\lambda^{\#}$, donc (n° 2, prop. 4) que $\boldsymbol{\delta}(\xi)(\chi\cdot\mu) = \Delta_{\mathrm{H}}(\xi)(\chi\cdot\mu)$ pour tout $\xi \in \mathrm{H}$. Cette condition s'écrit aussi $\chi(\xi)\chi\cdot\Delta_{\mathrm{G}}(\xi)\mu = \Delta_{\mathrm{H}}(\xi)\chi\cdot\mu$, c'est-à-dire

$$\chi(\xi) = \Delta_{\mathrm{H}}(\xi)/\Delta_{\mathrm{G}}(\xi),$$

pour tout $\xi \in \mathrm{H}$. D'où a). L'assertion b) résulte aussitôt du lemme 6 et du fait que l'application $\lambda \rightarrow \lambda^{\#}$ est injective.

On verra au § 3 (n° 3, exemple 4) des exemples très simples où la représentation $\xi \rightarrow \Delta_{\mathrm{H}}(\xi)/\Delta_{\mathrm{G}}(\xi)$ ne se prolonge pas en une représentation continue de G dans $\mathbf{C}^*$. Dans ce cas, il n'existe donc aucune mesure complexe non nulle sur G/H relativement invariante par G.

COROLLAIRE 1. — *Pour qu'il existe sur* G/H *une mesure positive non nulle relativement invariante par* G, *il faut et il suffit qu'il existe une représentation continue de* G *dans* $\mathbf{R}_+^*$ *prolongeant la représentation* $\xi \rightarrow \Delta_{\mathrm{H}}(\xi)/\Delta_{\mathrm{G}}(\xi)$.

On notera que cette condition est remplie lorsque H est *unimodulaire.*

COROLLAIRE 2. — *Pour qu'il existe sur* G/H *une mesure positive non nulle invariante par* G, *il faut et il suffit que* Δ_{G} *coïncide avec* Δ_{H} *sur* H.

COROLLAIRE 3. — *On suppose que* H *est unimodulaire et qu'il existe sur* G/H *une mesure positive* bornée *non nulle* ν *relativement invariante par* G. *Alors* ν *est invariante, et* G *est unimodulaire.*

Soit χ le multiplicateur de ν. Pour tout $s \in \mathrm{G}$, ν et $\boldsymbol{\gamma}(s)\nu$ ont même masse totale finie (§ 1, n° 1, formule (6)) ; comme $\boldsymbol{\gamma}(s)\nu = \chi(s)^{-1}\nu$, on a $\chi(s) = 1$. Donc ν est invariante. D'après le cor. 2, $\Delta_{\mathrm{G}}(s) = 1$ pour tout $s \in \mathrm{H}$. Soit G' l'ensemble des $t \in \mathrm{G}$ tels que $\Delta_{\mathrm{G}}(t) = 1$. C'est un sous-groupe fermé distingué de G contenant H. Soit π l'application canonique de G/H sur

G/G′. Alors $\pi(\nu)$ est une mesure positive bornée non nulle invariante par G. Donc la mesure de Haar à gauche du groupe G/G, est bornée, de sorte que G/G′ est compact (§ 1, nº 2, prop. 2). Par suite l'image de G par Δ_G est un sous-groupe compact de $\mathbf{R}_+^*$; ce sous-groupe est réduit à $\{1\}$, donc $\Delta_G = 1$ sur tout G.

7. *Mesure de Haar sur un groupe quotient.*

PROPOSITION 10. — *Soient* G *un groupe localement compact,* G′ *un sous-groupe distingué fermé,* G″ *le groupe* G/G′, π *l'application canonique de* G *sur* G/G′, α, α', α'' *des mesures de Haar à gauche sur* G, G′, G″.

a) *En multipliant au besoin* α *par un facteur constant, on a* $\alpha'' = \alpha/\alpha'$. *En particulier, si* $f \in \mathscr{K}(G)$,

$$\int_G f(x)d\alpha(x) = \int_{G''} d\alpha''(\dot{x})\int_{G'} f(x\xi)d\alpha'(\xi) \qquad (\dot{x} = \pi(x)).$$

b) *On a* $\Delta_G(\xi) = \Delta_{G'}(\xi)$ *pour tout* $\xi \in G'$; *en particulier, si* G *est unimodulaire,* G′ *l'est aussi.*

c) *Le noyau de la représentation* Δ_G *de* G *dans* $\mathbf{R}_+^*$ *est le plus grand sous-groupe distingué fermé unimodulaire de* G.

En appliquant le th. 3 du nº 6 avec $\chi = 1$ (et sachant qu'ici il existe une mesure sur G/G′ invariante par G, à savoir α''), on obtient a) et b) ; c) résulte aussitôt de b).

PROPOSITION 11. — *On conserve les notations de la prop.* 10. *Soit* u *un automorphisme de* G *tel que* $u(G') = G'$. *Soient* u' *la restriction de* u *à* G′, *et* u'' *l'automorphisme de* G″ *déduit de* u *par passage aux quotients. Alors*

$$\mathrm{mod}_G(u) = \mathrm{mod}_{G'}(u')\mathrm{mod}_{G''}(u'').$$

En effet, si $\alpha'' = \alpha/\alpha'$, on a $u''(\alpha'') = u(\alpha)/u'(\alpha')$, c'est-à-dire

$$\mathrm{mod}_{G''}(u'')^{-1}\alpha'' = \mathrm{mod}_G(u)^{-1}\alpha/\mathrm{mod}_{G'}(u')^{-1}\alpha' = \frac{\mathrm{mod}_{G'}(u')}{\mathrm{mod}_G(u)}(\alpha/\alpha')$$

$$= \frac{\mathrm{mod}_{G'}(u')}{\mathrm{mod}_G(u)}\alpha'',$$

d'où la proposition.

COROLLAIRE. — *Pour tout* $x \in G$, *on a*

$$\Delta_G(x) = \Delta_{G/G'}(\dot{x})\operatorname{mod}(i_x)$$

en désignant par $\dot{x}$ *l'image canonique de* x *dans* G/G' *et par* i_x *l'automorphisme* $s \to x^{-1}sx$ *de* G'.

Ceci résulte de la prop. 11, et de la formule (33) du § 1, n° 4.

8. *Une propriété de transitivité.*

$$\begin{array}{c} X \\ \downarrow \\ X/H' \\ \downarrow \\ X/H \end{array}$$

Soit X un espace localement compact dans lequel un groupe localement compact H opère à droite, continûment et *proprement*, par $(x, \xi) \to x\xi$ $(x \in X, \xi \in H)$. Soit H' un sous-groupe fermé de H ; alors H' opère à droite, continûment et *proprement*, dans X. Nous noterons π, π', p les applications canoniques de X sur X/H, de X sur X/H', et de H sur H/H'.

Soient β, β' des mesures de Haar à gauche sur H, H' ; on suppose que Δ_H et $\Delta_{H'}$ *coïncident sur* H' ; on peut donc former la mesure β/β' sur H/H', invariante à gauche par H (n° 6, th. 3). Soit d'autre part μ une mesure positive sur X telle que

$$\delta(\xi)\mu = \Delta_H(\xi)\mu$$

pour $\xi \in H$; on peut donc former les mesures μ/β sur X/H et μ/β' sur X/H' (n° 2, prop. 4). Nous allons écrire μ/β' comme *l'intégrale*, par rapport à μ/β, d'une famille de mesures sur X/H' indexées par les points de X/H. Lorsque $H' = \{e\}$, on retrouvera la situation du n° 3.

$$\begin{array}{ccc} X & \xleftarrow{\ \psi_x\ } & H \\ {\scriptstyle \pi'}\downarrow & & \downarrow{\scriptstyle p} \\ X/H' & \xleftarrow[\ \omega_x\ ]{} & H/H' \end{array}$$

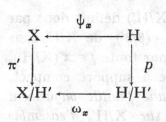

L'application $(x, \xi) \to \pi'(x\xi)$ de $X \times H$ dans X/H' est continue ; comme $\pi'(x\xi) = \pi'(x\xi\xi')$ pour tout $\xi' \in H'$, cette application définit par passage au quotient une application *continue* de $X \times (H/H')$ dans X/H' ; d'où, pour chaque x fixé dans X, une application partielle ω_x de H/H' dans X/H', déduite par passage au quotient de l'application $\psi_x : \xi \to x\xi$ de H dans X. Notons que $\psi_{x\xi} = \psi_x \circ \gamma_H(\xi)$, donc que $\omega_{x\xi} = \omega_x \circ \gamma_{H/H'}(\xi)$ pour tout $\xi \in H$.

Lemme 7. — *Soient* K *une partie compacte de* X/H', *et* L *une partie compacte de* X. *Alors* $\bigcup_{x \in L} \omega_x^{-1}(K)$ *est relativement compact dans* H/H'.

Soit K_1 une partie compacte de X telle que $\pi'(K_1) = K$. Soit K_2 l'ensemble des $\xi \in H$ tels que $L\xi$ rencontre K_1. Alors K_2 est compact (*Top. Gén.*, chap. III, 3e éd., § 4, no 5, th. 1). Soit $\xi \in H$ tel que $p(\xi) \in \bigcup_{x \in L} \omega_x^{-1}(K)$. Il existe donc un $x \in L$ tel que $\omega_x(p(\xi)) \in K$, autrement dit tel que $\pi'(x\xi) \in K$. Puisque $\pi'(K_1) = K$, il existe $\xi' \in H'$ tel que $x\xi\xi' \in K_1$. Alors $\xi\xi' \in K_2$, donc $p(\xi) = p(\xi\xi') \in p(K_2)$. On a ainsi montré que $\bigcup_{x \in L} \omega_x^{-1}(K) \subset p(K_2)$.

Ce lemme montre d'abord que l'application ω_x est *propre*. On peut donc former la mesure $\omega_x(\beta/\beta')$ sur X/H', qui est concentrée sur $\omega_x(H/H') = \pi'(\psi_x(H)) = \pi'(xH)$. Si $f \in \mathscr{K}(X/H')$, le lemme 7, et le § 1, no 1, lemme 1 montrent que la fonction $x \to \langle f, \omega_x(\beta/\beta')\rangle$ est continue dans X ; en outre, $\langle f, \omega_x(\beta/\beta')\rangle$ est nul quand Supp f ne rencontre pas $\pi'(xH)$, autrement dit quand $\pi(x)$ n'appartient pas à l'image canonique de Supp f dans X/H.

Par ailleurs, si $\xi \in H$, on a

$$\omega_{x\xi}(\beta/\beta') = \omega_x(\gamma_{H/H'}(\xi)(\beta/\beta')) = \omega_x(\beta/\beta').$$

L'application $x \to \omega_x(\beta/\beta')$ de X dans $\mathscr{M}(X/H')$ définit donc par passage au quotient une application $u \to (\beta/\beta')_u$ de X/H dans $\mathscr{M}(X/H')$. Ce qui précède montre que, pour toute $f \in \mathscr{K}(X/H')$, l'application $u \to \langle f, (\beta/\beta')_u\rangle$ est continue à support compact. Par suite, l'application $u \to (\beta/\beta')_u$ *est une famille vaguement continue et* (μ/β)*-adéquate de mesures sur* X/H', *l'ensemble d'indices étant* X/H.

Soient $x \in X$, et $u = \pi(x) \in X/H$. Soit $\mathbf{f}$ une fonction sur X/H', à valeurs dans un espace de Banach ou dans $\overline{\mathbf{R}}$. D'après le chap. V, § 4, th. 2, pour que $\mathbf{f}$ soit $(\beta/\beta')_u$-intégrable, il faut et il suffit que la fonction $p(\xi) \to \mathbf{f}(\omega_x(p(\xi))) = \mathbf{f}(\pi'(x\xi))$ sur H/H' soit (β/β')-intégrable, et l'on a alors

$$(21) \quad \int_{X/H'} \mathbf{f}(u')d(\beta/\beta')_u(u') = \int_{H/H'} \mathbf{f}(\pi'(x\xi))d(\beta/\beta')(\dot{\xi}) \quad (\dot{\xi} = p(\xi)).$$

On a des propriétés analogues pour la mesurabilité, l'intégrale supérieure et l'intégrale essentielle.

Proposition 12. — *On a*

$$(22) \qquad \int_{X/H} (\beta/\beta')_u d(\mu/\beta)(u) = \mu/\beta'.$$

Soit $f \in \mathscr{K}(X)$, et soit $f^\flat \in \mathscr{K}(X/H')$, définie par

$$f^\flat(\pi'(x)) = \int_{H'} f(x\xi')d\beta'(\xi').$$

Il suffit de prouver (cf. n° 2) que $f^\flat$ a même intégrale par rapport aux deux membres de (22). Or, $\langle \mu/\beta', f^\flat \rangle = \langle \mu, f \rangle$. D'autre part,

$$\langle \int_{X/H} (\beta/\beta')_u d(\mu/\beta)(u), f^\flat \rangle = \int_{X/H} \langle (\beta/\beta')_u, f^\flat \rangle d(\mu/\beta)(u).$$

Or, soient $x \in X$ et $u = \pi(x)$. On a

$$\begin{aligned} \langle (\beta/\beta')_u, f^\flat \rangle = \langle \omega_x(\beta/\beta'), f^\flat \rangle &= \int_{H/H'} f^\flat(\omega_x(\dot{\xi}))d(\beta/\beta')(\dot{\xi}) \\ &= \int_{H/H'} f^\flat(\pi'(x\xi))d(\beta/\beta')(\dot{\xi}) \\ &= \int_{H/H'} d(\beta/\beta')(\dot{\xi}) \int_{H'} f(x\xi\xi')d\beta'(\xi') \\ &= \int_H f(x\xi)d\beta(\xi). \end{aligned}$$

Donc

$$\langle\int_{X/H}(\beta/\beta')_u d(\mu/\beta)(u), f^\flat\rangle = \int_{X/H} d(\mu/\beta)(u)\int_H f(x\xi)d\beta(\xi) = \langle\mu, f\rangle$$

ce qui prouve la proposition.

COROLLAIRE 1. — a) *Soit* $\mathbf{f}$ *une fonction sur* X/H′, *à valeurs dans un espace de Banach ou dans* $\overline{\mathbf{R}}$, *intégrable pour* μ/β'. *Il existe une partie* (μ/β)*-négligeable* N *de* X/H *ayant la propriété suivante : si* $x \in X$ *est tel que* $\pi(x) \notin N$, *la fonction* $\mathbf{f} \circ \omega_x$ *sur* H/H′, *c'est-à-dire la fonction* $\dot{\xi} \to \mathbf{f}(\pi'(x\xi))$, *est intégrable pour* β/β' ; *l'intégrale* $\int_{H/H'} \mathbf{f}(\pi'(x\xi))d(\beta/\beta')(\dot{\xi})$ *ne dépend que de* $\dot{x} = \pi(x)$, *et est une fonction* (μ/β)*-intégrable de* $\dot{x}$; *et l'on a*

$$\int_{X/H'} \mathbf{f}d(\mu/\beta') = \int_{X/H} d(\mu/\beta)(\dot{x})\int_{H/H'} \mathbf{f}(\pi'(x\xi))d(\beta/\beta')(\dot{\xi}).$$

b) *Soit* f *une fonction* $\geqslant 0$ *sur* X/H′, *mesurable pour* μ/β' *et nulle hors d'une réunion dénombrable d'ensembles* (μ/β')*-intégrables. Alors* $\pi(x) \to \int^*_{H/H'} f(\pi'(x\xi))d(\beta/\beta')(\dot{\xi})$ *est* (μ/β)*-mesurable, et l'on a*

$$\int^*_{X/H'} fd(\mu/\beta') = \int^*_{X/H} d(\mu/\beta)(\dot{x})\int^*_{H/H'} f(\pi'(x\xi))d(\beta/\beta')(\dot{\xi}).$$

c) *Soit* $\mathbf{f}$ *une fonction sur* X/H′ *à valeurs dans un espace de Banach ou dans* $\overline{\mathbf{R}}$, *mesurable pour* μ/β' *et nulle hors d'une réunion dénombrable d'ensembles* (μ/β')*-intégrables. Alors, pour que* $\mathbf{f}$ *soit* (μ/β')*-intégrable, il suffit que*

$$\int^*_{X/H} d(\mu/\beta)(\dot{x})\int^*_{H/H'} |\mathbf{f}(\pi'(x\xi))|d(\beta/\beta')(\dot{\xi}) < +\infty.$$

COROLLAIRE 2. — *Soient* G *un groupe localement compact,* A *et* B *des sous-groupes fermés de* G *tels que* A ⊃ B. *On suppose qu'il existe, sur l'espace homogène* G/B *des classes à gauche suivant* B, *une mesure positive non nulle* α *invariante par* G *et bornée.*

a) *L'image canonique de* α *dans* G/A *est une mesure positive non nulle, invariante par* G, *et bornée.*

b) Δ_G *coïncide avec* Δ_A *sur* A *et avec* Δ_B *sur* B.

c) *Il existe, sur l'espace homogène* A/B *des classes à gauche de* A *suivant* B, *une mesure positive non nulle invariante par* A *et bornée.*

L'assertion a) est immédiate. L'assertion b) résulte de a) et du n° 6, cor. 2 du th. 3. D'après b), Δ_A coïncide avec Δ_B sur B, et on peut donc appliquer les résultats du présent numéro en y faisant X = G, H = A, H' = B. La fonction 1 sur G/B est α-intégrable. D'après le a) du cor. 1, la fonction 1 sur A/B est intégrable pour β/β', β et β' désignant des mesures de Haar à gauche de A et B ; donc β/β' est bornée.

9. *Construction de la mesure de Haar d'un groupe à partir des mesures de Haar de certains sous-groupes.*

Soient G un groupe localement compact, X et Y deux sous-groupes fermés de G *tels que* $\Omega = XY$ *contienne un voisinage* U *de* e. Alors Ω est ouvert dans G ; car, quels que soient $x_0 \in X$ et $y_0 \in Y$, on a $XY = (x_0X)(Yy_0) \supset x_0Uy_0$, et x_0Uy_0 est un voisinage de x_0y_0 ; donc Ω est un voisinage de chacun de ses points.

*Lorsque G est un groupe de Lie d'algèbre de Lie $\mathfrak{g}$, la condition imposée à X et Y est satisfaite si les sous-algèbres correspondant à X et Y ont pour somme $\mathfrak{g}$. *

Le groupe X × Y opère continûment à gauche dans G par la loi $(x, y).s = xsy^{-1}$ ($x \in X$, $y \in Y$, $s \in G$). Soit $Z = X \cap Y$. Le stabilisateur de e dans X × Y est le sous-groupe Z_0 de X × Y formé des couples (z, z), où $z \in Z$, sous-groupe qui est canoniquement isomorphe à Z. Donc l'ensemble Ω s'identifie à l'espace homogène des classes à gauche $(X \times Y)/Z_0$; plus précisément, l'application $(x, y) \to xy^{-1}$ de X × Y sur Ω définit par passage au quotient une bijection continue de $(X \times Y)/Z_0$ sur Ω. Nous supposerons que cette application *est un homéo-*

morphisme. (Il en est ainsi notamment si G est *dénombrable à l'infini* : cf. App. 1).

PROPOSITION 13. — *Supposons en outre* Z *compact. Soient* μ_G, μ_X, μ_Y *des mesures de Haar à gauche sur* G, X, Y, *et* Λ *la restriction de* Δ_G *à* Y. *Alors la restriction* μ *de* μ_G *à* Ω *est, à un facteur constant près, l'image de* $\mu_X \otimes (\Lambda^{-1}.\mu_Y)$ *par l'application* $(x, y) \to xy^{-1}$ *de* X $\times$ Y *sur* Ω *(application qui est propre).*

Pour $x \in X$, $y \in Y$, on a

$$\gamma((x, y))\mu = \delta(y)\gamma(x)\mu = \Delta_G(y)\mu.$$

Identifiant Ω à l'espace homogène $(X \times Y)/Z_0$ et choisissant une mesure de Haar convenable sur Z_0, on voit que $\mu^\sharp$ est le produit de la mesure de Haar à gauche de X $\times$ Y, à savoir $\mu_X \otimes \mu_Y$, par la fonction $(x, y) \to \Delta_G(y)^{-1}$ (nº 6, lemme 6). D'autre part, μ est, à un facteur constant près, l'image de $\mu^\sharp$ par l'application canonique de X $\times$ Y sur Ω (nº 3, *Remarque* 2).

COROLLAIRE. — *Soit* **f** *une fonction définie dans* Ω, *à valeurs dans un espace de Banach ou dans* $\overline{\mathbf{R}}$. *Pour que* **f** *soit* μ*-intégrable, il faut et il suffit que la fonction* $(x, y) \to \mathbf{f}(xy)\Delta_G(y)\Delta_Y(y)^{-1}$ *soit* $(\mu_X \otimes \mu_Y)$*-intégrable ; on a alors*

$$(23) \quad \int_\Omega \mathbf{f}(\omega)d\mu(\omega) = a \iint_{X\times Y} \mathbf{f}(xy)\Delta_G(y)\Delta_Y(y)^{-1}d\mu_X(x)d\mu_Y(y),$$

où a *est une constante* > 0 *indépendante de* **f**.

D'après la prop. 13, et le chap. V, § 4, nº 4, th. 2, pour que **f** soit μ-intégrable, il faut et il suffit que la fonction $(x, y) \to \mathbf{f}(xy^{-1})$ soit intégrable pour $\mu_X \otimes (\Lambda^{-1}.\mu_Y)$, ou encore que la fonction $(x, y) \to \mathbf{f}(xy^{-1})\Delta_G(y)^{-1}$ soit intégrable pour $\mu_X \otimes \mu_Y$, ou encore que la fonction $(x, y) \to \mathbf{f}(xy)\Delta_G(y)\Delta_Y(y)^{-1}$ soit intégrable pour $\mu_X \otimes \mu_Y$. La formule (23) résulte d'un raisonnement analogue.

PROPOSITION 14. — *Supposons que les conditions de la prop.* 13 *soient remplies et en outre que* Y *soit distingué.*

a) *La restriction de* μ_G *à* Ω *est, à un facteur constant près, l'image de* $\mu_X \otimes \mu_Y$ *par l'application* $(x, y) \to xy$ *de* X $\times$ Y *sur* Ω.

b) *On a, pour $x \in X$ et $y \in Y$,*

$$\Delta_G(xy) = \Delta_X(x)\Delta_Y(y)\text{mod}\,(i_x)$$

en désignant par i_x l'automorphisme $v \to x^{-1}vx$ de Y.

On a $\Delta_G = \Delta_Y$ sur Y (prop. 10 b)), donc a) résulte de (23). Soient $x_0 \in X$, $y_0 \in Y$. Notons p l'application $(x, y) \to xy$ de $X \times Y$ sur Ω. Comme

$$xy(x_0y_0)^{-1} = xx_0^{-1}(x_0yy_0^{-1}x_0^{-1}) = xx_0^{-1}i_{x_0^{-1}}(yy_0^{-1}),$$

on a

$$\Delta_G(x_0y_0)p(\mu_X \otimes \mu_Y) = \boldsymbol{\delta}(x_0y_0)p(\mu_X \otimes \mu_Y)$$
$$= p(\boldsymbol{\delta}(x_0)\mu_X \otimes i_{x_0^{-1}}\boldsymbol{\delta}(y_0)\mu_Y) = p(\Delta_X(x_0)\mu_X \otimes \Delta_Y(y_0)(\text{mod}\,i_{x_0})\mu_Y)$$
$$= \Delta_X(x_0)\Delta_Y(y_0)(\text{mod}\,i_{x_0})p(\mu_X \otimes \mu_Y)$$

d'où b).

Remarque. — La prop. 14 s'applique en particulier quand G est produit semi-direct topologique de X par Y (*Top. Gén.*, chap. III, 3e éd., § 2, nº 10). Dans ce cas, $Z = \{e\}$ et $\Omega = G$. Comme $yx = xi_x(y)$ pour $x \in X$, $y \in Y$, μ_G est aussi, à un facteur constant près, l'image de $(\text{mod}\,i_x)\mu_X \otimes \mu_Y$ par l'application $(x, y) \to yx$ de $X \times Y$ dans G.

10. *Intégration dans un domaine fondamental.*

Soient X un espace localement compact, H un groupe *discret* opérant à droite continûment et *proprement* dans X. Soit π l'application canonique de X sur X/H. Pour tout $x \in X$, on notera H_x le stabilisateur de x dans H ; c'est un sous-groupe fini de H (*Top. gén.*, chap. III, 3e éd., § 4, nº 2, prop. 4) ; on notera $n(x)$ son ordre. Pour tout $s \in H$, on a $H_{xs} = s^{-1}H_xs$, donc $n(xs) = n(x)$. Il existe un voisinage ouvert U de x tel que $U \cap Us = \varnothing$ pour $s \notin H_x$ (*loc. cit.*, nº 4, démonstration de la prop. 8) ; pour $y \in U$, on a $H_y \subset H_x$; donc la fonction n sur X est semi-continue supérieurement. Lorsque X est *dénombrable à l'infini*, H est *dénombrable ;* en effet, soit $(K_1, K_2, \ldots)$ un recouvrement de X par une suite de parties compactes, et soit

$x_0 \in X$; l'ensemble des $s \in H$ tels que $sx_0 \in K_i$ est fini (*loc. cit.*, nº 5, th. 1), d'où notre assertion.

DÉFINITION 2. — *Soit* $F \subset X$. *On dit que* F *est un domaine fondamental* (*pour* H) *si la restriction de* π *à* F *est une bijection de* F *sur* X/H (autrement dit si F est un *système de représentants* pour la relation d'équivalence définie par H).

Lemme 8. — *Soit* F *un domaine fondamental. Pour tout* $x \in X$, *on a*

$$\sum_{s \in H} \varphi_{Fs}(x) = n(x). \tag{24}$$

Comme $\varphi_{Fs}(xt) = \varphi_{Fst^{-1}}(x)$ quels que soient s et t dans H, les deux membres de (24) restent invariants quand on remplace x par xt. On peut donc supposer que $x \in F$. Alors on a les équivalences

$$\varphi_{Fs}(x) = 1 \Leftrightarrow x \in Fs \Leftrightarrow xs^{-1} \in F \Leftrightarrow xs^{-1} = x \Leftrightarrow s \in H_x$$

d'où (24).

PROPOSITION 15. — *On suppose* X *dénombrable à l'infini. Soit* μ *une mesure* $\geqslant 0$ *sur* X. *Soit* F *un domaine fondamental tel que* Fs *soit* μ-*mesurable pour tout* $s \in H$. *Soit* $\mathbf{f}$ *une fonction* μ-*intégrable sur* X, *à valeurs dans un espace de Banach ou dans* $\overline{\mathbf{R}}$. *Alors la famille des* $\int_{Fs} n(x)^{-1} f(x) d\mu(x)$ $(s \in H)$ *est sommable, et l'on a*

$$\int_X \mathbf{f}(x) d\mu(x) = \sum_{s \in H} \int_{Fs} n(x)^{-1} \mathbf{f}(x) d\mu(x).$$

Si A est une partie finie de H, on a

$$\left| \sum_{s \in A} n^{-1} \mathbf{f} \varphi_{Fs} \right| \leqslant n^{-1} |\mathbf{f}| \sum_{s \in A} \varphi_{Fs} \leqslant |\mathbf{f}|$$

d'après le lemme 8. Le lemme 8 prouve aussi que $\sum_{s \in A} n^{-1} \mathbf{f} \varphi_{Fs}$ converge simplement vers $\mathbf{f}$ suivant l'ensemble filtrant croissant des parties finies de H. La prop. 15 résulte alors du chap. IV, § 4, n° 3, th. 2.

THÉORÈME 4. — *Soient* X *un espace localement compact dénombrable à l'infini,* H *un groupe discret opérant à droite continûment et proprement dans* X, π *l'application canonique de* X *sur* X/H, μ *une mesure positive sur* X *invariante par* H, β *la mesure de Haar normalisée de* H, *et* $\lambda = \mu/\beta$. *Soit* F *un domaine fondamental* μ*-mesurable.*

a) *Le couple* $(\pi, n^{-1}\varphi_{\mathrm{F}})$ *est* μ*-adapté, et*

$$\int_{\mathrm{X}} n(x)^{-1}\varphi_{\mathrm{F}}(x)\varepsilon_{\pi(x)}d\mu(x) = \lambda.$$

b) *L'application* π *est propre pour* $n^{-1}\varphi_{\mathrm{F}}\cdot\mu$, *et* $\pi(n^{-1}\varphi_{\mathrm{F}}\cdot\mu) = \lambda$.

c) *Soit* k *une fonction sur* X/H. *Pour que* k *soit* λ*-mesurable* (resp. λ*-intégrable*), *il faut et il suffit que* $n^{-1}\varphi_{\mathrm{F}}(k \circ \pi)$ *soit* μ*-mesurable* (resp. μ*-intégrable*) ; *et, si* k *est* λ*-intégrable, on a*

$$\int_{\mathrm{X/H}} kd\lambda = \int_{\mathrm{F}} n^{-1}(k \circ \pi)d\mu.$$

On a $\mu = \lambda^{\sharp}$. Soit $f \in \mathscr{K}_{+}(\mathrm{X/H})$. Alors $n^{-1}\varphi_{\mathrm{F}}(f \circ \pi)$ est μ-mesurable $\geqslant 0$, et l'on a d'après la prop. 5 b) du n° 3

$$\int_{\mathrm{X}}^{*} n(x)^{-1}\varphi_{\mathrm{F}}(x)f(\pi(x))d\mu(x) = \int_{\mathrm{X/H}}^{*} f(\dot{x})d\lambda(\dot{x})\int_{\mathrm{H}}^{*} n(x\xi)^{-1}\varphi_{\mathrm{F}}(x\xi)d\beta(\xi)$$

et $\int_{\mathrm{H}}^{*} n(x\xi)^{-1}\varphi_{\mathrm{F}}(x\xi)d\beta(\xi) = n(x)^{-1}\sum_{\xi\in\mathrm{H}}\varphi_{\mathrm{F}}(x\xi) = 1$ d'après le lemme 8. Donc $n^{-1}\varphi_{\mathrm{F}}.(f \circ \pi)$ est μ-intégrable et

$$\int_{\mathrm{X}} n(x)^{-1}\varphi_{\mathrm{F}}(x)f(\pi(x))d\mu(x) = \int_{\mathrm{X/H}} f(\dot{x})d\lambda(\dot{x})$$

Ceci prouve a). L'assertion b) se démontre de même. L'assertion c) se déduit de b) et du chap. V, § 4, prop. 3 et th. 2.

COROLLAIRE. — *On conserve les hypothèses et les notations du th. 4. Soit* F' *un second domaine fondamental* μ*-mesurable.*

Soit $\mathbf{u}$ *une fonction sur* X, *à valeurs dans un espace de Banach ou dans* $\overline{\mathbf{R}}$, *invariante par* H. *On suppose que* $\mathbf{u}$ *est* μ*-intégrable dans* F. *Alors,* $\mathbf{u}$ *est* μ*-intégrable dans* F', *et*

$$\int_{F} \mathbf{u}(x)d\mu(x) = \int_{F'} \mathbf{u}(x)d\mu(x).$$

Comme $\mathbf{u}$ et n sont invariantes par H, il existe une fonction $\mathbf{v}$ sur X/H telle que $\mathbf{v} \circ \pi$ coïncide avec $n\mathbf{u}$ sur F et sur F'. Alors $n^{-1}\varphi_{F}(\mathbf{v} \circ \pi) = \varphi_{F}\mathbf{u}$, $n^{-1}\varphi_{F'}(\mathbf{v} \circ \pi) = \varphi_{F'}\mathbf{u}$. D'après l'hypothèse $n^{-1}\varphi_{F}(\mathbf{v} \circ \pi)$ est μ-intégrable. D'après le th. 4, $\mathbf{v}$ est λ-intégrable, $\varphi_{F'}\mathbf{u}$ est μ-intégrable, et l'on a

$$\int_{F} \mathbf{u}d\mu = \int_{X/H} \mathbf{v}d\lambda = \int_{F'} \mathbf{u}d\mu.$$

Pour l'*existence* de domaines fondamentaux μ-mesurables, cf. exerc. 13.

§ 3. Applications et exemples.

1. Groupes compacts d'applications linéaires.

Soit E un espace vectoriel de dimension finie sur $\mathbf{R}$, $\mathbf{C}$ ou $\mathbf{H}$. Alors End(E) est une algèbre de dimension finie sur $\mathbf{R}$, et la topologie canonique sur End(E) (§ 1, nº 10) est la topologie de la convergence compacte. Le groupe Aut(E) = $\mathbf{GL}$(E) est une partie ouverte de End(E), donc est un groupe localement compact. Soit $(e_1, e_2, \ldots, e_n)$ une base de E, et pour tout endomorphisme u de E, soit $M(u) = (\alpha_{ij}(u))$ la matrice de u par rapport à cette base ; dire qu'une partie S de End(E) est relativement compacte dans End(E) équivaut à dire que les fonctions $\alpha_{ij}(u)$ sont bornées dans S.

PROPOSITION 1. — *Soit* G *un sous-groupe de* Aut(E). *Les trois propriétés suivantes sont équivalentes :*

(i) G *est relativement compact dans* End(E) ;

(ii) G *est relativement compact dans* Aut(E) ;

(iii) G *laisse invariante une forme hermitienne positive non dégénérée sur* E.

(iii) ⇒ (i) : supposons que G laisse invariante une forme hermitienne positive non dégénérée Ψ. Soit $(e_1, \ldots, e_n)$ une base orthonormale pour Ψ (*Alg.*, chap. IX, § 6, n° 1, cor. 1 du th. 1). Pour tout $u \in G$, soit (u_{ij}) sa matrice par rapport à (e_i). Quel que soit j, on a $\sum_{i=1}^{n} |u_{ij}|^2 = 1$, donc $|u_{ij}| \leqslant 1$ quels que soient i et j, ce qui prouve (i).

(i) ⇒ (ii) : ceci résulte de *Top. Gén.*, chap. X, 2e éd., § 4, cor. du th. 4, compte tenu du fait que la topologie de End(E) est celle de la convergence compacte.

(ii) ⇒ (iii) : supposons que l'adhérence $\overline{G}$ de G dans Aut(E) soit compacte. Soit Φ une forme hermitienne positive non dégénérée sur E. Si le corps des scalaires est **R** ou **C**, la donnée de Φ fait de E un espace hilbertien de dimension finie, et la condition (iii) résultera du lemme suivant :

Lemme 1. — *Soient* F *un espace hilbertien*, K *un groupe compact, et* $s \to U(s)$ *une représentation de* K *dans le groupe des éléments inversibles de* $\mathscr{L}(F ; F)$, *continue pour la topologie de la convergence simple. Il existe une forme hermitienne positive non dégénérée* φ *sur* F *telle que* $\varphi(U(s)x, U(s)y) = \varphi(x, y)$ *quels que soient* $s \in K$, $x \in F$, $y \in F$, *et telle que la structure d'espace vectoriel topologique de* F *définie par* φ (*Esp. vect. top.*, chap. V, § 1, n° 3) *soit identique à la structure initiale de* F.

Soit α une mesure de Haar sur K. Quels que soient x, y dans F, l'application $s \to (U(s)x | U(s)y)$ est continue. Posons

$$\varphi(x, y) = \int (U(s)x | U(s)y) d\alpha(s).$$

Il est immédiat que $\varphi(x, y)$ est une forme sesquilinéaire sur F. Comme l'ensemble des endomorphismes $U(s)$ est compact dans $\mathscr{L}_s(F ; F)$, il existe une constante M telle que $\|U(s)\| \leqslant M$ pour tout $s \in K$. Pour tout $x \in F$, on a donc

$$M^{-1}\|x\| \leqslant \|U(s)x\| \leqslant M\|x\|,$$

d'où les inégalités

$$M^{-2}\alpha(K)\|x\|^2 \leqslant \varphi(x, x) \leqslant M^2\alpha(K)\|x\|^2,$$

ce qui montre que φ est positive non dégénérée et que la norme $\varphi(x, x)^{1/2}$ est équivalente à la norme $\|x\|$. Enfin, pour tout $t \in K$, on a

$$\varphi(U(t)x, U(t)y) = \int (U(st)x \mid U(st)y)d\alpha(s)$$

$$= \int (U(s)x|U(s)y)d\alpha(s) = \varphi(x, y)$$

Lorsque le corps des scalaires est $\mathbf{H}$, on raisonne exactement de même, en remplaçant partout la fonction $s \rightarrow (U(s)x|U(s)y)$ par la fonction $s \rightarrow \Phi(sx, y)$ définie dans G, à valeurs dans $\mathbf{H}$. Ce qui achève la démonstration du lemme.

Remarque. — Soit Φ une forme hermitienne positive non dégénérée sur E. Le groupe unitaire $\mathbf{U}(\Phi)$ est fermé dans Aut(E), donc compact (prop. 1). La prop. 1 montre aussi que tout sous-groupe compact de Aut(E) est contenu dans un sous-groupe de la forme $\mathbf{U}(\Phi)$. Si maintenant $\mathbf{U}(\Phi)$ est contenu dans un sous-groupe compact K de Aut(E), on voit qu'il existe une forme hermitienne positive non dégénérée Φ' sur E telle que $\mathbf{U}(\Phi) \subset K \subset \mathbf{U}(\Phi')$ et il en résulte facilement (exerc. 1) que Φ et Φ' sont proportionnelles, d'où $\mathbf{U}(\Phi) = K$. Ainsi les sous-groupes compacts maximaux de Aut(E) sont les sous-groupes de la forme $\mathbf{U}(\Phi)$.

2. *Trivialité d'espaces fibrés et d'extensions de groupes.*

PROPOSITION 2. — *Soit* X *un espace localement compact dans lequel un groupe localement compact* H *opère à droite, continûment et proprement, par* $(x, \xi) \rightarrow x\xi$. *Supposons* X/H *paracompact. Soit* g *une représentation continue de* H *dans* $\mathbf{R}^n$. *Il existe alors une application continue* f *de* X *dans* $\mathbf{R}^n$ *telle que* $f(x\xi) = f(x) + g(\xi)$ *quels que soient* $x \in X$ *et* $\xi \in H$.

On se ramène aussitôt au cas où $n = 1$. Comme le groupe additif $\mathbf{R}$ est isomorphe au groupe multiplicatif $\mathbf{R}_+^*$, la proposition est alors conséquence immédiate de la prop. 7 du § 2, n° 4.

Corollaire. — *Soit* X *un espace localement compact dans lequel un espace vectoriel réel* V *de dimension finie opère à droite, continûment et proprement, par* $(x, v) \to xv$. *Soit* π *l'application canonique de* X *sur* $B = X/V$. *Supposons* B *paracompact.*

a) *Il existe une application continue* f *de* X *dans* V *telle que* $f(xv) = f(x) + v$ *quels que soient* $x \in X$ *et* $v \in V$.

b) *Si* f *est une application vérifiant les conditions de* a), *l'application* $x \to (\pi(x), f(x))$ *est un homéomorphisme de* X *sur* $B \times V$.

L'assertion a) résulte de la prop. 2 dans laquelle on prend pour g l'application identique de V. Soit f une application vérifiant les conditions de a). L'application $x \to x.(-f(x))$ de X dans X est continue et constante sur chaque orbite, donc de la forme $\varphi \circ \pi$, où φ est une application continue de B dans X ; pour tout $b \in B$, on a $\pi(\varphi(b)) = b$. Les applications $x \to (\pi(x), f(x))$ de X dans $B \times V$ et $(b, v) \to \varphi(b).v$ de $B \times V$ dans X sont réciproques l'une de l'autre, car $\varphi(\pi(x)).f(x) = x.(-f(x)).(f(x)) = x$, $\pi(\varphi(b).v) = \pi(\varphi(b)) = b$, et, si $b = \pi(y)$, $f(\varphi(\pi(y)).v) = f(y.(-f(y)).v) = f(y) - f(y) + v = v$. Comme ces applications sont continues, ce sont des homéomorphismes.

Remarque. — Soient E un espace affine réel de dimension finie, T un espace compact, μ une mesure *de masse totale* 1 sur T, f une application continue de T dans E. Si on choisit une origine a dans E, E se trouve muni d'une structure d'espace vectoriel, et l'intégrale $\int_T f(t)d\mu(t)$ a donc un sens ; elle représente le point x de E tel que

$$x - a = \int_T (f(t) - a)d\mu(t).$$

Ce point est indépendant du choix de a. En effet, soient $a' \in \mathrm{E}$ et $x' \in \mathrm{E}$ tel que $x' - a' = \int_{\mathrm{T}} (f(t) - a')d\mu(t)$. On a

$$x' - a = (x' - a') + (a' - a) = \int_{\mathrm{T}} (f(t) - a')d\mu(t)$$
$$+ \int_{\mathrm{T}} (a' - a)d\mu(t) = \int_{\mathrm{T}} (f(t) - a)d\mu(t) = x - a$$

d'où $x' = x$. On pourra donc utiliser le symbole $\int_{\mathrm{T}} f(t)d\mu(t)$ sans préciser le choix de l'origine dans E. Si u est une application affine de E dans un autre espace affine E′ de dimension finie, on a

$$u\left(\int_{\mathrm{T}} f(t)d\mu(t)\right) = \int_{\mathrm{T}} u(f(t))d\mu(t)$$

En effet, on peut identifier E et E′ à des espaces vectoriels de telle sorte que u devienne une application linéaire, et la formule est alors connue (chap. III, § 4, nº 2, prop. 4).

Lemme 2. — *Soient* G *un groupe compact,* μ *la mesure de Haar normalisée de* G, E *un espace affine de dimension finie,* A *le groupe affine de* E, ρ *un homomorphisme de* G *dans* A. *On suppose que, pour tout* $x \in \mathrm{E}$, *l'application* $s \to \rho(s)x$ *de* G *dans* E *est continue. Alors, pour tout* $x \in \mathrm{E}$, *le point*

$$x_0 = \int_{\mathrm{G}} \rho(s)x d\mu(s) \in \mathrm{E}$$

est invariant par G.

En effet, pour tout $t \in \mathrm{G}$, on a

$$\rho(t)x_0 = \int_{\mathrm{G}} \rho(t)\rho(s)x d\mu(s) = \int_{\mathrm{G}} \rho(ts)x d\mu(s) = \int_{\mathrm{G}} \rho(s)x d\mu(s) = x_0.$$

Proposition 3. — *Soit* G *un groupe localement compact. Soit* H *un sous-groupe distingué fermé de* G, *isomorphe à* $\mathbf{R}^n$ *et tel que* G/H *soit compact.*

a) *Il existe un sous-groupe fermé* L *de* G *tel que* G *soit produit semi-direct topologique de* L *et de* H.

b) *Si* M *est un sous-groupe compact de* G, *il existe un élément* $x \in \mathrm{H}$ *tel que* $x^{-1}\mathrm{M}x \subset \mathrm{L}$.

c) *Tout sous-groupe compact de* G *est contenu dans un sous-groupe compact maximal.*

d) *Les sous-groupes compacts maximaux de* G *sont les sous-groupes transformés de* L *par les automorphismes intérieurs de* G.

Soit π l'homomorphisme canonique de G sur $\mathrm{K} = \mathrm{G}/\mathrm{H}$. Par passage au quotient, l'application $(s, h) \to shs^{-1}$ de $\mathrm{G} \times \mathrm{H}$ dans H définit une application continue $(\sigma, h) \to \sigma.h$ de $\mathrm{K} \times \mathrm{H}$ dans H telle que $shs^{-1} = \pi(s).h$. Nous identifierons H à $\mathbf{R}^n$ (et emploierons donc, suivant le cas, la notation multiplicative ou additive pour la loi de groupe dans H). D'après le cor. de la prop. 2, il existe une application continue f de G dans H telle que $f(xh) = f(x) + h$ pour $x \in \mathrm{G}$, $h \in \mathrm{H}$. Pour tout $x \in \mathrm{G}$, soit $p(x) = x.(-f(x))$ qui ne dépend que de la classe de x suivant H. Posons

$$
\begin{aligned}
(1) \qquad \mathrm{F}(x, y) = p(xy)^{-1}p(x)p(y) &= f(xy)y^{-1}x^{-1}x(-f(x))y(-f(y)) \\
&= f(xy)[y^{-1}(-f(x))y](-f(y)) \\
&= f(xy) - \pi(y)^{-1}f(x) - f(y).
\end{aligned}
$$

On voit que, *si* $\mathrm{F}(x, y) = 0$ *quels que soient* x, y *dans* G, $p(\mathrm{G}) = \mathrm{L}$ est un sous-groupe de G qui rencontre toute classe suivant H en un point et un seul. Comme p est continu, G est alors produit semi-direct topologique de L et de H (*Top. gén.*, chap. III, 3e éd., § 2, n° 10).

Or, quels que soient h, $h' \in \mathrm{H}$, on a

$$
\begin{aligned}
\mathrm{F}(xh, yh') &= f(xhyh') - \pi(y)^{-1}f(xh) - f(yh') \\
&= f(xhy) + h' - \pi(y)^{-1}f(x) - \pi(y)^{-1}h - f(y) - h' \\
&= f(xy(\pi(y)^{-1}h)) - \pi(y)^{-1}f(x) - f(y) - \pi(y)^{-1}h \\
&= f(xy) - \pi(y)^{-1}f(x) - f(y) = \mathrm{F}(x, y).
\end{aligned}
$$

Donc F définit par passage aux quotients une application continue φ de $\mathrm{K} \times \mathrm{K}$ dans H.

D'autre part, quels que soient x, y, z dans G, on a

$$\begin{aligned} F(z, xy) + F(x, y) &= f(zxy) - \pi(xy)^{-1}f(z) - f(xy) + f(xy) \\ &\quad - \pi(y)^{-1}f(x) - f(y) \\ &= \pi(y)^{-1}f(zx) - \pi(xy)^{-1}f(z) - \pi(y)^{-1}f(x) + f(zxy) \\ &\quad - \pi(y)^{-1}f(zx) - f(y) \\ &= \pi(y)^{-1}F(z, x) + F(zx, y) \end{aligned}$$

donc, quels que soient x', y', z' dans K, on a

$$-\varphi(x', y') = \varphi(z', x'y') - y'^{-1}\varphi(z', x') - \varphi(z'x', y').$$

Intégrons par rapport à z' au moyen de la mesure de Haar normalisée α de K. Si on pose $\psi(x') = \int \varphi(z', x')d\alpha(z')$, ψ est une fonction continue sur K, et on obtient (en observant que les opérations de K dans $\mathbf{R}^n$ respectent la structure d'espace vectoriel de $\mathbf{R}^n$ d'après *Top. gén.*, chap. VII, § 2, n° 1, prop. 1)

$$-\varphi(x', y') = \psi(x'y') - y'^{-1}\psi(x') - \psi(y').$$

Autrement dit, en posant $k = \psi \circ \pi$, qui est une fonction continue dans G,

$$(2) \qquad -F(x, y) = k(xy) - \pi(y)^{-1}k(x) - k(y).$$

Comparant (1) et (2), on voit que, si on remplace f par la fonction continue $f + k$, (ce qui laisse vérifiée la propriété $f(xh) = f(x) + h$), on remplace F par 0, et, comme on l'a vu plus haut, ceci achève la démonstration de a).

Pour tout $g \in G$, soit l_g (resp. h_g) l'unique élément de L (resp. H) tel que $g = h_g l_g$. Si $h_1 \in H$ et $g \in G$, on a

$$gh_1 = h_g l_g h_1 = h_g(l_g h_1 l_g^{-1})l_g$$

donc $h_g = h_{gh_1} + l_g h_1 l_g^{-1}$. Pour tout $g \in G$, soit ψ_g l'application de H dans lui-même définie par

$$\psi_g(h_1) = h_g + l_g h_1 l_g^{-1}.$$

On voit que l'application $(g, h_1) \to \psi_g(h_1)$ de $G \times H$ dans H est continue et fait de H un espace homogène pour G, dans lequel le stabilisateur de l'origine est L. Remarquons en outre que lorsqu'on identifie H à $\mathbf{R}^n$, ψ_g est une application *affine* de H dans lui-même. Ceci posé, soit M un sous-groupe compact de G ; en vertu du lemme 2, il existe un $x \in \mathrm{H}$ tel que $\psi_m(x) = x$ pour *tout* $m \in \mathrm{M}$. Pour $y \in \mathrm{H}$, ψ_y est la translation de vecteur y ; on en déduit que pour tout $m \in \mathrm{M}$, $\psi_{x^{-1}} \circ \psi_m \circ \psi_x$ transforme l'origine de H en elle-même, donc $x^{-1}mx \in \mathrm{L}$. Ceci prouve que $x^{-1}\mathrm{M}x \subset \mathrm{L}$, d'où b).

Soit L′ un sous-groupe fermé de G contenant L. Alors L′ est produit semi-direct topologique de L et de L′ ∩ H. Si L′ est compact, L′ ∩ H est compact, donc se réduit à un point (*Top. gén.*, chap. VII, § 1, n° 2, cor. 1 du th. 2), donc L′ = L. Ceci prouve que L est un sous-groupe compact maximal de G ; il en est donc de même des sous-groupes transformés de L par les automorphismes intérieurs de G. Les assertions c) et d) de la prop. 3 sont alors des conséquences immédiates de b).

Proposition 4. — *Soient* G *un groupe localement compact et* H *un sous-groupe distingué fermé de* G *tel que* K = G/H *soit compact. Alors toute représentation continue u de* H *dans* **R**, *telle que* $u(s\xi s^{-1}) = u(\xi)$ *quels que soient* $\xi \in \mathrm{H}$ *et* $s \in \mathrm{G}$, *peut être prolongée en une représentation continue de* G *dans* **R**.

Soient $\mathrm{L} = \mathrm{G} \times \mathbf{R}$, et M l'ensemble des $(\xi, -u(\xi))$ où ξ parcourt H. Il est clair que M est un sous-groupe distingué fermé de L. Soient L′ = L/M et π l'application canonique de L sur L′. Le sous-groupe de L engendré par M et **R** est $\mathrm{H} \times \mathbf{R}$, donc est fermé ; donc $\pi(\mathbf{R})$ est un sous-groupe fermé N de L′. La restriction ρ de π à **R** est une représentation continue bijective de **R** sur N. Le lemme 2 de l'Appendice 1 prouve que ρ est bicontinue. Par ailleurs, L′/N est isomorphe à

$$\mathrm{L}/(\mathrm{H} \times \mathbf{R}) = \mathrm{G}/\mathrm{H},$$

donc est compact. D'après la prop. 3, et compte tenu du fait que N est dans le centre de L′, L′ est le produit de N et d'un autre sous-groupe. Il existe donc une représentation continue de L′ sur N qui se réduit sur N à l'application identique. Donc il existe une représentation continue v de L sur $\mathbf{R}$ qui est triviale sur M et se réduit sur $\mathbf{R}$ à l'application identique. Pour $\xi \in \mathrm{H}$, on a $v((\xi, 0)) = v((\xi, -u(\xi)(e, u(\xi))) = u(\xi)$, ce qui achève la démonstration.

Lemme 3. — *Soit* G *un groupe topologique engendré par un voisinage compact de e. Soit* H *un sous-groupe fermé de* G *tel que l'espace homogène* G/H *soit compact. Alors,* H *est engendré par un voisinage compact de e dans* H.

Soit C un ensemble compact tel que $\mathrm{G} = \mathrm{CH}$. En agrandissant C, on peut supposer que C engendre G et que $\mathrm{G} = \mathring{\mathrm{C}}\mathrm{H}$. Alors C^2 est compact et recouvert par les $\mathring{\mathrm{C}}s$ ($s \in \mathrm{H}$) qui sont ouverts. Donc il existe $s_1, \ldots, s_n$ dans H tels que $\mathrm{C}^2 \subset \mathring{\mathrm{C}}s_1 \cup \ldots \cup \mathring{\mathrm{C}}s_n$. Soit Γ le sous-groupe de H engendré par les s_i. On a $\mathrm{C}^2 \subset \mathrm{C}\Gamma$. Par récurrence, on en déduit $\mathrm{C}^n \subset \mathrm{C}\Gamma$ pour tout n, donc $\mathrm{G} = \mathrm{C}\Gamma$. Tout élément de H se met sous la forme ab avec $a \in \mathrm{C}$, $b \in \Gamma$, d'où $a \in \mathrm{H}$, d'où $a \in \mathrm{C} \cap \mathrm{H}$. Donc H est engendré par $\mathrm{C} \cap \mathrm{H}$ et les s_i, c'est-à-dire par un ensemble compact.

Lemme 4. — *Soient* G *un groupe topologique connexe,* D *un sous-groupe totalement discontinu distingué de* G. *Alors* D *est contenu dans le centre de* G.

En effet, soit $d \in \mathrm{D}$. L'image de G par l'application continue $x \to dxd^{-1}$ est un sous-ensemble connexe de D, donc se réduit à $\{d\}$, ce qui prouve que $xd = dx$ pour tout $x \in \mathrm{G}$.

PROPOSITION 5. — *Soit* G *un groupe topologique connexe admettant un sous-groupe distingué discret* D *tel que* $\mathrm{K} = \mathrm{G}/\mathrm{D}$ *soit compact, et que le groupe des commutateurs de* K *soit dense dans* K. *Alors* D *est fini et* G *est compact.*

Le groupe G est localement isomorphe à K (*Top. Gén.*, chap. III, 3e éd., § 2, no 6, prop. 19) donc localement compact ; puisqu'il est connexe, il est engendré par un voisinage compact de e. D'après les lemmes 3 et 4, D est un groupe commutatif de type fini, donc isomorphe à un groupe $\mathbf{Z}^r \times \mathrm{D}_1$ avec D_1 fini (*Alg.*, chap. VII, § 4, no 6, th. 3). Supposons $r > 0$. Il existe alors une représentation f de D *sur* $\mathbf{Z}$. D'après la prop. 4, f se prolonge en une représentation continue g de G dans $\mathbf{R}$. Par passage aux quotients, g définit une représentation continue g' de K dans $\mathbf{R}/\mathbf{Z}$; comme $\mathbf{R}/\mathbf{Z}$ est commutatif, le noyau de g' contient le groupe des commutateurs de K, donc g' est triviale ; autrement dit, $g(G) \subset \mathbf{Z}$. Comme G est connexe, on en déduit $g(G) = \{0\}$, ce qui est absurde puisque $f(D) = \mathbf{Z}$. Donc $r = 0$ et D est fini. Par suite G est compact (*Top. Gén.*, chap. III, 3e éd., § 4, n° 1, cor. 2 de la prop. 2).

3. *Exemples.*

Dans ce n° (exception faite des exemples 7 et 8), K *désignera un corps commutatif localement compact non discret ; dx désignera une mesure de Haar sur le groupe additif de* K.

On rappelle que $\operatorname{mod} x = |x|$ si $K = \mathbf{R}$, $\operatorname{mod} x = |x|^2$ si $K = \mathbf{C}$, $\operatorname{mod} x = |x|_p$ si $K = \mathbf{Q}_p$.

Exemple 1. — *Groupe linéaire.*

Soit A l'algèbre $\mathbf{M}_n(K)$. Le groupe A^* des éléments inversibles de A n'est autre que le groupe linéaire $\mathbf{GL}(n, K)$. Pour tout $X \in A$, la norme réduite $\operatorname{Nrd}_{A/K}(X)$ est $\det X$; par suite, $N_{A/K}(X) = (\det X)^n$ (*Alg.*, chap. VIII, § 12, n° 3, prop. 8). Comme $X \to {}^tX$ est un isomorphisme de A sur l'algèbre opposée, on a $N_{A^0/K}(X) = N_{A/K}({}^tX) = \det({}^tX)^n = (\det X)^n$. Alors, la prop. 16 du § 1, n° 11 prouve que

$$\operatorname{mod}(\det X)^{-n} . \bigotimes_{i,j} dx_{ij} \qquad (X = (x_{ij})) \tag{3}$$

est une mesure de Haar à gauche et à droite sur $\mathbf{GL}(n, K)$.

Pour déterminer toutes les mesures relativement invariantes sur $\mathbf{GL}(n, K)$, on s'appuiera sur le lemme suivant :

Lemme 5. — *Les représentations continues de* $\mathbf{GL}(n, K)$ *dans* $\mathbf{C}^*$ *sont les applications de la forme* $X \to \chi(\det X)$, *où* χ *est une représentation continue de* K^* *dans* $\mathbf{C}^*$.

Une telle application est évidemment une représentation

continue de $\mathbf{GL}(n, \mathrm{K})$ dans $\mathbf{C}^*$. Réciproquement, soit ψ une représentation continue de $\mathbf{GL}(n, \mathrm{K})$ dans $\mathbf{C}^*$. Pour $x \in \mathrm{K}^*$, posons

$$\widetilde{x} = \begin{pmatrix} x & & & \\ & 1 & & 0 \\ & & 1 & \\ & 0 & & \ddots \\ & & & & 1 \end{pmatrix}$$

et $\chi(x) = \psi(\widetilde{x})$. Alors, pour toute matrice $\mathrm{X} \in \mathbf{GL}(n, \mathrm{K})$, on a $(\det X^{-1})^{\sim}.X \in \mathbf{SL}(n, \mathrm{K})$. Comme $\mathbf{SL}(n, \mathrm{K})$ est le groupe des commutateurs de $\mathbf{GL}(n, \mathrm{K})$ (*Alg.*, chap. III, 3e éd.), on a $\psi((\det X^{-1})^{\sim}.X) = 1$, d'où

$$\psi(X) = \psi((\det X)^{\sim}) = \chi(\det X).$$

Ceci posé, le cor. 1 de la prop. 10 du § 1, nº 8, prouve que les mesures relativement invariantes sur $\mathbf{GL}(n, \mathrm{K})$ sont, à un facteur constant près, les mesures de la forme

$$\chi(\det X).\bigotimes_{i,j} dx_{ij} \qquad (\mathrm{X} = (x_{ij})) \tag{4}$$

où χ est une représentation continue de K^* dans $\mathbf{C}^*$.

Exemple 2. — *Groupe affine.*

Pour tout $\mathrm{X} \in \mathbf{GL}(n, \mathrm{K})$ et tout $x \in \mathrm{K}^n$, soit (X, x) l'application linéaire affine $\xi \to \mathrm{X}\xi + x$ dans K^n. L'ensemble des (X, x) est le groupe affine G de K^n (*Alg.*, chap. II, 3e éd., § 9, nº 4). L'ensemble T des translations est un sous-groupe distingué fermé de G, canoniquement isomorphe à K^n ; d'autre part, $\mathbf{GL}(n, \mathrm{K})$ est un sous-groupe fermé de G, et G est produit semi-direct de $\mathbf{GL}(n, \mathrm{K})$ et $\mathrm{T} = \mathrm{K}^n$. On munit G de la topologie (localement compacte) pour laquelle G est produit semi-direct topologique de $\mathbf{GL}(n, \mathrm{K})$ et de T (*Top. gén.*, chap. III, § 2, nº 10). On a

$$(X, x) = (1, x).(X, 0).$$

D'autre part, si $\mathrm{X} \in \mathbf{GL}(n, \mathrm{K})$ et $x \in \mathrm{T}$, on a, pour tout $\xi \in \mathrm{K}^n$,

$$(X, 0)(1, x)(X, 0)^{-1}\xi = X(X^{-1}\xi + x) = \xi + Xx = (1, Xx)\xi$$

donc l'automorphisme $(1, x) \to (X, 0)(1, x)(X, 0)^{-1}$ de T a pour module mod(det X) (§ 1, n° 10, prop. 15). Compte tenu de l'exemple 1 et du § 2, n° 9, *Remarque*,

$$(5) \qquad \operatorname{mod}(\det X)^{-n-1}.(\bigotimes_{i,j} dx_{ij}) \otimes (\bigotimes_i dx_i) \quad (X = (x_{ij}),\ x = (x_i))$$

est une mesure de Haar à gauche sur G. D'autre part, d'après la prop. 14 du § 2, n° 9,

$$\Delta_{\mathrm{G}}((X, x)) = \Delta_{\mathbf{GL}(n,\mathrm{K})}(X)\Delta_{\mathrm{K}^n}(x)(\operatorname{mod} \det X)^{-1}$$

ou

$$(6) \qquad \Delta_{\mathrm{G}}((X, x)) = \operatorname{mod}(\det X^{-1}).$$

Donc une mesure de Haar à droite sur G est

$$(7) \qquad (\operatorname{mod} \det X)^{-n}.(\bigotimes_{i,j} dx_{ij}) \otimes (\bigotimes_i dx_i).$$

Exemple 3. — *Groupe trigonal strict.*

Soit $[\![1, n]\!]$ l'ensemble des entiers m tels que $1 \leqslant m \leqslant n$. Soit J un sous-ensemble de $[\![1, n]\!] \times [\![1, n]\!]$ satisfaisant aux conditions suivantes :

1) si $(i, j) \in \mathrm{J}$, on a $i < j$;

2) si $(i, j) \notin \mathrm{J}$, alors, pour tout entier k tel que $i < k < j$, l'un au moins des deux couples (i, k) et (k, j) n'appartient pas à J.

Soit $\mathrm{T_J}$ l'ensemble des matrices $Z = (z_{ij})_{1 \leqslant i \leqslant n,\, 1 \leqslant j \leqslant n}$ à éléments dans K, telles que $z_{ii} = 1$, et $z_{ij} = 0$ pour $i \neq j$ et $(i, j) \notin \mathrm{J}$. C'est un sous-ensemble fermé de $\mathbf{GL}(n, \mathrm{K})$. L'application $Z \to (z_{ij})_{(i,j)\in \mathrm{J}}$ est un homéomorphisme de $\mathrm{T_J}$ sur K^s (où s désigne le nombre d'éléments de J). Si $Z' = (z'_{ij}) \in \mathrm{T_J}$, on a $Z'Z = (z''_{ij})$ avec

$$z''_{ij} = z_{ij} + z'_{ij} + \sum_{i<h<j} z'_{ih} z_{hj} \text{ pour } i < j$$

$$z''_{ij} = 0 \text{ pour } i > j,\ z''_{ii} = 1$$

d'où $Z'Z \in \mathrm{T_J}$. Si on identifie $\mathrm{T_J}$ à K^s, l'application $Z \to Z'Z$

(pour Z' fixé) s'identifie à une application affine, et son déterminant est 1, comme on le voit en ordonnant lexicographiquement les couples $(i, j) \in J$ et en appliquant le lemme suivant :

Lemme 6. — *Soit* L *un ensemble fini totalement ordonné. Pour tout* $\lambda \in L$, *soit* V_λ *un module libre de dimension finie sur un anneau commutatif* k ; *pour* λ, μ *dans* L *tels que* $\lambda \leqslant \mu$, *soit* $f_{\lambda\mu} \in \mathrm{Hom}_k(V_\mu, V_\lambda)$. *Alors l'application linéaire*

$$(v_\lambda)_{\lambda \in L} \to \Big(\sum_{\mu \geqslant \lambda} f_{\lambda\mu}(v_\mu)\Big)_{\lambda \in L},$$

de $\prod_{\lambda \in L} V_\lambda$ *dans* $\prod_{\lambda \in L} V_\lambda$, *a pour déterminant* $\prod_{\lambda \in L} \det f_{\lambda\lambda}$.

On se ramène aussitôt au cas où L est un intervalle d'entiers et le lemme résulte alors d'*Alg.*, chap. III.

Si $Z \in T_J$, on voit alors qu'il existe $Z' \in T_J$ tel que $Z'Z = I_n$, d'où $Z' = Z^{-1}$. Ainsi, T_J est un sous-groupe fermé de $\mathbf{GL}(n, K)$. D'autre part, la prop. 15 du § 1, nº 10, montre que la mesure

$$\bigotimes_{(i, j) \in J} dz_{ij}$$

est une mesure de Haar à gauche sur T_J. En calculant ZZ', on voit de la même façon que cette mesure est une mesure de Haar à droite sur T_J.

On a un résultat analogue si on échange, dans la définition de T_J, le rôle des lignes et des colonnes.

Lorsque J est l'ensemble des couples (i, j) tels que $i < j$, le groupe T_J s'appelle *groupe trigonal strict supérieur* d'ordre n sur K et se note $T_1(n, K)$. Son transposé s'appelle *groupe trigonal strict inférieur.*

Exemple 4. — *Groupe trigonal large.*

Soient $n_1, \ldots, n_r$ des entiers $\geqslant 1$. Posons $p_k = n_1 + \ldots + n_{k-1}$ et $n = p_{r+1} = n_1 + \ldots + n_r$. Soient I_k l'ensemble des entiers j tels que $p_k < j \leqslant p_{k+1}$ et J la réunion des $I_k \times I_l$ pour $k < l$. Soit G le sous-groupe fermé de $\mathbf{GL}(n, K)$ dont les éléments sont les matrices $(Z_{kl})_{1 \leqslant k \leqslant r,\, 1 \leqslant l \leqslant r}$ telles que :

1) chaque Z_{kl} est une matrice $(z_{ij})_{i\in I_k,\, j\in I_l}$ à éléments dans K, à n_k lignes et à n_l colonnes ;

2) $Z_{kl} = 0$ pour $k > l$;

3) $Z_{kk} \in \mathbf{GL}(n_k, K)$ pour $1 \leqslant k \leqslant r$.

La formule de produits par blocs

$$\begin{pmatrix} Z_{11} & 0 & \dots & 0 \\ 0 & Z_{22} & \dots & 0 \\ \dots & \dots & \dots & \dots \\ 0 & 0 & \dots & Z_{rr} \end{pmatrix} \begin{pmatrix} 1 & Z_{12} & \dots & Z_{1r} \\ 0 & 1 & \dots & Z_{2r} \\ \dots & \dots & \dots & \dots \\ 0 & 0 & \dots & 1 \end{pmatrix} \tag{8}$$

$$= \begin{pmatrix} Z_{11} & Z_{11}Z_{12} & \dots & Z_{11}Z_{1r} \\ 0 & Z_{22} & \dots & Z_{22}Z_{2r} \\ \dots & \dots & \dots & \dots \\ 0 & 0 & \dots & Z_{rr} \end{pmatrix}$$

montre que G est produit semi-direct topologique du sous-groupe D des éléments $(Z_{kl}) \in G$ tels que $Z_{kl} = 0$ pour $k \neq l$ et du sous-groupe T_J de l'exemple 3. De plus D est isomorphe au produit direct des groupes $\mathbf{GL}(n_k, K)$ pour $1 \leqslant k \leqslant r$.

Soit J′ l'ensemble des couples (j, i) pour $(i, j) \in J$ et soit H l'ensemble des couples $(i, j) \in [\![1, n]\!] \times [\![1, n]\!]$ n'appartenant pas à J′. Soit $Z' = (z_{ij})_{1\leqslant i\leqslant n,\, 1\leqslant j\leqslant n}$ un élément de G. D'après la prop. 14 du § 2, n° 9 et les exemples 1 et 3 ci-dessus, on obtient une mesure de Haar à gauche sur G en prenant l'image de la mesure

$$\bigotimes_{k=1}^{r} ((\mathrm{mod} \det Z_{kk})^{-n_k} . \bigotimes_{i,\, j\in I_k} dz_{ij}) \otimes (\bigotimes_{(i,\, j)\in J} dz_{ij})$$

par l'application

$$((Z_{kk}), (Z_{kl})) \to \begin{pmatrix} Z_{11} & Z_{11}Z_{12} & \dots & Z_{11}Z_{1r} \\ 0 & Z_{22} & \dots & Z_{22}Z_{2r} \\ \dots & \dots & \dots & \dots \\ 0 & 0 & \dots & Z_{rr} \end{pmatrix}$$

Or, considérons, pour $k < l$, l'espace vectoriel des matrices $Z_{kl} = (z_{ij})_{i\in I_k,\, j\in I_l}$. Il est somme directe des n_l sous-espaces M_j $(j \in I_l)$ formé des matrices telles que $z_{ih} = 0$ pour $h \neq j$. Chacun de ces sous-espaces M_j est stable par l'application

$Z_{kl} \to Z_{kk}Z_{kl}$, et la restriction à M_j de cette application admet pour matrice Z_{kk}. Par suite (§ 1, nº 10, prop. 15) l'image de la mesure $\bigotimes_{i\in I_k,\, j\in I_l} dz_{ij}$ par l'application $Z_{kl} \to Z_{kk}Z_{kl}$ est

$$(\text{mod}\det Z_{kk})^{-n_l}. \bigotimes_{i\in I_k,\, j\in I_l} dz_{ij}.$$

Une mesure de Haar à gauche sur G est donc

$$\prod_{k=1}^{r} (\text{mod}\det Z_{kk})^{-q_k}. \bigotimes_{(i,j)\in H} dz_{ij} \tag{9}$$

avec $q_k = \sum_{k\leqslant l\leqslant r} n_l = n - p_k$.

Calculons le *module* de G en utilisant encore la prop. 14 du § 2. Les groupes D et T_J sont unimodulaires ; d'autre part :

$$\begin{pmatrix} Z_{11} & 0 & \dots & 0 \\ 0 & Z_{22} & \dots & 0 \\ \dots & \dots & \dots & \dots \\ 0 & 0 & \dots & Z_{rr} \end{pmatrix} \begin{pmatrix} 1 & Z_{12} & \dots & Z_{1r} \\ 0 & 1 & \dots & Z_{2r} \\ \dots & \dots & \dots & \dots \\ 0 & 0 & \dots & 1 \end{pmatrix} \begin{pmatrix} Z_{11} & 0 & \dots & 0 \\ 0 & Z_{22} & \dots & 0 \\ \dots & \dots & \dots & \dots \\ 0 & 0 & \dots & Z_{rr} \end{pmatrix}^{-1} =$$

$$= \begin{pmatrix} 1 & Z'_{12} & \dots & Z'_{1r} \\ 0 & 1 & \dots & Z'_{2r} \\ \dots & \dots & \dots & \dots \\ 0 & 0 & \dots & 1 \end{pmatrix}$$

avec $Z'_{kl} = Z_{kk}Z_{kl}Z_{ll}^{-1}$. Compte tenu de l'exemple 3 et de la prop. 15 du § 1, nº 10, on voit en raisonnant comme ci-dessus que si $X = \text{diag}(Z_{11}, \dots, Z_{rr}) \in D$, le module de l'automorphisme $Z \to X^{-1}ZX$ de T_J est

$$\prod_{k<l} (\text{mod}\det Z_{kk})^{-n_l} (\text{mod}\det Z_{ll})^{n_k}$$

donc

$$\Delta_G(Z) = \prod_{k=1}^{r} (\text{mod}\det Z_{kk})^{n+n_k-2q_k} \tag{10}$$

Le groupe G′ transposé de G s'étudie de la même manière. On trouve comme mesure de Haar à gauche

$$\prod_{k=1}^{r} (\text{mod}\det Z_{kk})^{-p_{k+1}}. \bigotimes_{(j,i)\in H} dz_{ij}$$

et comme module de G′

$$\prod_{k=1}^{r} (\text{mod det } Z_{kk})^{n+n_k-2p_{k+1}}$$

Si en particulier on prend $n_1 = \ldots = n_r = 1$, on trouve pour groupe G le groupe $T(n, K)^*$ des éléments inversibles de la sous-algèbre de $\mathbf{M}_n(K)$ formée des matrices $X = (x_{ij})$ telles que $x_{ij} = 0$ pour $i > j$. Cette algèbre, que nous noterons $T(n, K)$, est appelée *algèbre trigonale supérieure*, et le groupe $T(n, K)^*$ est appelé *groupe trigonal large supérieur* d'ordre n sur K. Les formules précédentes prennent alors la forme que voici : une mesure de Haar à gauche sur $T(n, K)^*$ est

(9 *bis*)
$$\prod_{i=1}^{n} (\text{mod } z_{ii})^{i-n-1} \cdot \bigotimes_{i \leqslant j} dz_{ij} \qquad (Z = (z_{ij}))$$

et le module de $T(n, K)^*$ est

(10 *bis*)
$$\Delta_{T(n,K)^*}(Z) = \prod_{i=1}^{n} (\text{mod } z_{ii})^{2i-n-1} \qquad (Z = (z_{ij}))$$

Pour le transposé de $T(n, K)^*$, ou *groupe trigonal large inférieur*, on trouve comme mesure de Haar à gauche

$$\prod_{i=1}^{n} (\text{mod } z_{ii})^{-i} \cdot \bigotimes_{i \geqslant j} dz_{ij}$$

et comme module

$$\prod_{i=1}^{n} (\text{mod } z_{ii})^{n+1-2i}$$

Remarque. — Le groupe $T(n, K)^*$ est un sous-groupe fermé de $\mathbf{GL}(n, K)$, et $\Delta_{T(n,K)^*}((z_{ij})) = \prod_{i=1}^{n} (\text{mod } z_{ii})^{2i-n-1}$. On a vu dans l'exemple 1 que $\Delta_{\mathbf{GL}(n,K)} = 1$. Si $n > 1$, la fonction

$$\Delta_{\mathbf{GL}(n,K)}/\Delta_{T(n,K)^*}$$

sur $T(n, K)^*$ ne peut se prolonger en une représentation continue de G dans $\mathbf{C}^*$ (car une telle représentation est égale à 1 sur $\mathbf{SL}(n, K)$ d'après le lemme 5, alors que $\operatorname{mod}(z_{11})^{1-n} \neq 1$ pour z_{11} bien choisi). Il en résulte que l'espace homogène $\mathbf{GL}(n, K)/T(n, K)^*$ n'admet *aucune mesure relativement invariante* si $n > 1$ (§ 2, nº 6, th. 3).

Cet espace homogène s'identifie, pour $n = 2$, à la *droite projective* sur K. En effet, soit (e_1, e_2) la base canonique de K^2. Le groupe $\mathbf{GL}(2, K)$ opère transitivement sur l'ensemble des droites de K^2 privées de 0, et le stabilisateur de $Ke_1 - \{0\}$ est $T(2, K)^*$.

Exemple 5. — *Groupe trigonal spécial.*

Reprenons les notations du début de l'exemple 4, et considérons le sous-groupe $G_1 = G \cap \mathbf{SL}(n, K)$. Il est produit semi-direct topologique du groupe $D_1 = D \cap \mathbf{SL}(n, K)$ et de T_J. Le groupe D_1 admet un sous-groupe distingué A isomorphe à $\mathbf{SL}(n_r, K)$, à savoir le sous-groupe composé des éléments $\operatorname{diag}(Z_{kk})$ avec $Z_{kk} = 1$ pour $k < r$. L'homomorphisme

$$\varphi : \operatorname{diag}(Z_{11}, \ldots, Z_{rr}) \to (Z_{11}, \ldots, Z_{r-1, r-1})$$

de D_1 dans $\mathbf{GL}(n_1, K) \times \ldots \times \mathbf{GL}(n_{r-1}, K)$ est surjectif et de noyau A. D'autre part, φ est continu. Compte tenu du lemme 2 de l'Appendice I, D_1/A peut s'identifier à

$$\mathbf{GL}(n_1, K) \times \ldots \times \mathbf{GL}(n_{r-1}, K).$$

Nous désignerons par μ la mesure de Haar sur A (cf. *Exemple* 6) et par

$$\alpha = \bigotimes_{k=1}^{r-1} ((\operatorname{mod} \det Z_{kk})^{-n_k} . \bigotimes_{i, j \in I_k} dz_{ij}) \otimes' (d\mu(Z_{rr}))$$

la mesure de Haar sur D_1 telle que

$$\alpha/\mu = \bigotimes_{k=1}^{r-1} ((\operatorname{mod} \det Z_{kk})^{-n_k} . \bigotimes_{i, j \in I_k} dz_{ij})$$

(§ 2, nº 7, prop. 10). On montre alors comme dans l'*Exemple* 4 qu'une mesure de Haar à gauche sur G_1 est

$$\operatorname{mod}\left(\prod_{k=1}^{r-1}(\det Z_{kk})^{n_k-q_k}\right)$$

$$.\left[\bigotimes_{k=1}^{r-1}((\operatorname{mod}\det Z_{kk})^{-n_k}.\bigotimes_{i,\,j\in I_k} dz_{ij})\otimes' d\mu(Z_{rr})\right]\otimes\bigotimes_{(i,\,j)\in J} dz_{ij}$$

Comme G_1 est distingué dans G, le *module* de G_1 est la restriction de celui de G (§ 2, n° 7, prop. 10 *b*)).

Si $n_r = 1$, le sous-groupe A est réduit à l'élément neutre et une mesure de Haar à gauche sur G est

$$\operatorname{mod}\left(\prod_{k=1}^{r-1}(\det Z_{kk})^{-q_k}\right).\bigotimes_{k=1}^{r-1}\left(\bigotimes_{i,\,j\in I_k} dz_{ij}\right)\otimes\bigotimes_{(i,\,j)\in J} dz_{ij}$$

Si l'on prend $n_1 = n_2 = \ldots = n_r = 1$, le groupe G_1 obtenu s'appelle *groupe trigonal spécial supérieur* et son transposé G_1' s'appelle *groupe trigonal spécial inférieur*. Une mesure de Haar à gauche sur G_1 est

$$\operatorname{mod}\left(\prod_{i=1}^{n-1} z_{ii}^{i-n-1}\right).\left(\bigotimes_{i=1}^{n-1} dz_{ii}\right)\otimes\left(\bigotimes_{1\leqslant i<j\leqslant n} dz_{ij}\right) \tag{11}$$

et le module de G_1 est

$$\operatorname{mod}\left(\prod_{i=1}^{n-1} z_{ii}^{2i-2n}\right) \tag{12}$$

On trouve de même pour mesure de Haar à gauche sur G_1'

$$\operatorname{mod}\left(\prod_{i=1}^{n-1} z_{ii}^{n-i-1}\right).\left(\bigotimes_{i=1}^{n-1} dz_{ii}\right)\otimes\left(\bigotimes_{1\leqslant j<i\leqslant n} dz_{ij}\right)$$

et pour module

$$\operatorname{mod}\left(\prod_{i=1}^{n-1} z_{ii}^{2n-2i}\right).$$

Exemple 6. — *Groupe linéaire spécial.*

Les sous-groupes fermés $T_1(n, K)$ et ${}^t(T(n, K)^*)$ de $\mathbf{GL}(n, K)$ ont pour intersection $\{e\}$. Donc l'application $(M, N) \to M.N$ est une bijection continue φ de $T_1(n, K) \times {}^t(T(n, K)^*)$ sur une partie Ω de $\mathbf{GL}(n, K)$.

Lemme 7. — a) *Soit* $U = (u_{ij}) \in \mathbf{GL}(n, K)$. *Pour que* $U \in \Omega$, *il faut et il suffit que* $\det(u_{ij})_{k \leqslant i, j \leqslant n} \neq 0$ *pour* $k = 2, 3, \ldots, n$.

b) Ω *est une partie ouverte de* $\mathbf{GL}(n, K)$.

c) *L'application* φ *est un homéomorphisme de*

$$T_1(n, K) \times {}^t(T(n, K)^*)$$

sur Ω.

Pour que $U \in \Omega$, il faut et il suffit qu'il existe un

$$Z = (z_{ij}) \in T_1(n, K)$$

tel que $ZU \in {}^t(T(n, K))$ (on aura alors nécessairement $ZU \in {}^t(T(n, K)^*)$ puisque U et Z sont inversibles). D'après ce qu'on a vu plus haut, si Z existe, il est unique. Donc, pour que $U \in \Omega$, il faut et il suffit que le système linéaire

$$\sum_{k=1}^{n} z_{ik} u_{kj} = 0 \qquad (1 \leqslant i < j \leqslant n)$$

(où $(z_{ij}) \in T_1(n, K)$) admette une solution unique. Or ce système peut s'écrire

$$\sum_{k=i+1}^{n} z_{ik} u_{kj} = -u_{ij} \qquad (1 \leqslant i < j \leqslant n). \tag{13}$$

Pour i fixé, on a un système de $n - i$ équations par rapport aux inconnues $z_{i,i+1}, z_{i,i+2}, \ldots, z_{i,n}$; pour que ces systèmes admettent des solutions uniques, il faut et il suffit que

$$\det(u_{kj})_{i+1 \leqslant k \leqslant n, i+1 \leqslant j \leqslant n} \neq 0$$

pour $i = 1, 2, \ldots, n - 1$. Ceci prouve *a*). Il en résulte que Ω est ouvert dans $\mathbf{GL}(n, K)$. D'autre part, en résolvant le système (13) par les formules de Cramer, on obtient les z_{ij} comme fonctions rationnelles des u_{ij} à dénominateurs non nuls dans Ω, donc Z dépend continûment de U dans Ω, ce qui prouve c).

Soit maintenant $G'_1 \subset {}^t(T(n, K)^*)$ le groupe trigonal spécial inférieur. L'application $(M, N) \to M.N$ est une bijection continue ψ de $T_1(n, K) \times G'_1$ sur une partie Ω' de $\mathbf{SL}(n, K)$.

Lemme 8. — a) *Soit* $U = (u_{ij}) \in \mathbf{SL}(n, K)$. *Pour que* $U \in \Omega'$, *il faut et il suffit que* $\det(u_{ij})_{k \leqslant i,j \leqslant n} \neq 0$ *pour* $k = 2, 3, \ldots, n$.

b) Ω' *est une partie ouverte de* $\mathbf{SL}(n, K)$.

c) *L'application* ψ *est un homéomorphisme de* $T_1(n, K) \times G'_1$ *sur* Ω'.

En effet, soient $M \in T_1(n, K)$ et $N \in {}^t(T(n, K)^*)$. Pour que $M.N \in \mathbf{SL}(n, K)$, il faut et il suffit que $N \in G'_1$. Donc

$$\Omega' = \mathbf{SL}(n, K) \cap \Omega$$

et le lemme 8 résulte aussitôt du lemme 7.

Proposition 6. — a) *Le groupe* $\mathbf{SL}(n, K)$ *est unimodulaire.*

b) *Soient* μ_1, μ_2 *des mesures de Haar à gauche sur le groupe trigonal strict supérieur* $T_1(n, K)$ *et sur le groupe trigonal spécial inférieur* G'_1. *L'image de* $\mu_1 \otimes \mu_2$ *par l'homéomorphisme*

$$(M, N) \to M.N^{-1}$$

de $T_1(n, K) \times G'_1$ *sur* Ω' *est la restriction à* Ω *d'une mesure de Haar de* $\mathbf{SL}(n, K)$.

c) *Le complémentaire de* Ω' *dans* $\mathbf{SL}(n, K)$ *est négligeable pour la mesure de Haar de* $\mathbf{SL}(n, K)$.

Le groupe $\mathbf{GL}(n, K)$ est unimodulaire (exemple 1), et $\mathbf{SL}(n, K)$ est un sous-groupe distingué de $\mathbf{GL}(n, K)$, donc est unimodulaire (§ 2, n° 7, prop. 10, b)). L'assertion b) résulte de a), du lemme 8, et de la prop. 13 du § 2, n° 9. Prouvons c). D'après le lemme 8 a), il suffit de prouver ceci : si $p((u_{ij})_{1 \leqslant i,j \leqslant n})$ est un polynôme, non identiquement nul sur $\mathbf{SL}(n, K)$, l'ensemble E des $U \in \mathbf{SL}(n, K)$ tels que $p(U) = 0$ est négligeable pour la mesure de Haar. Compte tenu du § 1, n° 10, cor. de la prop. 13, la topologie de $\mathbf{SL}(n, K)$ est à base dénombrable. Il suffit donc de prouver que, pour tout $U_0 \in E$, il existe un voisinage de U_0 dans $\mathbf{SL}(n, K)$ dont l'intersection avec E est négligeable ; ou encore qu'il existe un voisinage W de I dans $\mathbf{SL}(n, K)$ tel que $U_0^{-1}E \cap W$ soit négligeable. Prenons $W = \Omega$. Compte tenu de b), tout revient à voir que l'ensemble des couples $(M, N) \in T_1(n, K) \times G_1'$ tels que $p(U_0MN) = 0$ est négligeable pour $\mu_1 \otimes \mu_2$. D'après les expressions de μ_1 et μ_2 (calculées aux exemples 3 et 5), ceci résultera du lemme suivant :

Lemme 9. — *Soit* ψ *un polynôme* $\neq 0$ *de* $K[X_1, \ldots, X_r]$. *Dans l'espace* K^r, *l'ensemble* N *défini par* $\psi(x_1, \ldots, x_r) = 0$ *est négligeable pour la mesure de Haar.*

Raisonnons par récurrence sur r. Le lemme est évident pour $r = 1$, car alors N est un ensemble fini. En changeant au besoin la numérotation des variables, on peut supposer que $\psi \notin K[X_1, \ldots, X_{r-1}]$; soit

$$\psi(X_1, \ldots, X_r) = X_r^m \psi_0(X_1, \ldots, X_{r-1}) + \ldots + \psi_m(X_1, \ldots, X_{r-1})$$

avec $m > 0$ et $\psi_0 \neq 0$. Dans l'espace K^{r-1}, soit N_0 l'ensemble défini par $\psi_0(x_1, \ldots, x_{r-1}) = 0$, qui est négligeable d'après l'hypothèse de récurrence. Pour tout $(x_1, \ldots, x_{r-1}) \notin N_0$, l'ensemble des $x_r \in K$ tels que $(x_1, \ldots, x_{r-1}, x_r) \in N$ est fini, donc négligeable. Comme K^r est dénombrable à l'infini (§ 1, n° 10, cor. de la prop. 13), $N \cap [(K^{r-1} - N_0) \times K]$ est négligeable dans K^r (chap. V, § 8, n° 2, cor. 8 de la prop. 5). Donc N est négligeable.

Exemple 7. — *Décomposition d'Iwasawa de* **GL**(n, K).

Dans cet exemple, K désigne l'un des corps **R**, **C**, **H**. Si $\lambda \in K$, on définit $\bar{\lambda}$ comme égal à λ si $K = \mathbf{R}$, comme égal au conjugué de λ si $K = \mathbf{C}$ ou $\mathbf{H}$. Soit E un K-espace vectoriel à droite de dimension n, et soit Φ une forme hermitienne positive non dégénérée sur E.

Lemme 10. — *Soit* $(f_1, f_2, \ldots, f_n)$ *une base de* E.

a) *Il existe une base orthonormale* $(e_1, e_2, \ldots, e_n)$ *et une seule de* E *telle qu'on ait* $f_i = e_1\alpha_{i1} + e_2\alpha_{i2} + \ldots + e_i\alpha_{ii}$ $(i = 1, 2, \ldots, n)$ *avec* $\alpha_{ii} > 0$ *pour tout* i.

b) *Pour* Φ *fixée, les* e_i *et les* α_{ij} *dépendent continûment de* $(f_1, \ldots, f_n) \in E^n$.

Soit $E_i = f_1K + f_2K + \ldots + f_iK$, qui est de dimension i. Soit g_i un élément non nul de E_i orthogonal à E_{i-1} et tel que $\Phi(g_i, g_i) = 1$. Par récurrence sur i, on voit que $(g_1, \ldots, g_i)$ est une base orthonormale de E_i. En particulier, $(g_1, \ldots, g_n)$ est une base orthonormale de E. Soit $\lambda_i = \Phi(g_i, f_i)$. Comme $f_i \notin E_{i-1}$, on a $\lambda_i \neq 0$. Posons $e_i = g_i|\lambda_i|\lambda_i^{-1}$. On a

$$\Phi(e_i, e_i) = |\lambda_i|^2\bar{\lambda}_i^{-1}\Phi(g_i, g_i)\lambda_i^{-1} = 1,$$

donc $(e_1, \ldots, e_i)$ est encore une base orthonormale de E_i ; en outre, $\Phi(e_i, f_i) = |\lambda_i|\bar{\lambda}_i^{-1}\Phi(g_i, f_i) = |\lambda_i| > 0$, donc les e_i possèdent les propriétés de a). Soient $(e'_1, \ldots, e'_n)$ une autre base orthonormale de E avec ces mêmes propriétés. On voit par récurrence sur i que $(e'_1, \ldots, e'_i)$ doit être une base de E_i, donc $e'_i = e_i\mu_i$ avec un $\mu_i \in K$. On a

$$1 = \Phi(e'_i, e'_i) = \bar{\mu}_i\Phi(e_i, e_i)\mu_i = \bar{\mu}_i\mu_i,$$

et $0 < \Phi(e'_i, f_i) = \bar{\mu}_i\Phi(e_i, f_i)$, donc $\mu_i > 0$ et $\mu_i^2 = 1$, donc $\mu_i = 1$, d'où a). Supposons prouvé que les e_i et les α_{ij} dépendent continûment de $(f_1, \ldots, f_n)$ pour $i < i_0$, et prouvons que e_{i_0} et les α_{i_0j} dépendent continûment de $(f_1, \ldots, f_n)$. Pour $j < i_0$, $\overline{\alpha_{i_0j}} = \Phi(f_{i_0}, e_j)$ dépend continûment de $(f_1, \ldots, f_n)$ d'après l'hypothèse de récurrence. D'autre part,

$$\Phi(f_{i_0}, f_{i_0}) = |\alpha_{i_01}|^2 + |\alpha_{i_02}|^2 + \ldots + |\alpha_{i_0, i_0-1}|^2 + \alpha_{i_0,i_0}^2,$$

donc α_{i_0, i_0} dépend continûment de $(f_1, \ldots, f_n)$. Donc

$$e_{i_0} = (f_{i_0} - e_1\alpha_{i_01} - \ldots - e_{i_0-1}\alpha_{i_0, i_0-1})\alpha_{i_0i_0}^{-1}$$

dépend continûment de $(f_1, \ldots, f_n)$.

Soit désormais $E = K^n$ et prenons pour Φ la forme $\bar{x}_1y_1 + \ldots + \bar{x}_ny_n$. Rappelons qu'on note $\mathbf{U}(n, K)$ le groupe unitaire correspondant. Même si K est non commutatif, nous noterons encore $T_1(n, K)$ le groupe des matrices triangulaires supérieures de $\mathbf{M}_n(K)$ dont la diagonale est formée de 1.

Proposition 7. — *Soit* D_+^* *le groupe des matrices diagonales à éléments* > 0. *L'application* $(U, D, T) \to UDT$ *est un* *homéomorphisme de* $\mathbf{U}(n, K) \times D_+^* \times T_1(n, K)$ *sur* $\mathbf{GL}(n, K)$.

Soit $(\varepsilon_1, \ldots, \varepsilon_n)$ la base canonique de K^n. Soit $X \in \mathbf{GL}(n, K)$. Alors les $X.\varepsilon_i = f_i$ constituent une base de E. On peut, à cette base (f_i), associer une base (e_i) grâce au lemme 10. Soit U la matrice de l'automorphisme unitaire de E qui transforme ε_i en e_i. Alors $U^{-1}.f_i = \varepsilon_1\alpha_{i1} + \varepsilon_2\alpha_{i2} + \ldots + \varepsilon_i\alpha_{ii}$ avec $\alpha_{ii} > 0$ pour $i = 1, 2, \ldots, n$. Donc $X = UC$, où C est la matrice

$$\begin{pmatrix} \alpha_{11} & \alpha_{21} & \ldots & \alpha_{n1} \\ 0 & \alpha_{22} & \ldots & \alpha_{n2} \\ \ldots & \ldots & \ldots & \ldots \\ 0 & 0 & \ldots & \alpha_{nn} \end{pmatrix}$$

En outre, U et C dépendent continûment de X d'après le lemme 10. D'autre part, la formule (8) montre que C se met sous la forme DT avec $D \in D_+^*$, $T \in T_1(n, K)$, D et T dépendant continûment de C. L'unicité de la décomposition $X = UDT$ résulte de la propriété d'unicité du lemme 10.

L'homéomorphisme de la prop. 7 s'appelle « décomposition d'Iwasawa » de $\mathbf{GL}(n, K)$.

Le groupe $G = D_+^*.T_1(n, K)$ est l'ensemble des matrices triangulaires supérieures sur K dont les éléments diagonaux sont > 0. Identifions l'élément (z_{ij}) de ce groupe à l'élément

$$((z_{ii})_{1 \leqslant i \leqslant n}, (z_{ij})_{1 \leqslant i < j \leqslant n}) \in (\mathbf{R}_+^*)^n \times K^{n(n-1)/2}.$$

Raisonnant exactement comme dans l'exemple 4, on trouve comme mesure de Haar *à droite* sur ce groupe

$$\left(\prod_{i=1}^{n} z_{ii}^{-i}\right).\left(\bigotimes_{i=1}^{n} dz_{ii}\right) \otimes \left(\bigotimes_{i<j} dz_{ij}\right).$$

Appliquant alors la prop. 13 du § 2, nº 9, on voit que, si on identifie $\mathbf{GL}(n, K)$ à $\mathbf{U}(n, K) \times G$ par l'application $(U, S) \to US$, une mesure de Haar sur $\mathbf{GL}(n, K)$ est

$$(14) \qquad \left(\prod_{i=1}^{n} z_{ii}^{-i}\right).\alpha \otimes \left(\bigotimes_{i=1}^{n} dz_{ii}\right) \otimes \left(\bigotimes_{i<j} dz_{ij}\right)$$

α désignant une mesure de Haar sur $\mathbf{U}(n, K)$.

Exemple 8. — Espaces de formes hermitiennes.

Dans cet exemple, K désigne toujours l'un des corps **R**, **C**, **H**. On posera $\delta = \dim_{\mathbf{R}} K$ (donc $\delta = 1$, 2 ou 4). Une forme hermitienne sur l'espace vectoriel à droite K^n s'écrit

$$\Phi(x, y) = \Phi(x_1, \ldots, x_n, y_1, \ldots, y_n) = \sum_{i,j=1}^{n} \bar{x}_i h_{ij} y_j$$

avec $h_{ij} = \overline{h_{ji}}$ quels que soient i et j. Notons $\mathfrak{H}$ l'espace vectoriel sur **R** formé des matrices hermitiennes de $\mathbf{M}_n(K)$. L'application $(h_{ij}) \to \Phi$ est un isomorphisme de $\mathfrak{H}$ sur l'espace vectoriel des formes hermitiennes sur K^n, par lequel nous identifions ces deux espaces. Soit $\mathfrak{H}_+^* \subset \mathfrak{H}$ l'ensemble des formes hermitiennes positives non dégénérées sur K^n. L'ensemble $\mathfrak{H}_+^*$ est *convexe* dans $\mathfrak{H}$; en effet, si Φ_1, Φ_2 sont dans $\mathfrak{H}_+^*$ et si λ, μ sont deux nombres > 0 tels que $\lambda + \mu = 1$, il est clair que $\lambda\Phi_1 + \mu\Phi_2$ est une forme hermitienne positive ; d'autre part, si $(\lambda\Phi_1 + \mu\Phi_2)(x, x) = 0$, on a $\Phi_1(x, x) = \Phi_2(x, x) = 0$, donc $x = 0$, de sorte que $\lambda\Phi_1 + \mu\Phi_2$ est non dégénérée. Montrons maintenant que $\mathfrak{H}_+^*$ est une partie *ouverte* de $\mathfrak{H}$. Soit S l'ensemble des $x = (x_1, \ldots, x_n) \in K^n$ tels que $x_1\bar{x}_1 + \ldots + x_n\bar{x}_n = 1$; c'est une partie compacte de K^n ; si $\Phi \in \mathfrak{H}_+^*$, la fonction $x \to \Phi(x, x)$ est continue et > 0 sur S, et par suite sa borne inférieure est > 0 ; si $\Phi' \in \mathfrak{H}$ est suffisamment voisine de Φ, on a donc $\Phi'(x, x) > 0$ pour tout $x \in S$, de sorte que Φ' est positive non dégénérée.

Le groupe linéaire $\mathbf{GL}(n, K)$ opère continûment à droite dans $\mathfrak{H}$ par $(X, \Phi) \to \Phi \circ X$, c'est-à-dire par $(X, H) \to {}^t\overline{X}.H.X$ si on note H la matrice hermitienne correspondant à Φ. Il est clair que $\mathfrak{H}_+^*$ est stable pour $\mathbf{GL}(n, K)$. Plus précisément, d'après *Alg.*, chap. IX, § 6, nº 1, cor. 1 du th. 1, $\mathfrak{H}_+^*$ est l'orbite pour $\mathbf{GL}(n, K)$ de la forme $\sum_{i=1}^{n} \bar{x}_i y_i$ correspondant à la matrice unité I_n. Le stabilisateur de celle-ci est $\mathbf{U}(n, K)$. D'après le lemme de l'app. 2, $\mathfrak{H}_+^*$ s'identifie, comme espace homogène topologique, à $\mathbf{GL}(n, K)/\mathbf{U}(n, K)$.

Pour tout $X \in \mathbf{GL}(n, K)$, soit $\widetilde{X}$ l'automorphisme

$$H \to {}^t\overline{X}.H.X$$

de l'espace vectoriel *réel* $\mathfrak{H}$. Si μ désigne la mesure de Haar du groupe additif $\mathfrak{H}$, on a $\widetilde{X}^{-1}(\mu) = |\det \widetilde{X}| \cdot \mu$ (§ 1, nº 10, prop. 15). Montrons que

$$(15) \qquad |\det \widetilde{X}| = |N(X)|^{\lambda}$$

où N désigne la norme dans $\mathbf{M}_n(K)$ *considérée comme* $\mathbf{R}$ *-algèbre*, et où $\lambda = 1 - \dfrac{\delta - 2}{\delta n}$. Il suffit de vérifier (15) pour X parcourant un système de générateurs de $\mathbf{GL}(n, K)$, donc (*Alg.*, chap. II, 3e éd., § 10, nº 13) pour des X des types suivants :

a) X est la matrice d'une application de la forme

$$(x_1, \ldots, x_n) \to (x_{\sigma(1)}, \ldots, x_{\sigma(n)})$$

où $\sigma \in \mathfrak{S}_n$. Dans ce cas, une puissance de X est égale à 1, donc $|\det \widetilde{X}| = |N(X)| = 1$.

b) X est la matrice d'une application de la forme

$$(x_1, x_2, \ldots, x_n) \to (ax_1, x_2, \ldots, x_n).$$

Alors, si $(h_{ij}) \in \mathfrak{H}$, on a $\widetilde{X}((h_{ij})) = (h'_{ij})$ avec $h'_{11} = \bar{a}h_{11}a = |a|^2 h_{11}$, $h'_{1i} = \bar{a}h_{1i}$ pour $i > 1$, $h'_{ij} = h_{ij}$ pour $i > 1, j > 1$; donc

$$|\det \widetilde{X}| = |a|^2 |a|^{\delta(n-1)} = |a|^{2+\delta(n-1)}.$$

D'autre part, si $Y = (y_{ij}) \in \mathbf{M}_n(K)$, on a $XY = (y'_{ij})$ avec $y'_{1j} = ay_{1j}$ et $y'_{ij} = y_{ij}$ pour $i > 1$; donc $|N(X)| = |a|^{\delta n}$. La formule (15) est encore vérifiée.

c) X est la matrice d'une application de la forme

$$(x_1, x_2, \ldots, x_n) \to (x_1 + bx_2, x_2, \ldots, x_n).$$

On a $\widetilde{X}((h_{ij})) = (h'_{ij})$ avec $h'_{11} = h_{11}$, $h'_{12} = h_{12} + h_{11}b$, $h'_{1i} = h_{1i}$ pour $i > 2$, $h'_{22} = h_{22} + \bar{b}h_{12} + \bar{h}_{12}b + \bar{b}h_{11}b$, $h'_{2i} = h_{2i} + \bar{b}h_{1i}$ pour $i > 2$, $h'_{ij} = h_{ij}$ pour $i > 2$, $j > 2$. Compte tenu du lemme 6, on voit que $|\det \widetilde{X}| = 1$. On vérifie de même que $|N(\widetilde{X})| = 1$, ce qui achève de prouver la formule (15).

Ceci posé, la mesure $|\mathrm{N}(H)|^{-\lambda/2}d\mu(H)$ sur $\mathfrak{H}$ est invariante par $\mathbf{GL}(n, \mathrm{K})$, car

$$\widetilde{X}^{-1}(|\mathrm{N}(H)|^{-\lambda/2}d\mu(H)) = |\mathrm{N}(\widetilde{X}(H))|^{-\lambda/2}.|\det \widetilde{X}|d\mu(H)$$
$$= |\mathrm{N}(H)|^{-\lambda/2}|\mathrm{N}(X)|^{-\lambda}|\det \widetilde{X}|d\mu(H) = |\mathrm{N}(H)|^{-\lambda/2}d\mu(H).$$

Si $H \in \mathfrak{H}_+^*$, on a $H = \widetilde{X}(I_n) = {}^t\overline{X}X$ pour un $X \in \mathbf{GL}(n, \mathrm{K})$, donc $\mathrm{N}(H) = \overline{\mathrm{N}(X)}\mathrm{N}(X) > 0$. Par suite, sur $\mathfrak{H}_+^*$, l'*unique* mesure invariante par $\mathbf{GL}(n, \mathrm{K})$ à un facteur constant près (cf. § 2, n° 6, th. 3) est la mesure

$$d\gamma(H) = \mathrm{N}(H)^{-\lambda/2}d\mu(H).$$

En particulier

$$d\gamma(H) = (\det H)^{-(n+1)/2}d\mu(H) \quad \text{pour } \mathrm{K} = \mathbf{R}$$
$$d\gamma(H) = (\det H)^{-n}d\mu(H) \quad \text{pour } \mathrm{K} = \mathbf{C}.$$

APPENDICE I

Lemme 1. — *Soient* X *un espace localement compact,* R *une relation d'équivalence ouverte dans* X, *telle que l'espace quotient* X/R *soit paracompact ; soit* π *l'application canonique de* X *sur* X/R. *Il existe une fonction* $F \geqslant 0$ *continue dans* X *telle que :*

a) F *n'est identiquement nulle sur aucune classe suivant* R ;

b) *pour toute partie compacte* K *de* X/R, *l'intersection de* $\pi^{-1}(K)$ *avec* Supp F *est compacte.*

A tout point $u \in X/R$, associons une fonction $f_u \in \mathcal{K}_+(X)$ telle que f_u ne soit pas identiquement nulle sur $\pi^{-1}(u)$; soit Ω_u l'ensemble ouvert des points où $f_u > 0$; on a donc $u \in \pi(\Omega_u)$. Comme π est une application ouverte, les $\pi(\Omega_u)$ forment un recouvrement ouvert de X/H. Il existe un recouvrement ouvert $(U_\iota)_{\iota \in I}$ localement fini, plus fin que le recouvrement par les $\pi(\Omega_u)$, puis (*Top. gén.*, chap. IX, 2e éd., § 4, no 3, prop. 3) une partition de l'unité $(g_\iota)_{\iota \in I}$ sur X/H subordonnée au recouvrement (U_ι). Pour tout $\iota \in I$, choisissons un u_ι tel que $U_\iota \subset \pi(\Omega_{u_\iota})$. La fonction $F_\iota = (g_\iota \circ \pi) \cdot f_{u_\iota}$ appartient à $\mathcal{K}(X)$ et a son support contenu dans $\pi^{-1}(U_\iota)$. Les supports des F_ι forment donc une famille localement finie, de sorte qu'on définit une fonction continue $F \geqslant 0$ sur X en posant $F = \sum_{\iota \in I} F_\iota$. Pour tout $u \in X/R$, il existe un ι tel que $g_\iota(u) > 0$ donc $u \in U_\iota$; puis il existe un $x \in \Omega_{u_\iota}$ tel que $\pi(x) = u$; alors $f_{u_\iota}(x) > 0$ et $g_\iota(\pi(x)) > 0$, donc

$F_\iota(x) > 0$ et *a fortiori* $F(x) > 0$; ceci prouve que F possède la propriété a). Enfin, soit K une partie compacte de X/R. Il existe une partie finie J de I telle que, pour $\iota \in I - J$, on ait $U_\iota \cap K = \varnothing$, donc $\pi^{-1}(K) \cap \operatorname{Supp} F_\iota = \varnothing$. Alors

$$\pi^{-1}(K) \cap \operatorname{Supp} F = \pi^{-1}(K) \cap \Big(\bigcup_{\iota\in I} \operatorname{Supp} F_\iota\Big)$$

$$= \pi^{-1}(K) \cap \Big(\bigcup_{\iota\in J} \operatorname{Supp} F_\iota\Big)$$

est compact.

Lemme 2. — Soient G *un groupe localement compact dénombrable à l'infini,* M *un espace de Baire. Supposons que* G *opère à gauche continûment et transitivement dans* M. *Pour tout* $x \in M$, *soit* H_x *le stabilisateur de* x *dans* G, *de sorte que l'application* $s \to sx$ *de* G *sur* M *définit par passage au quotient une bijection continue* φ_x *de* G/H_x *sur* M. *Alors* φ_x *est un homéomorphisme de* G/H_x *sur* M (autrement dit (*Top. gén.*, chap. III, 3e éd., § 2, no 5) M est un espace homogène topologique).

Soit $x_0 \in M$. Il suffit de prouver (*loc. cit.*, prop. 15) que l'application $s \to sx_0$ transforme tout voisinage V de e dans G en un voisinage de x_0 dans M. Soit W un voisinage compact symétrique de e tel que $W^2 \subset V$. Par hypothèse, G est réunion d'une suite d'ensembles compacts, donc d'une suite de translatés $(s_n W)$ de W. Alors M est réunion de la suite d'ensembles compacts $(s_n W x_0)$. Comme M est un espace de Baire, il existe un indice n tel que $s_n W x_0$ admette un point intérieur $s_n w x_0$ $(w \in W)$. Par suite, x_0 est point intérieur de

$$w^{-1}s_n^{-1}(s_n W x_0) = w^{-1} W x_0 \subset V x_0,$$

de sorte que Vx_0 est un voisinage de x_0 dans M.

Lemme 1. — *Soient* X, B *deux espaces localement compacts,* π *une application de* X *dans* B, ν *une mesure positive sur* B. *Soit* $b \to \lambda_b$ ($b \in$ B) *une famille* ν*-adéquate de mesures positives sur* X *telle que, pour tout* $b \in$ B, *la mesure* λ_b *soit concentrée sur* $\pi^{-1}(b)$. *Posons* $\mu = \int \lambda_b d\nu(b)$, *et supposons que l'application* π *soit* μ*-mesurable.*

a) *Si* N $\subset$ B *est localement* ν*-négligeable,* π^{-1}(N) *est localement* μ*-négligeable.*

b) *Si* f *est une fonction* ν*-mesurable sur* B *(à valeurs dans un espace topologique),* $f \circ \pi$ *est* μ*-mesurable sur* X.

Soit K une partie compacte de X. Il s'agit de prouver que π^{-1}(N) $\cap$ K est μ-négligeable et que la restriction de $f \circ \pi$ à K est μ-mesurable. Or K est réunion d'un ensemble μ-négligeable et d'une suite de parties compactes K_n telles que $\pi | K_n$ soit continue. Il suffit de montrer que π^{-1}(N) $\cap$ K_n est μ-négligeable et que la restriction de $f \circ \pi$ à K_n est μ-mesurable. On supposera donc désormais que $\pi |$K est continue. Alors π(K) $=$ K' est compact. Comme π^{-1}(N) $\cap$ K $= \pi^{-1}$(N $\cap$ K') $\cap$ K, et que N $\cap$ K' est ν-négligeable, on supposera désormais que N est ν-négligeable. Alors N est contenu dans un ensemble ν-négligeable N', intersection dénombrable d'ensembles ouverts (chap. IV, § 4, n° 6, cor. 2 du th. 4). Comme π est μ-mesurable, π^{-1}(N') est μ-mesurable (chap. IV, § 5, nº 5, prop. 8), donc $\pi^{-1}(N') \cap K$ est μ-intégrable, et l'on a (chap. V, § 3, nº 4, th. 1)

$$\mu(\pi^{-1}(N') \cap K) = \int_B \lambda_b(\pi^{-1}(N') \cap K) d\nu(b).$$

Or, si $b \notin N'$, $\pi^{-1}(N') \cap K$ est λ_b-négligeable puisque λ_b est concentrée sur $\pi^{-1}(b)$ par hypothèse. Donc $\mu(\pi^{-1}(N') \cap K) = 0$. A fortiori, $\pi^{-1}(N) \cap K$ est μ-négligeable et l'on a bien prouvé a). D'autre part, il existe une partition de K' formée d'un ensemble ν-négligeable M et d'une suite (K'_n) d'ensembles compacts tels que $f|K'_n$ soit continue. Alors la restriction de $f \circ \pi$ à chaque ensemble $\pi^{-1}(K) \cap K'_n$ est continue, et $\pi^{-1}(M) \cap K$ est μ-négligeable d'après a), donc la restriction de $f \circ \pi$ à K est bien μ-mesurable.

EXERCICES

§ 1

1) Soit G un groupe compact. Montrer que toute représentation continue φ de G dans $\mathbf{R}_+^*$ est telle que $\varphi(G) = \{1\}$. En déduire qu'une mesure positive relativement invariante sur G est invariante.

2) Soit G un groupe topologique, tel que le groupe des commutateurs de G soit partout dense dans G. Montrer que toute représentation continue φ de G dans un groupe commutatif séparé est telle que $\varphi(G) = \{e\}$. En déduire que, si G est localement compact, toute mesure complexe relativement invariante sur G est invariante. En particulier, G est unimodulaire.

3) Soient G un groupe localement compact, μ une mesure de Haar à gauche sur G, et $\nu = \Delta_G^{-1/2} \cdot \mu$. Montrer que

$$\gamma(s)\nu = \Delta_G(s)^{1/2}\nu, \quad \delta(s)\nu = \Delta_G(s)^{1/2}\nu, \quad \check{\nu} = \nu.$$

4) Soient G, G′ deux groupes localement compacts, V (resp. V′) un voisinage ouvert de l'élément neutre de G (resp. G′), φ un isomorphisme local de G′ à G, défini sur V′, tel que $\varphi(V') = V$. Montrer que $\Delta_G \circ \varphi$ est la restriction de $\Delta_{G'}$ à V′.

5) Pour tout a appartenant au groupe multiplicatif $\mathbf{Q}^*$, soit $\varphi(a)$ l'automorphisme du groupe additif $\mathbf{R}$ défini par $\varphi(a)x = ax$. On munit $\mathbf{Q}^*$ de la topologie discrète. Soit G le produit semi-direct topologique de $\mathbf{Q}^*$ et $\mathbf{R}$ défini par φ (*Top. gén.*, chap. III, 3e éd., § 2, no 10). Montrer que G est localement isomorphe à $\mathbf{R}$, mais n'est pas unimodulaire.

6) Soit G un groupe localement compact admettant un sous-groupe H ouvert et compact. Montrer que, pour tout automorphisme φ de G, $\operatorname{mod} \varphi \in \mathbf{Q}_+^*$. (Observer que $\varphi(H) \cap H$ est d'indice fini dans H et $\varphi(H)$). Montrer que l'égalité $\Delta_G(s) = 1$ définit un sous-groupe ouvert de G contenant H.

7) Soient G un groupe localement compact, β une mesure de Haar à gauche sur G, A une partie de G, B une partie β-intégrable relativement compacte de G telle que $\beta(B) > 0$. Montrer que si les parties compactes de A.B ont des mesures bornées pour β, A est relativement compacte. (Imiter le raisonnement de la prop. 1).

8) Soient G un groupe localement compact, A une partie partout dense de G, α une mesure de Haar à gauche sur G, H une partie α-mesurable de G possédant la propriété suivante : pour tout $s \in A$, $sH \cap (\complement H)$ et $H \cap (\complement sH)$ sont localement α-négligeables. Montrer que H est localement α-négligeable ou de complémentaire localement α-négligeable. (Montrer que $\varphi_H . \alpha$ est invariante à gauche).

9) On adopte les notations de la démonstration du th. 1 du n° 2. Soit β l'unique mesure de Haar à gauche sur G telle que $\beta(f_0) = 1$. Montrer que, pour toute $f \in \mathcal{K}(G)$, $I_g(f)$ tend vers $\beta(f)$ suivant $\mathfrak{B}$. (Soit a une valeur d'adhérence de $g \to I_g(f)$ suivant $\mathfrak{B}$. Il existe un ultrafiltre $\mathfrak{U}$ plus fin que $\mathfrak{B}$ tel que $I_g(f)$ tende vers a suivant $\mathfrak{U}$. D'autre part, $I_g(f)$ tend vers $\beta(f)$ suivant $\mathfrak{U}$).

10) Soient G un groupe localement compact, μ une mesure de Haar à gauche sur G. Montrer que tout ensemble μ-intégrable A est contenu dans une réunion dénombrable d'ensembles compacts. (Se ramener au cas où A est ouvert, et observer qu'il existe un sous-groupe ouvert de G réunion dénombrable de parties compactes).

¶11) Soient G un groupe localement compact non discret dénombrable à l'infini, β une mesure de Haar à gauche de G. Montrer que tout voisinage compact V de e contient un sous-groupe distingué H de G, β-négligeable et tel que G/H soit un groupe localement compact polonais. (On pourra procéder de la façon suivante : soit L le sous-groupe ouvert de G engendré par V ; soient $b_1, b_2, \ldots$ des représentants des classes à gauche suivant L. Former une suite décroissante (V_n) de voisinages symétriques de e tels que : 1) $V_n^2 \subset V_{n-1}$; 2) $xV_nx^{-1} \subset V_{n-1}$ pour tout $x \in V$; 3) $b_iV_nb_i^{-1} \subset V_{n-1}$ pour $1 \leq i \leq n$; 4) $\beta(V_n) \leq 1/n$. Poser $H = V_1 \cap V_2 \cap \ldots$).

Soit (f_n) une suite de fonctions numériques uniformément continues pour la structure uniforme gauche de G. Montrer qu'on peut construire H de manière que, de plus, les f_n soient constantes sur les classes suivant H. (Dans la construction précédente, prendre V_n tel que l'on ait $|f_i(x) - f_i(y)| \leq 1/n$ pour $x^{-1}y \in V_n$ et pour $1 \leq i \leq n$).

Soit (g_n) une suite de fonctions numériques β-intégrables sur G. Montrer qu'on peut construire H de manière que, de plus, chaque g_n soit égale presque partout à une fonction constante sur les classes suivant H.

12) Soient K un corps localement compact non discret, E un espace vectoriel topologique à gauche sur K.

a) Si E de dimension 1, E est isomorphe à K_s (imiter la démonstration de la prop. 2 de *Esp. vect. top.*, chap. I, § 2, n° 2, en remplaçant la valeur absolue par la fonction mod_K).

b) Si E est de dimension n, E est isomorphe à K_s^n (imiter la démonstration du th. 2 de *Esp. vect. top.*, chap. I, § 2, n° 3).

c) On suppose E localement compact. Soit F un sous-espace vectoriel de dimension finie n de E. Pour tout $a \in K$, soit $\operatorname{mod}_E(a)$ le module de $x \to ax$ dans E. Comme F est fermé dans E d'après *b*), on peut former $\operatorname{mod}_{E/F}(a)$. Montrer que $\operatorname{mod}_E(a) = \operatorname{mod}_K(a)^n \operatorname{mod}_{E/F}(a)$. Montrer que, si $\operatorname{mod}_K(a) < 1$ et si $F \neq E$, on a $\operatorname{mod}_{E/F}(a) < 1$. (On a $a^n \to 0$ quand $n \to +\infty$; en déduire que $\operatorname{mod}_{E/F}(a^n) \to 0$ en raisonnant comme pour la prop. 12 du n° 10). En déduire que $n \leq \log \operatorname{mod}_E(1/a)/\log \operatorname{mod}_K(1/a)$, donc que E est de dimension finie.

(On verra en *Alg. comm.*, chap. VI, que la topologie d'un corps localement compact peut être définie par une valeur absolue. Le résultat final de c) sera alors un cas particulier du th. 3 de *Esp. vect. top.*, chap. I, § 2, n° 4).

¶ 13) Soient G un groupe localement compact opérant continûment à gauche dans un espace localement compact polonais T, β une mesure de Haar à gauche sur G, ν une mesure positive sur T quasi-invariante par G.

a) Il existe une fonction $(s, x) \to \chi(s, x) > 0$ sur $G \times T$, localement $(\beta \otimes \nu)$-intégrable, telle que, pour tout $s \in G$, la fonction $x \to \chi(s^{-1}, x)$ soit localement ν-intégrable et vérifie $\gamma(s)\nu = \chi(s^{-1}, .).\nu$. (Montrer que $(s, x) \to (s, sx)$ transforme $\beta \otimes \nu$ en une mesure équivalente, en utilisant la *Remarque* du chap. V, § 5, n° 5 ; soit $\chi(s^{-1}, x)d\beta(s)d\nu(x)$ cette mesure équivalente. Pour $\varphi \in \mathscr{K}(G)$ et $\psi \in \mathscr{K}(T)$, on a

$$\int \varphi(s)d\beta(s) \int \psi(sx)d\nu(x) = \int \varphi(s)d\beta(s) \int \psi(x)\chi(s^{-1}, x)d\nu(x)$$

d'où $\int \psi(sx)d\nu(x) = \int \psi(x)\chi(s^{-1}, x)d\nu(x)$ sauf sur un ensemble localement β-négligeable $N(\psi)$. Utiliser alors le lemme 1 du chap. VI, § 3, n° 1 ; puis modifier χ sur un ensemble $(\beta \otimes \nu)$-négligeable).

b) Montrer que, quels que soient s, t dans G, on a

$$\chi(st, x) = \chi(s, tx)\chi(t, x)$$

sauf sur un ensemble ν-négligeable de valeurs de x (utiliser la relation $\gamma(st)\nu = \gamma(s)(\gamma(t)\nu)$).

c) Montrer que la fonction χ de *a*) est déterminée à un ensemble localement $(\beta \otimes \nu)$-négligeable près de $G \times T$.

¶ 14) Soient T un espace localement compact, $\mathscr{U}$ une structure uniforme sur T pour laquelle il existe un entourage V_0 tel que $V_0(t)$ soit compact pour tout $t \in T$ (*Top. gén.*, chap. II, 3e éd., § 4, exerc. 9). Soit d'autre part Γ un groupe uniformément équicontinu d'homéomorphismes de T (pour la structure uniforme $\mathscr{U}$), tel qu'il existe $a \in T$ dont l'orbite par Γ soit partout dense. Montrer qu'il existe sur T une mesure positive $\neq 0$ invariante par Γ, et que cette mesure est unique à un facteur constant près. On pourra procéder comme suit :

1° En ce qui concerne l'existence de la mesure invariante, suivre la méthode du n° 2, th. 1 ; on prouvera d'abord que si K est une partie compacte de T et U un voisinage ouvert de a, il existe un nombre fini d'éléments $\sigma_i \in \Gamma$ tels que $K \subset \bigcup_i \sigma_i(U)$.

2° En ce qui concerne l'unicité, remarquer d'abord que les entourages de $\mathscr{U}$ qui sont invariants par tout homéomorphisme $\sigma \times \sigma$ de $T \times T$, pour $\sigma \in \Gamma$, forment un système fondamental d'entourages $\mathfrak{S}$. Pour tout ensemble relativement compact $A \subset T$ et tout ensemble relativement compact $B \subset T$ d'intérieur non vide, soit $(A : B)$ le plus petit nombre d'éléments d'un recouvrement de A formé d'ensembles de la forme σB, où $\sigma \in \Gamma$; si $C \subset T$ est un troisième ensemble relativement compact d'intérieur non vide, on a $(A : C) \leq (A : B)(B : C)$. Soient K une partie compacte de T, $L \supset K$ un ensemble ouvert relativement compact, $V \in \mathfrak{S}$ un entourage ouvert symétrique contenu dans V_0 et tel que $V(K) \subset L$, $W \in \mathfrak{S}$ un entourage fermé symétrique contenu dans V. Pour tout entourage symétrique $U \in \mathfrak{S}$ tel que $UW \subset V$ et $WU \subset V$, montrer que, pour toute mesure positive ν sur T, invariante par Γ, on a

$$(1) \qquad (W(a) : U(a))\nu(K) \leq (L : U(a))\nu(V(a))$$

$$(2) \qquad (K : U(a))\nu(W(a)) \leq (V(a) : U(a))\nu(L).$$

On prouvera pour cela que si $(\sigma_i(U(a)))$ est un recouvrement de L formé de $(L : U(a))$ ensembles, tout $x \in K$ appartient à au moins $(W(a) : U(a))$ ensembles de la forme $\sigma_i(V(a))$, et que tout $y \in L$ appartient au plus à $(V(a) : U(a))$ ensembles de la forme $\sigma_i(W(a))$ (noter que si $y \in \sigma_i(W(a))$, $\sigma_i(U(a))$ est contenu dans $V(x)$).

Soit $\mathfrak{F}$ un ultrafiltre plus fin que le filtre des sections de $\mathfrak{S}$; soit A_0 une partie ouverte relativement compacte non vide de T, et posons $\lambda_U(A) = (A : U(a))/(A_0 : U(a))$ pour tout entourage symétrique $U \in \mathfrak{S}$ et toute partie relativement compacte A de T. Soit $\lambda(A) = \lim_{\mathfrak{F}} \lambda_U(A)$; pour toute partie compacte K de T, posons $\lambda'(K) = \inf \lambda(B)$, lorsque B parcourt l'ensemble des voisinages ouverts relativement compacts de K. Déduire de (1) et (2) que l'on a

$$\lambda'(W(a))\nu(K) \leq \lambda(L)\nu(W(a))$$
$$\lambda'(K)\nu(W(a)) \leq \lambda'(W(a))\nu(L).$$

En conclure que si K_1, K_2 sont deux parties compactes de T, $L_1 \supset K_1$, $L_2 \supset K_2$ deux ensembles ouverts relativement compacts, on a

$$\lambda'(K_1)\nu(K_2) \leq \lambda(L_2)\nu(L_1),$$

et finalement que $\lambda'(K_1)\nu(K_2) = \lambda'(K_2)\nu(K_1)$.

¶15) Soient G un groupe localement compact, H un sous-groupe fermé de G, de sorte que G opère continûment dans G/H. On suppose que H vérifie la condition suivante : pour tout voisinage V de e dans G, il existe un voisinage U de e tel que $HU \subset VH$ (noter que cette condition est vérifiée pour tout sous-groupe H de G si e admet un système fondamental de voisinages invariants par tout automorphisme intérieur de G). Montrer qu'il existe alors sur G/H une mesure positive non nulle invariante par G. (On utilisera la même méthode que dans la démonstration du th. 1 du n° 2, en remarquant, d'une part que lorsque U parcourt l'ensemble des voisinages de e dans G, les images des ensembles HUH par l'application canonique $\pi : G \to G/H$ forment un système fondamental de voisinages de $\pi(H)$; d'autre part, pour tout voisinage V de e dans G et toute partie compacte K de G, il existe un voisinage U de e dans G et une partie compacte L de G tels que tout ensemble de la forme sHUH qui rencontre KH soit de la forme s'HUH, avec $s' \in L$).

¶16) Soient G un groupe abélien compact, E une partie dense de G, stable pour la loi de composition de G. On suppose que, pour *toute* fonction numérique bornée f sur E, on ait défini un nombre $M(f)$ ayant la propriété suivante : quelles que soient les deux fonctions bornées f, g sur E, les éléments a_i, b_k de E ($1 \leq i \leq m$, $1 \leq k \leq n$), les nombres réels α_i, β_k ($1 \leqslant i \leqslant m$, $1 \leqslant k \leqslant n$) tels que l'on ait

$$\sum_i \alpha_i f(xa_i) \leqslant \sum_k \beta_k g(xb_k)$$

pour tout $x \in E$, alors il en résulte l'inégalité

$$\Big(\sum_i \alpha_i\Big) M(f) \leqslant \Big(\sum_k \beta_k\Big) M(g).$$

On suppose en outre que $M(1) = 1$ (cf. *Esp. vect. top.*, chap. II, Appendice).

a) Soit μ la mesure de Haar normalisée sur G. Montrer que pour toute fonction numérique continue f sur G, on a $\int f d\mu = M(f|E)$. (En considérant une partition de l'unité convenable, approcher arbitrairement la fonction constante égale à $\int f\,d\mu$ dans E par des fonctions de la forme $x \to \sum_i \alpha_i f(xa_i)$, où $a_i \in E$.)

b) Déduire de *a*) que si l'on pose $\nu(B) = M(\varphi_B)$ pour toute partie B de E, alors, pour toute partie ouverte U de G, on a $\nu(U \cap E) \geqslant \mu(U)$, et pour toute partie fermée F de G, $\nu(F \cap E) \leqslant \mu(F)$. Pour toute partie μ-quarrable P de G (chap. IV, § 5, exerc. 13 d)), on a $\nu(P \cap E) = \mu(P)$.

¶ 17) Soient T un espace localement compact, S une partie de T munie d'une loi de composition $(x, y) \to xy$ qui en fait un monoïde (n'ayant pas nécessairement *a priori* d'élément neutre), et qui est continue dans $S \times S$ lorsque S est muni de la topologie induite par celle de T. On suppose en outre que tout élément de S est régulier (*Alg.*, chap. I, § 2, n° 2). Soit μ une mesure positive bornée sur T, concentrée sur S (de sorte que S est μ-mesurable) et de masse totale 1. On suppose μ *invariante à gauche* au sens suivant : pour toute fonction numérique f définie dans S, continue et bornée (donc μ-mesurable en vertu du chap. IV, § 5, n° 5, prop. 9), on a $\int f(sx) d\mu(x) = \int f(x) d\mu(x)$ pour tout $s \in S$. Il revient au même de dire que pour toute partie compacte K de S, on a $\mu(sK) = \mu(K)$.

a) On considère sur $T \times T$ la mesure produit $\mu \otimes \mu$; montrer qu'il existe des parties compactes K de S telles que les images de $K \times K$ par les deux applications continues $(x, y) \to (x, xy)$ et $(x, y) \to (xy, x)$ aient une mesure arbitrairement voisine de 1 (utiliser le th. de Lebesgue-Fubini). En conclure que ces images ont un point commun, et déduire de là que S possède un élément neutre (cf. *Alg.*, chap. I, § 2, exerc. 9).

b) Montrer que S est un groupe compact. (Pour tout $x \in S$, prouver d'abord que la mesure intérieure $\mu_*(xS)$ est égale à 1, donc que xS est mesurable et que la mesure est concentrée sur xS ; xS est alors un monoïde auquel on peut appliquer le résultat de *a*), ce qui montre que S est un groupe. Raisonner comme dans la prop. 2 pour prouver que S est compact. Enfin, utiliser l'exerc. 21 de *Top. gén.*, chap. III, 3e éd., § 4).

18) Soient X un espace localement compact, G un groupe compact opérant continûment dans X, E l'orbite d'un point de X, $\mathscr{F}$ un espace vectoriel de fonctions numériques continues dans X, tel que, pour toute fonction $f \in \mathscr{F}$ et tout $s \in G$, on ait $\gamma(s)f \in \mathscr{F}$; on suppose en outre que $\mathscr{F}$ contienne les fonctions constantes dans X. Soit $x_0 \in X$ un point invariant par G et tel que l'on ait $|f(x_0)| \leq \sup_{y \in E} |f(y)|$ pour *toute* fonction $f \in \mathscr{F}$. Montrer alors que l'on a $f(x_0) = \int_G f(s.z)ds$ pour tout $z \in E$ et toute $f \in \mathscr{F}$. (Montrer qu'il existe une mesure positive ν sur E, de masse totale 1, telle que $f(x_0) = \int_E f(z)d\nu(z)$ pour toute $f \in \mathscr{F}$ et appliquer le th. de Lebesgue-Fubini). *Cas où $X = \mathbf{R}^n$, G est le groupe orthogonal, et $x_0 = 0$; appliquer la formule (7) du § 2*.

19) Soient X un espace compact, A une algèbre normée sur $\mathbf{R}$, ayant un élément unité, G un groupe compact ; on suppose que G opère continûment dans A et dans X et que, pour tout $s \in G$, $a \to s.a$ est un automorphisme de l'algèbre A tel que $\|s.a\| = \|a\|$ pour tout $a \in A$. On dit qu'une application f de X dans A est *covariante* par G si

$$f(s.x) = s.f(x)$$

pour tout $s \in G$ et tout $x \in X$. Soit B un sous-anneau de A^X formé de fonctions continues covariantes et contenant toutes les applications continues covariantes de X dans $\mathbf{R}$ ($\mathbf{R}$ étant identifié à une sous-algèbre de A ; on notera que pour une telle application g, on a $g(s.x) = g(x)$ pour tout $s \in G$ et tout $x \in X$). Soit f une application continue covariante de X dans A, et supposons que, pour tout $y \in X$, il existe une application $g_y \in B$ telle que $f(y) = g_y(y)$. Alors, pour tout $\varepsilon > 0$, il existe une application $g \in B$ telle que $\|f(x) - g(x)\| \leq \varepsilon$ pour tout $x \in X$. (Utiliser une partition continue de l'unité convenable (φ_i) sur X et introduire les fonctions h_i telles que $h_i(x) = \int_G \varphi_i(s.x)ds$).

¶ 20) Soient G un groupe localement compact, μ une mesure de Haar à gauche sur G, A et B deux parties de G.

a) On suppose vérifiée une des deux conditions suivantes :

α) A est μ-intégrable ;

β) $\mu^*(A) < +\infty$ et B est μ-mesurable.

Montrer que, dans chacun de ces deux cas, la fonction $f(s) = \mu^*(sA \cap B)$ est uniformément continue dans G pour la structure uniforme droite de G. (Pour deux parties M, N de G, on pose

$$d(M, N) = \mu^*((M \cap \complement N) \cup (N \cap \complement M)).$$

Considérer d'abord le cas où A est compact ; utilisant le chap. IV, § 4, n° 6, th. 4, montrer que, pour tout $\varepsilon > 0$, il existe un voisinage U de e dans G tel que, pour tout $s \in G$ et tout $t \in U$, on ait

$$d(sA \cap B, stA \cap B) \leq \varepsilon.$$

Appliquer alors l'exerc. 9 du chap. IV, § 5. Si B est μ-mesurable, si

$\mu^*(A) < +\infty$ et si (A_n) est une suite décroissante de parties intégrables de G contenant A et telle que $\inf(\mu(A_n)) = \mu^*(A)$, montrer que

$$\mu^*(sA \cap B) = \inf(\mu^*(sA_n \cap B))$$

(chap. V, § 2, n° 2, lemme 1) ; noter d'autre part que $\mu(A_n - A_{n+1})$ tend vers 0 avec $1/n$).

b) Si A est μ-intégrable et si $\mu^*(B) < +\infty$, la fonction f est uniformément continue pour les deux structures uniformes droite et gauche de G ; en outre on a alors $\int_G f(s)d\mu(s) = \mu(A^{-1})\mu^*(B)$. (Se ramener au cas où B est intégrable ; observer alors que $\mu(sA \cap B) = \mu(A \cap s^{-1}B)$, que $\varphi_{sA\cap B} = \varphi_{sA}\varphi_B$ et que $\varphi_{sA}(t) = \varphi_{tA^{-1}}(s)$).

c) Déduire de *a*) que dans les deux cas considérés, les intérieurs de AB et de BA ne sont pas vides. (Cf. chap. VIII, § 4, n° 6, prop. 17).

d) Dans le groupe $G = \mathbf{SL}_2(\mathbf{R})$, donner un exemple d'un ensemble compact A et d'un ensemble μ-mesurable B tels que $f(s) = \mu(sA \cap B)$ ne soit pas uniformément continue pour la structure uniforme gauche. (Observer qu'il existe une suite (t_n) d'éléments de G tendant vers e et une suite (s_n) d'éléments de G telles que la suite $(s_n^{-1}t_n s_n)$ tende vers le point à l'infini).

e) Donner un exemple de deux ensembles non mesurables A, B dans un groupe localement compact G, de mesure extérieure finie, et tels que la fonction $s \rightarrow \mu^*(sA \cap B)$ ne soit pas continue (cf. chap. IV, § 4, exerc. 8).

21) *a*) Soient G un groupe localement compact, μ une mesure de Haar à gauche sur G. Montrer que si S est une partie *stable* de G telle que $\mu_*(S) > 0$, l'intérieur de S n'est pas vide (cf. exerc. 20). En particulier, si un sous-groupe H de G a une mesure intérieure non nulle, H est un sous-groupe ouvert de G.

b) Si G est compact, toute partie stable S de G telle que $\mu_*(S) > 0$ est un sous-groupe ouvert compact de G (observer que l'intérieur de S est stable, et utiliser l'exerc. 17 *b*)).

c) On suppose que G est compact et commutatif, noté additivement, et qu'il existe dans G un élément a d'ordre infini. Montrer qu'il existe une partie stable S de G telle que $a \in S$, $-a \notin S$, et $G = S \cup (-S)$ (utiliser le théorème de Zorn) ; déduire de *b*) que S n'est pas mesurable et que $\mu_*(S) = 0$.

22) Soient G un groupe localement compact, μ une mesure de Haar à gauche sur G, A une partie intégrable de G telle que $\mu(A) > 0$. Montrer que l'ensemble H(A) des $s \in G$ tels que $\mu(A) = \mu(A \cap sA)$ est un groupe compact. (Observer que H(A) est fermé dans G à l'aide de l'exerc. 20. Pour voir que H(A) est compact, considérer une partie compacte B de A telle que $\mu(B) > \mu(A)/2$ et prouver que $H(A) \subset BB^{-1}$).

¶ 23) Soient G un groupe commutatif localement compact, noté additivement, μ une mesure de Haar sur G, A, B deux parties intégrables de G.

a) Pour tout $s \in G$, soient

$$A' = \sigma_s(A, B) = A \cup (B + s), \quad B' = \tau_s(A, B) = (A - s) \cap B.$$

Montrer que l'on a $\mu(A') + \mu(B') = \mu(A) + \mu(B)$ et $A' + B' \subset A + B$.

b) On suppose que 0 appartient à $A \cap B$. On dit qu'un couple (A', B') de parties intégrables de G est *dérivé* de (A, B) s'il existe une suite $(s_k)_{1 \leqslant k \leqslant n}$ d'éléments de G et deux suites $(A_k)_{0 \leqslant k \leqslant n}$, $(B_k)_{0 \leqslant k \leqslant n}$ de parties de G telles que $A_0 = A$, $B_0 = B$, $A_k = \sigma_{s_k}(A_{k-1}, B_{k-1})$, $B_k = \tau_{s_k}(A_{k-1}, B_{k-1})$ pour $1 \leqslant k \leqslant n$, $s_k \in A_{k-1}$ pour $1 \leqslant k \leqslant n$, et $A' = A_n$, $B' = B_n$. Montrer qu'il existe une suite de couples (E_n, F_n) tels que $E_0 = A$, $F_0 = B$, que (E_{n+1}, F_{n+1}) soit dérivé de (E_n, F_n) et que l'on ait $\mu((E_n - s) \cap F_n) \geqslant \mu(F_{n+1}) - 2^{-n}$ pour tout n et tout $s \in E_n$. On pose $E_\infty = \bigcup_n E_n$, $F_\infty = \bigcap_n F_n$. Montrer que, pour tout $s \in E_\infty$, on a

$$\mu((E_\infty - s) \cap F_\infty) = \mu(F_\infty).$$

c) On suppose que $\mu(F_\infty) > 0$. Montrer que la fonction

$$f(s) = \mu((E_\infty - s) \cap F_\infty)$$

ne peut prendre que les valeurs 0 et $\mu(F_\infty)$ et que l'ensemble C des $s \in G$ tels que $f(s) = \mu(F_\infty)$ est *ouvert et fermé*, tel que $\mu(C) = \mu(E_\infty)$, et est l'adhérence de E_∞ (utiliser l'exerc. 20 *a*) et *b*)). Soit d'autre part D l'ensemble des $s \in F_\infty$ tels que l'intersection de F_∞ et de tout voisinage de s soit de mesure > 0. Montrer que $\mu(D) = \mu(F_\infty)$ et que

$$E_\infty + D \subset C ;$$

en déduire que D est contenu dans le sous-groupe H(C) défini dans l'exerc. 22, et que H(C) est compact et ouvert dans G. Montrer enfin que $C + H(C) = C$, que $\mu(C) \geqslant \mu(A) + \mu(B) - \mu(H(C))$ et que $C \subset A + B$ (considérer la mesure de $E_\infty \cap (c - F_\infty)$ pour tout $c \in C$).

d) Déduire de *c*) que, pour deux parties intégrables A, B de G : *ou bien* on a $\mu_*(A + B) \geqslant \mu(A) + \mu(B)$; *ou bien* il existe un sous-groupe ouvert compact H de G tel que $A + B$ contienne une classe mod. H, et alors $\mu_*(A + B) \geqslant \mu(A) + \mu(B) - \mu(H)$. Cas où G est connexe.

¶ 24) *a*) Dans $\mathbf{R}$, soit A (resp. B) l'ensemble des nombres x dont le développement dyadique propre $x = x_0 + \sum_{i=1}^{\infty} x_i 2^{-i}$ (x_0 entier, $x_i = 0$ ou $x_i = 1$ pour $i \geqslant 1$) est tel que $x_i = 0$ pour i pair > 0 (resp. i impair). Montrer que, pour la mesure de Lebesgue, A et B sont de mesure nulle, mais $A + B = \mathbf{R}$.

b) Déduire de *a*) qu'il existe une base H de $\mathbf{R}$ (sur $\mathbf{Q}$) contenue dans $A \cup B$, donc de mesure nulle. L'ensemble P_1 des nombres rh, où $r \in \mathbf{Q}$ et $h \in H$, est aussi de mesure nulle.

c) On désigne par P_n l'ensemble des nombres réels dont au plus n coordonnées relatives à la base H sont non nulles. Montrer que si P_n est négligeable et si P_{n+1} est mesurable, alors P_{n+1} est négligeable. (Soit $h_0 \in H$; montrer d'abord que l'ensemble S des $x \in P_{n+1}$ dont la coordonnée relative à h_0 est $\neq 0$, est négligeable. Utilisant l'exerc. 20, montrer que, si P_{n+1} n'était pas négligeable, il existerait deux points distincts x', x'' de $P_{n+1} \cap \complement S$ tels que $(x' - x'')/h_0$ soit rationnel, et en déduire une contradiction).

d) Déduire de *a*) et *b*) qu'il existe dans $\mathbf{R}$ deux ensembles négligeables C, D tels que C + D ne soit pas mesurable.

¶ 25) *a*) Soit f une fonction numérique positive définie dans $\mathbf{R}$, intégrable (pour la mesure de Lebesgue μ sur $\mathbf{R}$), bornée et à support compact. Soit $\gamma = \sup_{t\in\mathbf{R}} f(t)$. Pour tout $w \in \mathbf{R}$, on désigne par $U_f(w)$ l'ensemble des $t \in \mathbf{R}$ tels que $f(t) \geqslant w$; on pose $\nu_f(w) = \mu^*(U_f(w))$. Montrer que pour tout $\alpha > 1$, on a

$$\int_{-\infty}^{+\infty} f^\alpha(t)dt = \int_0^\gamma \nu_f(w)\alpha w^{\alpha-1}dw.$$

b) Soit g une seconde fonction numérique vérifiant les mêmes conditions que f, et posons $\delta = \sup_{t\in\mathbf{R}} g(t)$. Soit h la fonction définie dans $\mathbf{R}^2$ par $h(u, v) = f(u) + g(v)$ si $f(u)g(v) \neq 0$, et $h(u, v) = 0$ dans le cas contraire ; enfin, posons $k(t) = \sup_{u+v=t} h(u, v)$, de sorte que k est positive, intégrable, bornée et à support compact. Montrer que l'on a, pour tout $\alpha > 1$

$$\int_{-\infty}^{+\infty} k^\alpha(t)dt \geqslant (\gamma + \delta)^\alpha\left(\frac{1}{\gamma^\alpha}\int_{-\infty}^{+\infty} f^\alpha(t)dt + \frac{1}{\delta^\alpha}\int_{-\infty}^{+\infty} g^\alpha(t)dt\right)$$

(Observer que pour $0 < w < 1$, on a $U_k(\gamma w + \delta w) \supset U_f(\gamma w) + U_g(\delta w)$ et utiliser *a*) et l'exerc. 23 *d*)).

c) Soient μ_n la mesure de Lebesgue dans $\mathbf{R}^n$, A, B deux parties intégrables de $\mathbf{R}^n$. Montrer que l'on a (« *inégalité de Brunn-Minkowski* »)

$$((\mu_n)_*(A + B))^{1/n} \geqslant (\mu_n(A))^{1/n} + (\mu_n(B))^{1/n}.$$

(Se ramener au cas où A et B sont compacts. Raisonner alors par récurrence sur n en utilisant l'exerc. 23 *d*), le th. de Lebesgue-Fubini, l'inégalité prouvée dans *b*), ainsi que l'inégalité de Hölder).

¶ 26) Soient G un groupe localement compact, μ une mesure de Haar à gauche sur G, k un entier $\geqslant 1$, A un ensemble intégrable. Montrer que, pour tout $\varepsilon > 0$, il existe un voisinage U de e dans G ayant la propriété suivante : pour toute partie finie S de k éléments dans U, l'ensemble des $s \in G$ tels que $sS \subset A$ a une mesure $\geqslant (1 - \varepsilon)\mu(A)$. (Se ramener au cas où A est compact et prendre U tel que

$$\mu(AU) \leqslant \left(1 + \frac{\varepsilon}{k-1}\right)\mu(A).$$

Pour toute partie finie H de G, on pose $p(H) = \text{Card}(H)$ et $q(H) = 1$ si $H \neq \varnothing$, $q(H) = 0$ si $H = \varnothing$; en évaluant les intégrales

$$\int_G p(A \cap sS)ds \quad \text{et} \quad \int_G q(A \cap sS)ds,$$

montrer que si, pour $h \leqslant k$, on désigne par M_h l'ensemble des $s \in G$ pour lesquels $\text{Card}(A \cap sS) = h$, on a

$$\sum_{h=1}^{k} h\mu(\mathrm{M}_h) = k.\mu(\mathrm{A}) \quad \text{et} \quad \sum_{h=1}^{k} \mu(\mathrm{M}_h) \leqslant \mu(\mathrm{AU}).$$

En conclure que $\sum_{h=1}^{k-1} h\mu(\mathrm{M}_h) \leqslant k\varepsilon.\mu(\mathrm{A})$.

27) Soit G un groupe opérant sur un ensemble X. On dit qu'une partie P (resp. C) de X est un G-*remplissage* (resp. G-*recouvrement*) si pour tout $s \neq e$ dans G, on a $s\mathrm{P} \cap \mathrm{P} = \varnothing$ (resp. si $\mathrm{X} = \bigcup_{s \in \mathrm{G}} s\mathrm{C}$). On appelle G-*pavage* une partie P qui est à la fois un G-remplissage et un G-recouvrement.

a) On suppose que X est localement compact, que G est dénombrable, opère continûment dans X, et qu'il existe une mesure positive non nulle μ sur X invariante par G. Soient P et C un G-remplissage et un G-recouvrement qui sont μ-intégrables. Montrer que $\mu(\mathrm{C}) \geqslant \mu(\mathrm{P})$. (Remarquer que $\mu(\mathrm{C}) \geqslant \sum_{s \in \mathrm{G}} \mu(\mathrm{C} \cap s\mathrm{P})$).

b) On suppose en outre qu'il existe sur X une structure uniforme compatible avec la topologie de X et admettant un système fondamental $\mathfrak{S}$ d'entourages ouverts invariants par G. On désigne d'autre part par $\Delta(\mathrm{G})$ la borne inférieure des nombres $\mu(\mathrm{C})$ pour tous les G-recouvrements intégrables C de G. Soient V un entourage appartenant à $\mathfrak{S}$, et $a \in \mathrm{X}$ tel que $\mu(\mathrm{V}(a)) > \Delta(\mathrm{G})$; montrer qu'il existe $s \in \mathrm{G}$ tel que $s \neq e$ et $(a, sa) \in \overset{-1}{\mathrm{V}} \circ \mathrm{V}$.

c) On suppose que X est un groupe localement compact, μ une mesure de Haar à gauche, G un sous-groupe dénombrable de X opérant par translation à gauche. Avec la même définition de $\Delta(\mathrm{G})$ que dans *b*), montrer que, si A est une partie intégrable de X telle que $\mu(\mathrm{A}) > \Delta(\mathrm{G})$, il existe $s \in \mathrm{G} \cap \mathrm{AA}^{-1}$ tel que $s \neq e$. Cas particulier où $\mathrm{X} = \mathbf{R}^n$, et où G est un sous-groupe discret de rang n dans $\mathbf{R}^n$: $\Delta(\mathrm{G})$ est alors égal à la valeur absolue du déterminant d'une base de G sur $\mathbf{Z}$ par rapport à la base canonique de $\mathbf{R}^n$; si A est un corps convexe symétrique dans $\mathbf{R}^n$ tel que $\mu(\mathrm{A}) \geqslant 2^n \Delta(\mathrm{G})$, montrer qu'il existe un point de $\mathrm{A} \cap \mathrm{G}$ distinct de 0 (« *théorème de Minkowski* »).

d) Les hypothèses étant celles de *a*), soit f une fonction $\geqslant 0$ et μ-intégrable dans X. Montrer qu'il existe deux points a, b de X tels que $\mu(\mathrm{C}) \sum_{s \in \mathrm{G}} f(sa) \geqslant \int_{\mathrm{X}} f(x)d\mu(x)$ et $\mu(\mathrm{P}) \sum_{s \in \mathrm{G}} f(sb) \leqslant \int_{\mathrm{X}} f(x)d\mu(x)$. (Observer que si g est une fonction intégrable $\geqslant 0$, E un ensemble μ-intégrable dans X, il existe $c \in \mathrm{E}$ tel que $\int_{\mathrm{E}} g(x)d\mu(x) \leqslant g(c)\mu(\mathrm{E})$, et $c' \in \mathrm{E}$ tel que $\int_{\mathrm{E}} g(x)d\mu(x) \geqslant g(c')\mu(\mathrm{E})$).

¶ 28) Les hypothèses étant celles de l'exerc. 27 *a*), on suppose en outre qu'il existe un G-pavage μ-intégrable F.

a) Pour toute fonction numérique μ-intégrable $f \geqslant 0$ définie dans X, on pose $\tilde{f}(x) = \sum_{s \in \mathrm{G}} f(sx)$, de sorte que $\int_{\mathrm{F}} \tilde{f}(x)d\mu(x) = \int_{\mathrm{X}} f(x)d\mu(x)$

(§ 2, nº 10, prop. 15). Soit $(f_i)_{1 \leqslant i \leqslant n}$ une famille de fonctions numériques $\geqslant 0$, μ-intégrables dans X ; on pose, pour $i \neq j$,

$$m_{ij} = \int_{\mathrm{F}} \widetilde{f}_i(x)\widetilde{f}_j(x)d\mu(x).$$

et $c_i = \sup\limits_{x \in \mathrm{X}} \widetilde{f}_i(x)$. Montrer qu'il existe au moins un couple d'indices distincts (i, j) tel que

$$m_{ij} \geqslant \frac{1}{n(n-1)\mu(\mathrm{F})}\left((\sum_{i=1}^{n} \int_{\mathrm{X}} f_i(x)d\mu(x))^2 - \mu(\mathrm{F}) \sum_{i=1}^{n} c_i \int_{\mathrm{X}} f_i(x)dx\right)$$

(Minorer la somme $\sum\limits_{i \neq j} m_{ij}$ en utilisant l'inégalité de Cauchy-Schwarz). En déduire que si $(\mathrm{A}_i)_{1 \leqslant i \leqslant n}$ est une famille finie de G-remplissages μ-intégrables, et si $\sum\limits_{i=1}^{n} \mu(\mathrm{A}_i) > \mu(\mathrm{F})$, il existe un couple (i, j) d'indices distincts et un $s \in \mathrm{G}$ tels que $\mu(\mathrm{A}_i s \cap \mathrm{A}_j) > 0$.

b) Si G_0 est un sous-groupe de G d'indice fini $(\mathrm{G} : \mathrm{G}_0) = h$, et si $(s_1, \ldots, s_h)$ est un système de représentants des classes à gauche mod G_0 dans G, $\mathrm{F}_0 = \bigcup\limits_{1 \leqslant i \leqslant h} s_i\mathrm{F}$ est un G_0-pavage.

c) Dans $\mathrm{X} = \mathbf{R}^n$, soit A un corps convexe symétrique ; soient $u_i : (x_j) \to \sum\limits_{j=1}^{n} c_{ij}x_j$, m formes linéaires sur X, à coefficients c_{ij} entiers $(m < n)$. Montrer que, pour tout entier $p \geqslant 1$ et tout nombre $r \geqslant 0$ tel que $\mu(\mathrm{A})r^n \geqslant 2^n p^m$, il existe un point $x \in r\mathrm{A}$, distinct de 0 et tel que $u_i(x) \equiv 0$ (mod. p) pour $1 \leqslant i \leqslant m$ (appliquer le th. de Minkowski au sous-groupe G_0 de $\mathbf{Z}^n$ formé des $z \in \mathbf{Z}^n$ tels que $u_i(z) \equiv 0$ (mod. p) pour $1 \leqslant i \leqslant m$, et utiliser *b*)). Cas particulier où $n = 2$, $m = 1$, et A est défini par $|x_1| \leqslant 1$, $|x_2| \leqslant 1$ (*théorème de Thue*).

¶ 29) *a*) Soient p un nombre premier ; il existe deux entiers a, b tels que $a^2 + b^2 + 1 \equiv 0$ (mod. p) (*Alg.*, chap. V, § 11, nº 5, cor. du th. 3). Montrer qu'il existe des entiers x_1, x_2, x_3, x_4 non tous nuls tels que $ax_1 + bx_2 \equiv x_3$ (mod. p), $bx_1 - ax_2 \equiv x_4$ (mod. p) et

$$y = x_1^2 + x_2^2 + x_3^2 + x_4^2 \leqslant \sqrt{2}\, p$$

(même méthode que dans l'exerc. 28 *c*)). Montrer que y est divisible par p, et en déduire que $y = p$.

b) Déduire de *a*) que tout entier $n \geqslant 0$ est somme de quatre carrés au plus (« *théorème de Lagrange* » ; utiliser *Alg.*, chap. IV, § 2, exerc. 11).

30) Soient G un groupe localement compact, μ une mesure de Haar à gauche sur G, ν une mesure bornée sur G. On suppose que l'application $s \to \gamma(s)\nu$ de G dans l'espace de Banach $\mathscr{M}^1(\mathrm{G})$ est continue. Montrer que la mesure ν est de base μ. (Soit A une partie compacte μ-négligeable de G. En raisonnant comme pour la prop. 11, montrer que $\nu(x\mathrm{A}) = 0$

pour des x parcourant une partie partout dense de G. En déduire que $\nu(A) = 0$).

Réciproquement, si ν est de base μ, l'application $s \to \gamma(s)\nu$ de G dans $\mathscr{M}^1(G)$ est continue : cf. chap. VIII, § 2, nº 5, prop. 8.

§ 2

1) Soient G un groupe localement compact, H un sous-groupe fermé de G. Pour $\xi \in H$, posons $\chi(\xi) = \Delta_H(\xi)\Delta_G(\xi)^{-1}$. On considère H comme opérant à droite sur G par translations. Montrer qu'il existe sur $\mathscr{K}^\chi(G)$ une forme linéaire positive non nulle I et, à un facteur constant près, une seule, qui soit invariante par translation à gauche. (Utiliser la prop. 3 avec X = G, en prenant pour μ une mesure de Haar à gauche de G).

2) Soient X et X′ deux espaces localement compacts dans lesquels un groupe localement compact H opère à droite, continûment et proprement. Soit θ une application continue propre de X dans X′, compatible avec l'application identique de H (*Top. gén.*, chap. III, 3ᵉ éd., § 2, nº 4), et soit $\theta' : X/H \to X'/H$ l'application déduite de θ par passage aux quotients. Soit f' une fonction continue sur X′ dont le support ait une intersection compacte avec le saturé de toute partie compacte. Alors $f = f' \circ \theta$ a les mêmes propriétés dans X, et

$$f^\flat = f'^\flat \circ \theta'$$

(les applications $f \to f^\flat$, $f' \to f'^\flat$ étant relatives au choix d'une même mesure de Haar sur H).

3) Soient B un espace localement compact, H un groupe localement compact. Posons $X = B \times H$, le groupe H opérant dans X par

$$(b, \xi)\xi' = (b, \xi\xi').$$

Soient λ une mesure sur $B = X/H$, et β une mesure de Haar à gauche sur H. Alors $\lambda^\sharp = \lambda \otimes \beta$.

4) Soit X un espace localement compact dans lequel un groupe localement compact H opère à droite continûment et proprement. Soient β une mesure de Haar à gauche sur H, μ une mesure $\geqslant 0$ sur X. Soit h une fonction continue $\geqslant 0$ sur X telle que $h^\flat = 1$. Si f est une fonction μ-négligeable $\geqslant 0$ sur X, la fonction $(x, \xi) \to f(x)h(x\xi)$ est $(\mu \otimes \beta)$-négligeable sur $X \times H$. (Il existe des ensembles ouverts décroissants $\Omega_1, \Omega_2, \ldots$ tels que $\mu(\Omega_n)$ tende vers 0 et que f soit nulle hors de $\Omega_1 \cap \Omega_2 \cap \ldots$ Montrer que $\int^* \varphi_{\Omega_n}(x)h(x\xi)d\mu(x)d\beta(\xi) \leqslant \mu(\Omega_n)$, en observant que la fonction $(x, \xi) \to \varphi_{\Omega_n}(x)h(x\xi)$ est semi-continue inférieurement).

5) Soient G un groupe localement compact. Pour tout $s \in G$, soit ψ_s l'automorphisme du groupe additif $\mathbf{R}$ défini par $\psi_s(x) = \Delta_G(s)x$. Soit Γ le produit semi-direct topologique de G et $\mathbf{R}$ défini par $s \to \psi_s$ (*Top. gén.*, chap. III, 3ᵉ éd., § 2, nº 10). Montrer que Γ est unimodulaire.

6) Soient G un groupe localement compact, G_1, G_2, G_3 des sous-groupes fermés tels que $G_3 \subset G_1 \cap G_2$. On suppose G, G_1, G_2, G_3 uni-

modulaires, et G_1/G_3 de mesure totale finie (pour toute mesure invariante par G_1). Soient λ, μ, ν des mesures invariantes dans G/G_1, G/G_2, G_2/G_3, et φ l'application canonique de G sur G/G_1. Soit $f \in \mathscr{K}(G/G_1)$. Montrer que

$$a\int_{G/G_1} f(u)d\lambda(u) = \int_{G/G_2} d\mu(\dot{x})\int_{G_2/G_3} f(\varphi(x\xi))d\nu(\dot{\xi})$$

($\dot{x} = xG_2$, $\dot{\xi} = \xi G_3$), où a est une constante indépendante de f.

¶ 7) *a*) Soient E un espace localement compact, Γ un groupe localement compact opérant à gauche continûment dans E. On suppose que, pour tout $x \in E$, l'application $s \to s.x$ de Γ dans E est propre, et qu'il existe une mesure positive bornée non nulle μ sur E invariante par Γ. Alors Γ est compact. (Soit (s_n) une suite de points de Γ. Soit K une partie compacte de E non μ-négligeable. Montrer, en utilisant l'exerc. 17 du chap. IV, § 4, qu'il existe un $x_0 \in E$ tel que $s_n x_0 \in K$ pour une infinité de valeurs de n. En déduire que (s_n) admet une valeur d'adhérence dans Γ. Appliquer alors l'exerc. 6 de *Top. gén.*, chap. II, 3ᵉ éd., § 4).

b) Soient G un groupe localement compact, H et K deux sous-groupes fermés de G. On suppose G et H unimodulaires et G/H de mesure finie pour la mesure invariante par G. Montrer que, pour que H et K vérifient les conditions équivalentes de l'exerc. 11 *c*) de *Top. gén.*, chap. III, 3ᵉ éd., § 4, il faut et il suffit que K soit compact.

8) Soient $\mathfrak{G}$ un groupe localement compact, G et H deux sous-groupes fermés de $\mathfrak{G}$. On suppose que tout $s \in \mathfrak{G}$ se met d'une seule manière sous la forme $s = \xi x = y\eta$ ($\xi, \eta \in G$, $x, y \in H$), et que ξ, x, y, η dépendent continûment de s. Tout $\xi \in G$ définit un homéomorphisme $\hat{\xi}$ de H sur H par $\xi x \in \hat{\xi}(x)G$ ($x \in H$). Tout $x \in H$ définit un homéomorphisme $\hat{x}$ de G sur G par $\xi x \in H\hat{x}(\xi)$ ($\xi \in G$). Soient μ, α, β des mesures de Haar à gauche de $\mathfrak{G}$, G, H. Montrer que

$$d\,\hat{x}^{-1}(\alpha)(\xi) = \frac{\Delta_{\mathfrak{G}}(\hat{\xi}(x))\Delta_G(\hat{x}(\xi))}{\Delta_H(\hat{\xi}(x))\Delta_G(\xi)}\,d\alpha(\xi)$$

$$d\,\hat{\xi}^{-1}(\beta)(x) = \frac{\Delta_G(\hat{x}(\xi))}{\Delta_{\mathfrak{G}}(\hat{x}(\xi))}\,d\beta(x)$$

(Soit $f \in \mathscr{K}(G)$. Exprimer que $\int f(u)d\mu(u)$, calculé à l'aide de (23), soit pour X = G, Y = H, soit pour X = H, Y = G, est invariant quand on fait subir à f une translation à gauche par un élément de G ou un élément de H).

9) Soient X un espace localement compact, H un groupe *compact* opérant continûment (et par suite proprement) à droite sur X. On désigne par β la mesure de Haar normalisée sur H, par $\pi: X \to X/H$ l'application canonique. Soient λ une mesure positive sur X/H, $\lambda^\sharp$ la mesure correspondante sur X.

a) Montrer que si N est une partie λ-négligeable de X/H, $\pi^{-1}(N)$

est $\lambda^{\#}$-négligeable. (Calculer la mesure d'un ensemble $\pi^{-1}(U)$, où U est ouvert dans X/H).

b) Soit p un nombre fini $\geqslant 1$, et soit f une fonction de $\mathscr{L}^p_{\mathrm{F}}(X, \lambda^{\#})$ (F espace de Banach ou $F = \overline{\mathbf{R}}$). Montrer que l'ensemble des $x \in X$ tels que $\xi \to f(x\xi)$ ne soit pas β-intégrable dans H est de la forme $\pi^{-1}(N)$, où N est λ-négligeable. En outre, si $f^\flat$ est la fonction sur X/H, définie presque partout (pour λ), telle que $f^\flat(\pi(x)) = \int_H f(x\xi)d\beta(\xi)$, $f^\flat$ appartient à $\mathscr{L}^p_{\mathrm{F}}(X/H, \lambda)$, et l'on a $N_p(f^\flat) \leqslant N_p(f)$.

c) Inversement, si $g \in \mathscr{L}^p_{\mathrm{F}}(X/H, \lambda)$, la fonction $g \circ \pi$ appartient à $\mathscr{L}^p_{\mathrm{F}}(X, \lambda^{\#})$. Si p, q sont des exposants conjugués, F' le dual de F, $f \in \mathscr{L}^p_{\mathrm{F}}(X, \lambda^{\#})$ et $g \in \mathscr{L}^q_{\mathrm{F}'}(X/H, \lambda)$, on a

$$\int_X \langle f(x), g(\pi(x))\rangle d\lambda^{\#}(x) = \int_{X/H} \langle f^\flat(z), g(z)\rangle d\lambda(z).$$

10) Avec les notations du § 1, n° 6, soit, pour tout $\alpha \in A$, μ_α une mesure de Haar à gauche sur G_α, de sorte que la limite projective des μ_α soit une mesure de Haar μ sur G. Pour tout $\alpha \in A$, on désigne par λ_α la mesure de Haar normalisée sur K_α.

a) Soit p un nombre fini et $\geqslant 1$, et soit f une fonction de $\mathscr{L}^p_{\mathrm{F}}(G, \mu)$ (F espace de Banach ou $F = \overline{\mathbf{R}}$). Pour tout $\alpha \in A$, la fonction

$$f_\alpha(s) = \int_{K_\alpha} f(s\xi)d\lambda_\alpha(\xi),$$

définie presque partout pour μ, appartient à $\mathscr{L}^p_{\mathrm{F}}(G, \mu)$ (exerc. 9). Montrer que, suivant l'ensemble filtrant A, f_α *tend en moyenne d'ordre p* vers f (utiliser le lemme 2 du § 1, n° 6).

b) On suppose que $A = \mathbf{N}$ et que $p = 1$. Montrer alors que f_n tend presque partout (pour μ) vers f dans G (utiliser une méthode analogue à celle du chap. V, § 8, exerc. 16).

¶ 11) Soient G un groupe localement compact, H un sous-groupe fermé de G, λ une mesure de Haar à gauche sur G ; on suppose qu'il existe sur G/H une mesure μ invariante par G telle que $\lambda = \mu^{\#}$ et que $\mu(G/H) < +\infty$. Soit ν une mesure positive non nulle sur G/H telle que $\nu(G/H) < +\infty$. Soit enfin h une fonction sur G ayant les propriétés du n° 4, prop. 8.

a) Soit A une partie borélienne de G/H. Montrer que l'on a

$$\int_G h(s)\nu(s^{-1}A)d\lambda(s) = \nu(G/H)\mu(A).$$

(utiliser la prop. 9 *a*) du n° 4).

b) Soient A_i ($1 \leqslant i \leqslant n$) des parties boréliennes de G/H, et pour tout i, soit $b_i = \sup_{s \in G} \nu(s^{-1}A_i)$. Montrer qu'il existe deux indices i, j distincts tels que

$$\int_G h(s)\nu(s^{-1}A_i)\nu(s^{-1}A_j)d\lambda(s) \geqslant \frac{(\nu(G/H))^2}{\mu(G/H)}\left((\sum_{i=1}^{n}\mu(A_i))^2 - \frac{\mu(G/H)}{\nu(G/H)}\sum_{i=1}^{n} b_i\mu(A_i)\right).$$

(raisonner comme dans le § 1, exerc. 28 *a*)).

¶ 12) *a*) Soient X un espace topologique, $f : X \to \mathbf{N}$ une fonction semi-continue supérieurement. Soient X_0 l'ensemble des points de X où f est localement constante, et $Y_0 = X - X_0$. On définit par récurrence deux suites $(X_i)_{i\geqslant 0}$, $(Y_i)_{i\geqslant 0}$ de parties de X, de la manière suivante : X_i est l'ensemble des points de Y_{i-1} où $f|Y_{i-1}$ est localement constante, et $Y_i = Y_{i-1} - X_i$. Montrer que X_i est une partie ouverte partout dense de Y_{i-1}, et que $\bigcap_i Y_i = \varnothing$. (Montrer que $f(x) > i$ en tout point de Y_i).

b) Soient X un ensemble, H un groupe opérant à droite dans X, π l'application canonique de X sur X/H, $\mathfrak{A}$ (resp. $\mathfrak{B}$) l'ensemble des $A \subset X$ tels que $\pi|A : A \to X/H$ soit injectif (resp. surjectif). Soit $(V_1, V_2, \ldots)$ un recouvrement dénombrable de X par des éléments de $\mathfrak{A}$. Soit

$$V'_i = V_i \cap \complement(V_1H \cup V_2H \cup \ldots \cup V_{i-1}H).$$

Montrer que $F = \bigcup_{i\geqslant 0} V'_i \in \mathfrak{A} \cap \mathfrak{B}$.

c) Soient X un espace localement compact, H un groupe discret dénombrable opérant à droite dans X continûment et proprement, π l'application canonique de X sur X/H, μ une mesure $\geqslant 0$ sur X. Montrer que, si les ensembles V_i de *b*) sont quarrables (chap. IV, § 5, exerc. 13 *d*)), l'ensemble F de *b*) est un domaine fondamental quarrable.

d) On conserve les hypothèses de *c*), et on emploie les notations H_x, $n(x)$ du n° 10. Un $x \in X$ est dit *général* s'il existe un voisinage V de x dans X tel que $H_y = H_x$ pour tout $y \in V$. Montrer que les points généraux de X sont ceux où la fonction n est localement constante. Montrer qu'un point général admet un voisinage ouvert appartenant à $\mathfrak{A}$ et quarrable (utiliser le chap. IV, § 5, exerc. 13 *d*)).

e) On conserve les hypothèses de *c*), et on suppose de plus X dénombrable à l'infini. Montrer que si $X - X_0$ est μ-négligeable, il existe un domaine fondamental borélien et quarrable F. (Appliquer la construction de *a*) à la fonction n. Puis appliquer les résultats de *c*) et *d*) dans X_0. Raisonner de même dans chaque X_i).

f) Soit $U \in \mathfrak{B}$ un ensemble ouvert. Montrer qu'on peut imposer à l'ensemble F de *e*) les propriétés supplémentaires suivantes : 1) $F \subset U$; 2) pour toute partie compacte K de X, l'ensemble des $s \in H$ tels que Fs rencontre K est fini.

13) Soient G un groupe compact, μ une mesure de Haar sur G, u un endomorphisme de G tel que $u(G)$ soit un sous-groupe *ouvert* de G et le noyau $u^{-1}(e)$ (noté G_u) un sous-groupe *fini* de G.

a) Montrer qu'il existe un nombre réel $h(u) > 0$ et un voisinage ouvert U de e dans G tel que, pour tout ouvert $V \subset U$, $u(V)$ soit ouvert dans G et $\mu(u(V)) = h(u)\mu(V)$ (cf. § 1, n° 7, cor. de la prop. 9).

b) Montrer que l'on a $h(u) = \text{Card}(G/u(G))/\text{Card}(G_u)$ (calculer de deux manières $\mu(u(G))$ en utilisant *a*) et la prop. 10 du n° 7).

§ 3

1) Soient E un espace vectoriel de dimension finie sur **R**, **C** ou **H**, Φ et Φ' deux formes hermitiennes positives non dégénérées sur E. On suppose que $\mathbf{U}(\Phi) \subset \mathbf{U}(\Phi')$. Montrer que Φ et Φ' sont proportionnelles. (Utiliser le fait qu'il existe une base orthonormale $(e_1, \ldots, e_n)$ pour Φ qui est orthogonale pour Φ'. L'application $u \in \mathscr{L}(\mathrm{E}, \mathrm{E})$ telle que $u(e_i) = e_j$, $u(e_j) = e_i$, $u(e_k) = e_k$ pour $k \neq i, j$, appartient à $\mathbf{U}(\Phi)$).

2) On adopte les notations du lemme 7. Montrer que Ω est de complémentaire négligeable dans $\mathbf{GL}(n, \mathrm{K})$ pour la mesure de Haar. (Raisonner comme pour la prop. 6.)

¶ 3) Soit X un espace localement compact dans lequel un groupe localement compact H opère à droite, continûment et proprement, par $(x, \xi) \to x\xi$ $(x \in \mathrm{X}, \xi \in \mathrm{H})$. Soit π l'application canonique $\mathrm{X} \to \mathrm{X}/\mathrm{H}$. Soit ρ une représentation continue de H dans $\mathbf{GL}(n, \mathbf{C})$. Montrer que, pour tout $b \in \mathrm{X}/\mathrm{H}$, il existe un voisinage U de b dans X/H et une application continue r de $\pi^{-1}(\mathrm{U})$ dans $\mathbf{GL}(n, \mathbf{C})$ telle que $r(x\xi) = r(x)\rho(\xi)$ quels que soient $x \in \pi^{-1}(\mathrm{U})$ et $\xi \in \mathrm{H}$. (On peut supposer X/H compact. Soit f une fonction continue $\geqslant 0$ sur X, non identiquement nulle sur chaque orbite, et à support compact. Poser

$$r(x) = \int_{\mathrm{H}} f(x\xi)\rho(\xi)^{-1}d\beta(\xi) \in \mathbf{M}_n(\mathbf{C}),$$

β désignant une mesure de Haar à gauche sur H. Montrer que, pour f et U bien choisis, on a $r(x) \in \mathbf{GL}(n, \mathbf{C})$ pour tout $x \in \pi^{-1}(\mathrm{U})$).

4) Soit K un corps commutatif localement compact non discret. Soit A une algèbre de rang fini sur K.

a) Soit $\mathrm{T}(n, \mathrm{A})$ l'algèbre des matrices $(x_{ij}) \in \mathbf{M}_n(\mathrm{A})$ telles que $x_{ij} = 0$ pour $i > j$. Montrer que, si $M = (m_{ij}) \in \mathrm{T}(n, \mathrm{A})$, on a

$$\mathrm{N}_{\mathrm{T}(n,\mathrm{A})/\mathrm{K}}(M) = \prod_{i=1}^{n} \mathrm{N}_{\mathrm{A}/\mathrm{K}}(m_{ii}^{2i-n+1}).$$

(Utiliser le lemme 6.)

b) Soit $\mathrm{T}(n, \mathrm{A})^*$ le groupe des éléments inversibles de $\mathrm{T}(n, \mathrm{A})$. Soit $M = (m_{ij}) \in \mathrm{T}(n, \mathrm{A})$. Montrer que $M \in \mathrm{T}(n, \mathrm{A})^*$ si et seulement si m_{ii} est inversible dans A quel que soit i.

c) Montrer qu'une mesure de Haar à gauche sur $\mathrm{T}(n, \mathrm{A})^*$ est

$$\left(\prod_{i=1}^{n} \operatorname{mod} \mathrm{N}_{\mathrm{A}/\mathrm{K}}(m_{ii})^{i-n-1}\right) . \bigotimes_{i \leqslant j} d\alpha(m_{ij})$$

où α désigne une mesure de Haar du groupe additif de A.

d) Montrer que si $\mathrm{N}_{\mathrm{A}/\mathrm{K}} = \mathrm{N}_{\mathrm{A}^\circ/\mathrm{K}}$, on a

$$\Delta_{\mathrm{T}(n,\mathrm{A})^*}((m_{ij})) = \prod_{i=1}^{n} \operatorname{mod} \mathrm{N}_{\mathrm{A}/\mathrm{K}}(m_{ii})^{2i-n-1}$$

5) On munit $\mathbf{R}^n$ de la forme quadratique $x_1^2 + x_2^2 + \ldots + x_n^2$. Soit G_n le groupe des déplacements de déterminant 1 de $\mathbf{R}^n$.

a) Montrer que G_n est unimodulaire.

b) Tout élément de G_2 se met de manière unique sous la forme

$$(x, y) \to (u + x \cos \omega - y \sin \omega, v + x \sin \omega + y \cos \omega)$$

où u, v sont dans $\mathbf{R}$ et où ω est un élément du groupe Θ des angles de demi-droites, isomorphe à $\mathbf{U}$. Montrer que $du \otimes dv \otimes d\omega$ (où $d\omega$ est une mesure de Haar sur Θ) est une mesure de Haar sur G_2.

6) Soit P l'ensemble des nombres complexes $z = x + iy$ dont la partie imaginaire est > 0. Montrer que $\mathbf{SL}(2, \mathbf{R})$ opère transitivement et continûment à gauche dans P par

$$\begin{pmatrix} a & b \\ c & d \end{pmatrix} . z = \frac{az + b}{cz + d}$$

et que P devient ainsi un espace homogène topologique pour $\mathbf{SL}(2, \mathbf{R})$. Montrer que $y^{-2}dx\, dy$ est une mesure invariante sur P.

¶ 7) Soient G le groupe unimodulaire $\mathbf{SL}(n, \mathbf{R})$, Γ le sous-groupe de G formé des matrices de déterminant 1 à coefficients entiers. Montrer, par récurrence sur n, que toute mesure invariante μ sur l'espace homogène G/Γ est bornée et que, pour $f \in \mathscr{K}(\mathbf{R}^n)$, on a, en choisissant convenablement μ

$$(1) \qquad \int_{\mathbf{R}^n} f(x)dx = \int_{G/\Gamma} \Bigg(\sum_{z \in \mathbf{Z}^n,\, z \neq 0} f(X.z) \Bigg) d\mu(\dot{X})$$

($\dot{X} = X\Gamma$). (Soit G' le sous-groupe de G laissant invariant le vecteur de base $(1, 0, 0, \ldots, 0)$, de sorte que G/G' peut être identifié à $\mathbf{R}^n$. Soit $G'' = G' \cap \Gamma$. Soit H le sous-groupe des matrices $\begin{pmatrix} 1 & w \\ 0 & Y \end{pmatrix}$ de G' pour lesquelles $Y \in \mathbf{SL}(n-1, \mathbf{R})$ a ses éléments entiers. Alors H/G'' est compact, et, grâce à l'hypothèse de récurrence, G'/H a une mesure invariante finie, donc, d'après la prop. 12, § 2, nº 8, G'/G'' est de mesure invariante finie. Appliquant l'exerc. 6 du § 2, et l'exerc. 20 *b*) d'*Alg.*, chap. VII, § 4, montrer que, pour $f \in \mathscr{K}(\mathbf{R}^n)$,

$$a \int_{\mathbf{R}^n} f(x)dx = \int_{G/\Gamma} \left(\sum f(X.m)\right) d\mu(\dot{X})$$

où la sommation porte sur les vecteurs $m = (m_1, \ldots, m_n)$ dont les coordonnées sont des entiers étrangers dans leur ensemble. En appliquant ceci aux fonctions $f(2x)$, $f(3x)$, ... et en sommant, prouver (1). Puis, remplaçant f par la fonction $x \to \varepsilon^n f(\varepsilon x)$ avec $f \geqslant 0$, et faisant tendre ε vers 0, montrer que toute partie compacte de G/Γ a une mesure $\leqslant 1$).

8) *a*) Montrer qu'il existe sur $\mathbf{S}_{n-1}$ une mesure ω_{n-1} invariante par $\mathbf{O}(n, \mathbf{R})$ et une seule à une constante près (considérer $\mathbf{S}_{n-1}$ comme espace homogène pour $\mathbf{O}(n, \mathbf{R})$).

b) L'application $(t, z) \to tz$ permet d'identifier l'espace topologique

$\mathbf{R}^n - \{0\}$ à l'espace topologique $\mathbf{R}_+^* \times \mathbf{S}_{n-1}$. Montrer que la mesure induite sur $\mathbf{R}^n - \{0\}$ par la mesure de Lebesgue de $\mathbf{R}^n$ s'identifie alors, à une constante près, à $t^{n-1}dt \otimes d\omega_{n-1}(z)$. (Utiliser le fait que la mesure de Lebesgue de $\mathbf{R}^n$ est invariante par $\mathbf{O}(n, \mathbf{R})$, et le fait que la mesure de Lebesgue de la boule fermée de centre 0 et de rayon r est proportionnelle à r^n).

c) Soit L_h l'intersection de $\mathbf{S}_{n-1}$ et de l'hyperplan $x_n = h$. Les L_h non vides sont les classes d'intransitivité de $\mathbf{O}(n-1, \mathbf{R})$ dans $\mathbf{S}_{n-1}$. Montrer que ω_{n-1} se met sous la forme $\int \lambda_h d\nu(h)$ où λ_h est une mesure invariante par $\mathbf{O}(n-1, \mathbf{R})$ portée par L_h et ν une mesure sur $[-1, 1]$. Identifiant L_h à $\mathbf{S}_{n-2}$ par $z \to he_n + \sqrt{1-h^2}\, z$, on peut supposer que $\lambda_h = \omega_{n-2}$. Soit K_θ la partie de $\mathbf{S}_{n-1}$ définie par $\sin\theta \leq x_n \leq 1$. En calculant la mesure de Lebesgue de l'ensemble des tz $(0 \leq t \leq 1,\ z \in K_\theta)$, montrer que $\omega_{n-1}(K_\theta)$ est proportionnel à $\int_\theta^{\pi/2} \cos^{n-2}\varphi d\varphi$. En déduire que, si l'on pose $h = \sin\theta$ $(-\pi/2 \leq \theta \leq \pi/2)$, la mesure ν s'identifie à $\cos^{n-2}\theta d\theta$.

d) Conclure, par récurrence sur n, que

$$d\omega_{n-1} = \cos^{n-2}\theta_1 \cos^{n-3}\theta_2 \ldots \cos\theta_{n-2}\, d\theta_1 d\theta_2 \ldots d\theta_{n-1}$$

où l'on a posé

$$\begin{aligned} x_1 &= \sin\theta_1 \\ x_2 &= \cos\theta_1 \sin\theta_2 \\ &\ldots\ldots\ldots\ldots\ldots\ldots \\ x_{n-1} &= \cos\theta_1 \cos\theta_2 \ldots \cos\theta_{n-2} \sin\theta_{n-1} \\ x_n &= \cos\theta_1 \cos\theta_2 \ldots \cos\theta_{n-2} \cos\theta_{n-1} \end{aligned}$$

avec $-\pi/2 \leq \theta_i \leq \pi/2$ pour $1 \leq i \leq n-2$, $0 \leq \theta_{n-1} < 2\pi$.

9) Soit (e_1, e_2, e_3) la base canonique de $\mathbf{R}^3$. Toute matrice $\sigma \in \mathbf{SO}(3, \mathbf{R})$ telle que $\sigma(e_3) \neq e_3$ et $\sigma(e_3) \neq -e_3$ peut s'écrire d'une seule manière

$$\sigma(\varphi, \psi, \theta) = \begin{pmatrix} \cos\varphi\cos\psi - \sin\varphi\sin\psi\cos\theta & -\cos\varphi\sin\psi - \sin\varphi\cos\psi\cos\theta & \sin\varphi\sin\theta \\ \sin\varphi\cos\psi + \cos\varphi\sin\psi\cos\theta & -\sin\varphi\sin\psi + \cos\varphi\cos\psi\cos\theta & -\cos\varphi\sin\theta \\ \sin\psi\sin\theta & \cos\psi\sin\theta & \cos\theta \end{pmatrix}$$

où $0 < \theta < \pi$, $0 \leq \varphi < 2\pi$, $0 \leq \psi < 2\pi$ (« angles d'Euler »). Montrer que $\sin\theta\, d\theta d\varphi d\psi$ est une mesure de Haar sur $\mathbf{SO}(3, \mathbf{R})$. (Identifier l'espace homogène $\mathbf{SO}(3, \mathbf{R})/\mathbf{SO}(2, \mathbf{R})$ à $\mathbf{S}_2$, utiliser l'exerc. 8, et le th. 3 du § 2).

10) Soit D le groupe des déplacements de déterminant 1 de $\mathbf{R}^3$, produit semi-direct de $\mathbf{SO}(3, \mathbf{R})$ et du groupe T des translations. On utilise la notation $\sigma(\varphi, \psi, \theta)$ de l'exerc. 9, et on note $t(\xi, \eta, \zeta)$ la translation de vecteur (ξ, η, ζ).

a) Soit H le sous-groupe fermé de D qui laisse stable $\mathbf{R}e_3$ et conserve l'orientation sur $\mathbf{R}e_3$. Montrer que H est produit du groupe des translations $t(0, 0, \zeta)$ et du groupe des rotations $\sigma(\omega, 0, 0)$. En déduire que l'espace homogène $E = D/H$, qui s'identifie à l'espace des droites affines orientées de $\mathbf{R}^3$, possède une mesure invariante par D, et, à un facteur constant près, une seule. (Utiliser l'exerc. 5 *a*)).

b) Soit E_1 le sous-espace ouvert de E formé des droites orientées non orthogonales à e_3 ; une telle droite orientée peut être déterminée par les coordonnées ξ', η' de son point d'intersection avec $\mathbf{R}e_1 + \mathbf{R}e_2$, et par les coordonnées ($\sin\varphi \sin\theta$, $-\cos\varphi\sin\theta$, $\cos\theta$) d'un vecteur directeur. Montrer qu'une mesure sur E_1 invariante par D est donnée par

$$\sin\theta\,|\cos\theta|\; d\xi' d\eta' d\varphi d\theta.$$

11) Soient G le groupe compact $\mathbf{O}(n, \mathbf{R})$, λ la mesure de Haar normalisée sur G. Pour $0 < k < n$, soit H le sous-groupe fermé de G laissant (globalement) invariant le sous-espace $\mathbf{R}^k$ de $\mathbf{R}^n$; l'espace homogène G/H, muni de sa topologie quotient, s'identifie canoniquement à la grassmannienne $E = G_{n-1,\,k-1}(\mathbf{R})$ (*Top. gén.*, chap. VI, § 3, n° 6) des sous-espaces vectoriels de $\mathbf{R}^n$ de dimension k. Il y a sur E une mesure μ invariante par G, déterminée à une constante près. Pour tout sous-espace $P \in E$, soit σ_P l'image de la mesure de Lebesgue de $\mathbf{R}^k$ par un $s \in G$ tel que $s.\mathbf{R}^k = P$ (indépendante de l'élément $s \in G$ vérifiant cette relation). Montrer que l'on peut choisir μ de façon que la propriété suivante soit vérifiée : pour toute fonction continue f dans $\mathbf{R}^n$, à support compact, et tout $P \in E$, on pose $F(P) = \int_P f(x)d\sigma(x)$. Alors

$$\int_E F(P)d\mu(P) = \int_{\mathbf{R}^n} \|x\|^{k-n} f(x)dx.$$

(Si $P_0 = \mathbf{R}^k$, noter que l'on peut écrire $\int_E F(P)d\mu(P) = c\int_G F(s.P_0)d\lambda(s)$ pour une constante c convenable, et d'autre part,

$$\int_G f(s.x)d\lambda(s) = c' \int_{S_{n-1}} f(\|x\|\,z)d\omega_{n-1}(z)$$

avec les notations de l'exercice 8 ; utiliser enfin l'exerc. 8 *b*)).

¶ 12) Soient K un corps commutatif, E un K-espace vectoriel, F un sous-espace vectoriel de E, p l'homomorphisme canonique de E sur E/F, A l'ensemble des homomorphismes $f : E/F \to E$ tels que $p \circ f$ soit l'homomorphisme identique de E/F.

a) Si $f \in A$ et $h \in \operatorname{Hom}(E/F, F)$, on a $f + h \in A$. Montrer que, si $f, f' \in A$, il existe un $h \in \operatorname{Hom}(E/F, F)$ et un seul tel que $f + h = f'$. On peut donc considérer A comme un espace affine dont Hom(E/F, F) est l'espace des translations.

b) Soit B l'ensemble des sous-espaces vectoriels de E supplémentaires de F dans E. Montrer que $f \to f(E/F)$ est une bijection de A sur B. On peut donc considérer B comme un espace affine dont Hom (E/F, F) est l'espace des translations.

c) Montrer que, si u est un automorphisme de E tel que $u(F) = F$, l'application $f \to u \circ f$ est une bijection affine de A sur A. (Choisir une origine dans A, et observer que l'application $h \to u \circ h$ est un automorphisme de l'espace vectoriel Hom(E/F,F)). En déduire que l'application $F' \to u(F')$ est une bijection affine de B sur B.

d) On suppose $K = \mathbf{R}$ et $\dim E < +\infty$. Soient G un groupe compact et ρ une représentation linéaire continue de G dans E telle que $\rho(s)(F) = F$ pour tout $s \in G$. Montrer qu'il existe un $F' \in B$ tel que $\rho(s)(F') = F'$ pour tout $s \in G$. (Utiliser *c*) et le lemme 2 du n° 2). Retrouver ce résultat en utilisant la prop. 1 du n° 1.

CHAPITRE VIII

CONVOLUTION ET REPRÉSENTATIONS

§ 1. Convolution.

1. *Définition et exemples.*

Rappelons (chap. V, § 6, nos 1 et 4 ; chap. VI, § 2, no 10) que, si X et Y sont des espaces localement compacts, μ une mesure sur X, et si φ est une application de X dans Y, φ est dite μ-*propre* si : *a*) φ est μ-mesurable ; *b*) pour chaque partie compacte K de Y, $\pi^{-1}(\mathrm{K})$ est essentiellement μ-intégrable. Alors la mesure image $\nu = \varphi(\mu)$ sur Y existe et possède la propriété suivante : pour qu'une fonction $\mathbf{f}$ sur Y, à valeurs dans un espace de Banach ou dans $\overline{\mathbf{R}}$, soit essentiellement intégrable pour ν, il faut et il suffit que $\mathbf{f} \circ \varphi$ le soit pour μ, et l'on a alors

$$\int_{\mathrm{Y}} \mathbf{f}(y)d\nu(y) = \int_{\mathrm{X}} \mathbf{f}(\varphi(x))d\mu(x).$$

Définition 1. — *Soient* $\mathrm{X}_1, \ldots, \mathrm{X}_n$ *des espaces localement compacts,* μ_i *une mesure sur* X_i $(1 \leqq i \leqq n)$ *; soient* X *le produit des* X_i, μ *celui des* μ_i. *Soit* φ *une application de* X *dans un espace localement compact* Y. *On dit que la suite* (μ_i) *est* φ-*convolable, ou que* $\mu_1, \ldots, \mu_n$ *sont* φ-*convolables, si* φ *est* μ-*propre ; en ce cas, l'image* $\nu = \varphi(\mu)$ *de* μ *par* φ *s'appelle le produit de convolution des* μ_i *pour* φ, *et se note* $\ast_\varphi(\mu_i)_{1 \leqslant i \leqslant n}$, *ou* $\mathop{\ast}\limits_{i=1}^{n} \mu_i$, *ou* $\mu_1 * \mu_2 * \ldots * \mu_n$.

Les deux dernières notations ne sont à employer, bien entendu, que lorsqu'il ne peut y avoir aucun doute sur φ.

Soit $\mathbf{f}$ une fonction sur Y, à valeurs dans un espace de Banach ou dans $\overline{\mathbf{R}}$. Pour que $\mathbf{f}$ soit essentiellement intégrable pour $\mu_1 * \mu_2 * \ldots * \mu_n$, il faut et il suffit que la fonction

$$(x_1, \ldots, x_n) \to \mathbf{f}(\varphi(x_1, \ldots, x_n))$$

soit essentiellement intégrable pour $\mu_1 \otimes \mu_2 \otimes \ldots \otimes \mu_n$, et l'on a alors

$$(1) \quad \int \mathbf{f}\, d(\mu_1 * \mu_2 * \ldots * \mu_n) = \int \mathbf{f}(\varphi(x_1, \ldots, x_n))d\mu_1(x_1) \ldots d\mu_n(x_n)$$

formule qui peut être considérée comme *définissant* $\mu_1 * \ldots * \mu_n$ quand on y prend $\mathbf{f} \in \mathscr{K}(\mathrm{Y})$.

Les définitions entraînent aussitôt que les μ_i sont convolables si et seulement si les $|\mu_i|$ le sont. On a alors

$$|\varphi(\mu_1 \otimes \ldots \otimes \mu_n)| \leq \varphi(|\mu_1 \otimes \ldots \otimes \mu_n|) = \varphi(|\mu_1| \otimes \ldots \otimes |\mu_n|)$$

(chap. VI, § 2, n° 10), c'est-à-dire

$$(2) \qquad |\mathop{\ast}_i \mu_i| \leq \mathop{\ast}_i |\mu_i|.$$

Si les μ_i sont convolables positives, et si ν_i est une mesure sur X_i telle que $0 \leq \nu_i \leq \mu_i$, les ν_i sont convolables et

$$\mathop{\ast}_i \nu_i \leq \mathop{\ast}_i \mu_i.$$

Supposons $\mu_1, \mu_2, \ldots, \mu_n$ convolables, et $\mu_1', \mu_2, \ldots, \mu_n$ convolables (μ_1' étant une mesure sur X_1). D'après le chap. V, § 6, n° 3, prop. 6, $\mu_1 + \mu_1', \mu_2, \ldots, \mu_n$ sont convolables et $(\mu_1 + \mu_1') * \mu_2 * \ldots * \mu_n = \mu_1 * \mu_2 * \ldots * \mu_n + \mu_1' * \mu_2 * \ldots * \mu_n$.

Exemples. — 1) Pour φ quelconque, les mesures ε_{x_i}, où $x_i \in \mathrm{X}_i$ pour $1 \leq i \leq n$, sont toujours convolables et ont pour produit de convolution ε_y, avec $y = \varphi(x_1, x_2, \ldots, x_n)$. Par suite, si chacune des μ_i est à support fini, les μ_i sont convolables et $\mu_1 * \ldots * \mu_n$ est à support fini. En particulier, soit M un monoïde muni d'une topologie localement compacte ; si on prend pour φ la loi de composition dans M, les mesures à support fini sur M forment, pour la convolution, une algèbre qui n'est autre que l'*algèbre du monoïde* M (sur **R**, ou sur **C**, suivant qu'on considère les mesures réelles ou complexes).

2) Soit M un monoïde muni de la topologie discrète ; supposons que, pour tout $m \in \mathrm{M}$, il n'y ait qu'un ensemble fini de couples $(m', m'') \in \mathrm{M} \times \mathrm{M}$ tels que $m'm'' = m$; cela revient à dire que la loi de composition dans M est une application propre de $\mathrm{M} \times \mathrm{M}$ dans M ; alors les mesures sur M forment, pour la convolution, une algèbre qui n'est autre que l'*algèbre large du monoïde* M ; signalons les deux cas suivants :

a) $\mathrm{M} = \mathbf{N}$, la loi de composition étant l'addition. A toute mesure μ sur **N**, associons la série formelle

$$\mathrm{S}(\mu) = \sum_{n=0}^{\infty} \mu(\{n\})t^n$$

en une indéterminée t. Alors $\mathrm{S}(\mu * \mu') = \mathrm{S}(\mu)\mathrm{S}(\mu')$. Une remarque analogue s'applique aux séries formelles à un nombre quelconque d'indéterminées.

**b*) $\mathrm{M} = \mathbf{N}^*$, la loi de composition étant la multiplication. A toute mesure μ sur $\mathbf{N}^*$, associons la série de Dirichlet formelle

$$\mathrm{D}(\mu) = \sum_{n=1}^{\infty} \mu(\{n\})n^{-s}.$$

Alors $\mathrm{D}(\mu * \mu') = \mathrm{D}(\mu)\mathrm{D}(\mu')$.*

3) Soient X, Y, Z des espaces localement compacts, φ une application continue de $\mathrm{X} \times \mathrm{Y}$ dans Z. Si $x \in \mathrm{X}$ et si μ est une mesure sur Y, dire que ε_x et μ sont φ-convolables revient à dire que l'application $\varphi(x, .)$ de Y dans Z est μ-propre. Et l'on a alors $\varepsilon_x * \mu = \varphi(x, .)(\mu)$.

2. *Associativité.*

Le lemme suivant complète la prop. 7 du chap. V, § 8, nº 3 :

Lemme 1. — *Pour* $1 \leq i \leq n$, *soient* X_i, Y_i *deux espaces localement compacts,* μ_i *une mesure sur* X_i, φ_i *une application continue de* X_i *dans* Y_i. *Soient* $X = \prod_i X_i$, $Y = \prod_i Y_i$, $\mu = \bigotimes_i \mu_i$, *et* φ *l'application de* X *dans* Y, *produit des* φ_i. *Si* φ *est* μ*-propre et si* $\mu_i \neq 0$ *pour tout i, les* φ_i *sont* μ_i*-propres et* $\varphi(\mu) = \bigotimes_i \varphi_i(\mu_i)$.

On peut supposer les μ_i positives et $n = 2$. Soit $f_1 \in \mathscr{K}_+(Y_1)$. Puisque $\mu_2 \neq 0$, il existe $f_2 \in \mathscr{K}_+(Y_2)$ telle que $f_2 \circ \varphi_2$ ne soit pas μ_2-négligeable. La fonction $(x_1, x_2) \to f_1(\varphi_1(x_1))f_2(\varphi_2(x_2))$ est essentiellement μ-intégrable et continue, donc μ-intégrable. Donc il existe $x_2 \in X_2$ tel que $f_2(\varphi_2(x_2)) \neq 0$ et que la fonction $x_1 \to f_1(\varphi_1(x_1))f_2(\varphi_2(x_2))$ soit μ_1-intégrable. Donc $f_1 \circ \varphi_1$ est μ_1-intégrable, ce qui prouve que φ_1 est μ_1-propre. On raisonne de même pour φ_2. On a $\varphi(\mu) = \bigotimes_i \varphi_i(\mu_i)$ d'après la prop. 7 du chap. V, § 8, n° 3.

Le lemme suivant complète la prop. 4 du chap. V, § 6, n° 3.

Lemme 2. — *Soient* T, T′, T″ *trois espaces localement compacts,* μ *une mesure sur* T, π *une application* μ*-mesurable de* T *dans* T′, π' *une application continue de* T′ *dans* T″, *et* $\pi'' = \pi' \circ \pi$. *Si* π'' *est* μ*-propre,* π *est* μ*-propre,* π' *est* $\pi(\mu)$*-propre, et* $\pi''(\mu) = \pi'(\pi(\mu))$.

Soit K′ une partie compacte de T′. Alors $K'' = \pi'(K')$ est compact, donc $\pi''^{-1}(K'')$ est essentiellement μ-intégrable, donc $\pi^{-1}(K') \subset \pi''^{-1}(K'')$ est essentiellement μ-intégrable, de sorte que π est μ-propre. Alors π' est $\pi(\mu)$-propre et $\pi''(\mu) = \pi'(\pi(\mu))$ d'après le chap. V, § 6, n° 3, prop. 4.

Proposition 1. — *Soient* X_{ij} $(1 \leq i \leq m,\ 1 \leq j \leq n_i)$, Y_i $(1 \leq i \leq m)$, Z *des espaces localement compacts ; pour chaque i, soit* φ_i *une application de* $X_i = \prod_j X_{ij}$ *dans* Y_i ; *soit* φ *l'application de* $X = \prod_i X_i$ *dans* $Y = \prod_i Y_i$, *produit des* φ_i ; *soit* ψ *une application de* Y *dans* Z.

(i) *Soient* μ_{ij} *des mesures respectivement données sur les* X_{ij}, *telles que, pour chaque i, les* μ_{ij} $(1 \leq j \leq n_i)$ *soient* φ_i*-convolables et que les mesures* $\underset{i}{*} |\mu_{ij}|$ *soient* ψ*-convolables ; alors les* μ_{ij}, *pour* $1 \leq i \leq m$, $1 \leq j \leq n_i$, *sont* $(\psi \circ \varphi)$*-convolables et l'on a*

$$\underset{i,j}{*} \mu_{ij} = \underset{i}{*} (\underset{j}{*} \mu_{ij}). \tag{3}$$

(ii) *Supposons* ψ *et les* φ_i *continues, et soient* μ_{ij} *des mesures toutes* $\neq 0$, *respectivement données sur les* X_{ij}, *et* $(\psi \circ \varphi)$*-convolables ; alors, pour chaque i, les* μ_{ij} $(1 \leq j \leq n_i)$ *sont* φ_i*-convolables, les mesures* $\underset{i}{*} |\mu_{ij}|$ *sont* ψ*-convolables, et l'on a la formule* (3).

Il suffit d'envisager le cas où toutes les mesures considérées sont $\geqslant 0$.

Plaçons-nous dans les hypothèses de (i). L'application φ est propre pour $\bigotimes_{i,j} \mu_{ij}$ et $\varphi(\bigotimes_{i,j} \mu_{ij}) = \bigotimes_i \varphi_i(\bigotimes_j \mu_{ij}) = \bigotimes_i (\underset{j}{*} \mu_{ij})$ (chap. V, § 8, prop. 7). L'application $\psi \circ \varphi$ est propre pour $\bigotimes_{i,j} \mu_{ij}$ et $(\psi \circ \varphi)(\bigotimes_{i,j} \mu_{ij}) = \psi(\bigotimes_i (\underset{j}{*} \mu_{ij})) = \underset{i}{*}(\underset{j}{*} \mu_{ij})$ (chap. V, § 6, prop. 4). Donc les μ_{ij} $(1 \leq i \leq m,\ 1 \leq j \leq n_i)$ sont $(\psi \circ \varphi)$-convolables et l'on a la formule (3).

Plaçons-nous dans les hypothèses de (ii). Le lemme 2 prouve d'abord que φ est propre pour $\bigotimes_{i,j} \mu_{ij}$. Le lemme 1 prouve alors que, pour tout i, φ_i est propre pour $\bigotimes_j \mu_{ij}$ et que

$$\varphi(\bigotimes_{i,j} \mu_{ij}) = \bigotimes_i (\underset{j}{*} \mu_{ij}).$$

D'après le lemme 2, ψ est propre pour $\bigotimes_i (\underset{j}{*} \mu_{ij})$. D'où la proposition.

Corollaire. — *Soient* X_i, X'_i $(1 \leq i \leq n)$, Y, Y' *des espaces localement compacts ; soient* φ, φ' *des applications continues de* $X = \prod_i X_i$ *dans* Y *et de* $X' = \prod_i X'_i$ *dans* Y', *respectivement ; soient* f_i *des applications continues de* X_i *dans* X'_i $(1 \leq i \leq n)$ *et g une application continue de* Y *dans* Y', *telles que* $\varphi' \circ f = g \circ \varphi$, *f étant l'application de* X *dans* X' *produit des* f_i. *Soient* μ_i *des mesures respectivement données sur les* X_i *et toutes* $\neq 0$. *Alors les deux assertions suivantes sont équivalentes :*

(i) f_i *est* μ_i*-propre pour tout* i, *et les mesures* $f_i(|\mu_i|)$ *sont* φ'*-convolables ;*

(ii) *les* μ_i *sont* φ*-convolables, et* g *est propre pour* $*_\varphi(|\mu_i|)$.

De plus, lorsque ces assertions sont vérifiées, on a

$$*_{\varphi'}(f_i(\mu_i)) = g(*_\varphi \mu_i) = \underset{i}{*}_{g \circ \varphi}(\mu_i). \tag{4}$$

En effet, soit $h = \varphi' \circ f = g \circ \varphi$. D'après la prop. 1, les conditions (i) et (ii) sont chacune équivalentes à la condition suivante :

(iii) les μ_i sont h-convolables.

S'il en est ainsi, on a

$$*_{\varphi'}(f_i(\mu_i)) = *_h \mu_i = g(*_\varphi \mu_i).$$

3. *Cas des mesures bornées.*

Proposition 2. — *Soient* $X_1, \ldots, X_n$, Y *des espaces localement compacts,* μ_i *une mesure bornée sur* X_i $(1 \leqq i \leqq n)$, μ *le produit des* μ_i, φ *une application* μ*-mesurable de* $\prod_i X_i$ *dans* Y. *Alors les* μ_i *sont* φ*-convolables et* $\| \overset{n}{\underset{i=1}{*}} \mu_i \| \leqq \prod_{i=1}^n \|\mu_i\|$. *Si les* μ_i *sont en outre positives, on a* $\| \overset{n}{\underset{i=1}{*}} \mu_i \| = \prod_{i=1}^n \|\mu_i\|$.

En effet, $\mu'_i = |\mu_i|$ est bornée et $\|\mu'_i\| = \|\mu_i\|$ (chap. VI, § 2, n° 9, prop. 13). On a $|\mu_1 \otimes \ldots \otimes \mu_n| = \mu'_1 \otimes \ldots \otimes \mu'_n$ (chap. VI, § 2, n° 10), donc $\mu_1 \otimes \ldots \otimes \mu_n$ est bornée et

$$\|\mu_1 \otimes \ldots \otimes \mu_n\| = \|\mu_1\| \ldots \|\mu_n\|$$

(chap. V, § 8, n° 2, cor. 6 de la prop. 5). Donc φ est μ-propre (chap. V, § 6, n° 1, *Remarque* 1), c'est-à-dire que les μ_i sont φ-convolables. On a $\| \overset{n}{\underset{i=1}{*}} \mu'_i \| = \|\mu'_1 \otimes \ldots \otimes \mu'_n\|$ (chap. V, § 6, n° 2, th. 1) et par suite $\| \overset{n}{\underset{i=1}{*}} \mu'_i \| = \|\mu'_1\| \ldots \|\mu'_n\|$. Enfin, $|\underset{i}{*} \mu_i| \leqq \underset{i}{*} \mu'_i$ (n° 1, formule (2)), donc

$$\|\underset{i}{*}\mu_i\| \leqq \|\underset{i}{*}\mu'_i\| = \prod_{i=1}^{n} \|\mu_i\|.$$

PROPOSITION 3. — *Soient* $X_1, \ldots, X_n$, Y *des espaces localement compacts,* φ *une application continue de* $\prod_{i=1}^{n} X_i$ *dans* Y. *Alors l'application* $(\mu_1, \ldots, \mu_n) \rightarrow *_\varphi \mu_i$ *de* $\prod_{i=1}^{n} \mathscr{M}^1(X_i)$ *dans* $\mathscr{M}^1(Y)$ *est multilinéaire continue.*

Ceci résulte de la prop. 2 et de ce qu'on a dit au n° 1.

4. *Propriétés concernant les supports.*

PROPOSITION 4. — *Soient* $X_1, \ldots, X_n$, Y *des espaces localement compacts,* μ_i *une mesure sur* X_i $(1 \leqq i \leqq n)$, S_i *son support,* φ *une application continue de* $\prod_i X_i$ *dans* Y *telle que la restriction de* φ *à* $\prod_i S_i$ *soit propre. Alors les* μ_i *sont* φ*-convolables.*

En effet, soit K une partie compacte de Y. Le support de $\mu = \mu_1 \otimes \ldots \otimes \mu_n$ est $S = \prod_i S_i$ (chap. III, § 5, n° 2, prop. 2). Donc $\varphi^{-1}(K) \cap \left(\prod_i X_i - S\right)$ est μ-négligeable. D'autre part, $\varphi^{-1}(K) \cap S$ est compact. Donc $\varphi^{-1}(K)$ est μ-intégrable.

PROPOSITION 5. — *Soient* $X_1, \ldots, X_n$, Y *des espaces localement compacts,* μ_i *une mesure sur* X_i $(1 \leqq i \leqq n)$, μ *le produit des* μ_i, φ *une application* μ*-propre de* $\prod_i X_i$ *dans* Y, *et* S_i *le support de* μ_i.

a) *Le support de* $\underset{i}{*}\mu_i$ *est contenu dans l'adhérence de* $\varphi\left(\prod_i S_i\right)$.

b) *Si* φ *est continue et si les* μ_i *sont positives, le support de* $\underset{i}{*}\mu_i$ *est l'adhérence de* $\varphi\left(\prod_i S_i\right)$.

Soit $S = \prod_i S_i$ le support de μ. Le support de $\underset{i}{*}\mu_i$ est contenu dans $\overline{\varphi(S)}$ d'après le chap. V, § 6, n° 2, cor. 3 de la prop. 2.

Si φ est continue et si les μ_i sont positives, le support de $\mathop{*}\limits_i \mu_i$ est $\overline{\varphi(S)}$ (*loc. cit.*, cor. 4 de la prop. 2).

Corollaire. — *Si φ est continue, et si les μ_i sont à support compact, les μ_i sont convolables et $\mathop{*}\limits_i \mu_i$ est à support compact.*

5. *Expression vectorielle du produit de convolution.*

Proposition 6. — *Soient* X, Y, Z *des espaces localement compacts,* φ *une application continue de* $X \times Y$ *dans* Z, *et* λ, μ *des mesures sur* X, Y. *Pour que* λ *et* μ *soient* φ*-convolables, il faut et il suffit que l'application* $(x, y) \to \varepsilon_{\varphi(x,y)} = \varepsilon_x * \varepsilon_y$ *de* $X \times Y$ *dans* $\mathscr{M}(Z)$ *soit scalairement* $(\lambda \otimes \mu)$*-intégrable pour la topologie* $\sigma(\mathscr{M}(Z), \mathscr{K}(Z))$, *et l'on a alors*

$$\lambda * \mu = \int_{X\times Y} (\varepsilon_x * \varepsilon_y) d\lambda(x) d\mu(y).$$

Dire que λ et μ sont φ-convolables signifie que, pour toute $f \in \mathscr{K}(Z)$, $f \circ \varphi$ est $(\lambda \otimes \mu)$-intégrable, c'est-à-dire que, pour toute $f \in \mathscr{K}(Z)$, la fonction $(x, y) \to \langle f, \varepsilon_{\varphi(x,y)}\rangle$ est $(\lambda \otimes \mu)$-intégrable, c'est-à-dire encore que l'application $(x, y) \to \varepsilon_{\varphi(x,y)}$ de $X \times Y$ dans $\mathscr{M}(Z)$ est scalairement $(\lambda \otimes \mu)$-intégrable pour $\sigma(\mathscr{M}(Z), \mathscr{K}(Z))$. S'il en est ainsi, on a

$$\langle \lambda * \mu, f\rangle = \int f(\varphi(x,y)) d\lambda(x) d\mu(y) = \int_{X\times Y} \langle \varepsilon_{\varphi(x,y)}, f\rangle d\lambda(x) d\mu(y),$$

d'où $\lambda * \mu = \int_{X\times Y} \varepsilon_{\varphi(x,y)} d\lambda(x) d\mu(y)$.

Proposition 7. — *Soient* X, Y, Z *des espaces localement compacts,* φ *une application continue de* $X \times Y$ *dans* Z, *et* λ, μ *des mesures sur* X, Y. *On suppose que, pour tout* $x \in X$, ε_x *et* μ *sont* φ*-convolables. Pour que* λ *et* μ *soient* φ*-convolables, il faut et il suffit que l'application* $x \to \varepsilon_x * |\mu|$ *de* X *dans* $\mathscr{M}(Z)$ *soit scalairement* λ*-intégrable pour la topologie* $\sigma(\mathscr{M}(Z), \mathscr{K}(Z))$, *et l'on a alors* $\lambda * \mu = \int_X (\varepsilon_x * \mu) d\lambda(x)$.

Supposons que λ et μ soient φ-convolables. Pour toute $f \in \mathscr{K}(\mathrm{Z})$, $f \circ \varphi$ est $(|\lambda| \otimes |\mu|)$-intégrable, donc la fonction $x \to \int_{\mathrm{Y}} f(\varphi(x,y))d|\mu|(y) = \langle f, \varepsilon_x * |\mu|\rangle$ (qui par hypothèse est définie pour tout $x \in \mathrm{X}$) est λ-intégrable; donc $x \to \varepsilon_x * |\mu|$ est scalairement λ-intégrable pour $\sigma(\mathscr{M}(\mathrm{Z}), \mathscr{K}(\mathrm{Z}))$, et l'on a

$$\langle f, \lambda * \mu\rangle = \int_{\mathrm{X}} d\lambda(x) \int_{\mathrm{Y}} f(\varphi(x, y))d\mu(y) = \int_{\mathrm{X}} \langle f, \varepsilon_x * \mu\rangle d\lambda(x),$$

d'où $\lambda * \mu = \int_{\mathrm{X}} (\varepsilon_x * \mu)d\lambda(x)$. Réciproquement, supposons que l'application $x \to \varepsilon_x * |\mu|$ de X dans $\mathscr{M}(\mathrm{Z})$ soit scalairement λ-intégrable pour $\sigma(\mathscr{M}(\mathrm{Z}),\mathscr{K}(\mathrm{Z}))$. Soit $f \in \mathscr{K}_+(\mathrm{Z})$. Alors la fonction $(x, y) \to f(\varphi(x, y))$ est continue et l'on a (chap. V, § 8, prop. 1)

$$\iint^* f(\varphi(x, y))\, d|\lambda|(x)d|\mu|(y) = \int^* d|\lambda|(x) \int^* f(\varphi(x, y))d|\mu|(y)$$
$$= \int^* \langle f, \varepsilon_x * |\mu|\rangle d|\lambda|(x) < +\infty.$$

Donc $f \circ \varphi$ est $(\lambda \otimes \mu)$-intégrable, de sorte que λ et μ sont φ-convolables.

§ 2. Représentations linéaires des groupes.

1. *Représentations linéaires continues.*

Soient G un groupe topologique, E un espace localement convexe, U une représentation linéaire de G dans E.

DÉFINITION 1. — (i) *On dit que U est séparément continue si, pour tout $s \in \mathrm{G}$, $U(s)$ est un endomorphisme continu de* E, *et si, pour tout $x \in \mathrm{E}$, l'application $s \to U(s)x$ de* G *dans* E *est continue.*

(ii) *On dit que U est continue si $(s, x) \to U(s)x$ est une application continue de* $\mathrm{G} \times \mathrm{E}$ *dans* E.

(iii) *On dit que U est équicontinue si elle est continue et si l'ensemble des endomorphismes $U(s)$, où s parcourt* G, *est équicontinu.*

Remarques. — 1) Dire que U est séparément continue signifie que $s \to U(s)$ est une application continue de G dans l'espace $\mathscr{L}(E;E)$ des endomorphismes continus de E, muni de la topologie de la convergence simple.

2) Dire que U est continue équivaut à l'ensemble des trois conditions suivantes :

a) pour tout $s \in G$, $U(s)$ est continu ; *b*) il existe un voisinage V de e tel que $U(V)$ soit équicontinu ; *c*) il existe un ensemble total D dans E tel que, pour tout $x \in D$, l'application $s \to U(s)x$ soit continue.

Ces conditions sont évidemment nécessaires. Réciproquement, supposons les conditions *a*), *b*), *c*) satisfaites. Sur $U(V)$, la topologie de la convergence simple est identique à la topologie de la convergence simple dans D (*Esp. vect. top.*, chap. III, § 3, n° 5, prop. 5). Donc l'application $(s, x) \to U(s)x$ de $V \times E$ dans E est continue (*Top. gén.*, chap. X, 2e éd., § 2, n° 1, cor. 3 de la prop. 1). Comme $U(s_0 s)x = U(s_0)(U(s)x)$ quels que soient $s_0 \in G$, $s \in G$, $x \in E$, on voit que U est continue.

Lorsque G est localement compact, les conditions *a*) et *b*) sont équivalentes à la condition :

a') pour toute partie compacte K de G, $U(K)$ est équicontinu.

3) Supposons que U soit une représentation linéaire continue G dans E. Pour tout $s \in G$, soit $\hat{U}(s)$ le prolongement continu de $U(s)$ au complété $\hat{E}$ de E. Alors $\hat{U}$ est une représentation linéaire de G dans $\hat{E}$, satisfaisant aux conditions *a*) et *c*) de la *Remarque* 2, et aussi à la condition *b*) d'après *Top. gén.*, chap. X, 2e éd., § 2, n° 2, prop. 4. Donc $\hat{U}$ est une représentation linéaire *continue* de G dans $\hat{E}$.

4) Si E est un espace normé, on dit que U est *isométrique* lorsque $\|U(s)\| = 1$ pour tout $s \in G$. Il suffit pour cela que $\|U(s)\| \leq 1$ pour tout $s \in G$, car on a alors

$$1 = \|1\| \leqq \|U(s)\| . \|U(s^{-1})\|,$$

d'où $\|U(s)\| = \|U(s^{-1})\| = 1$ pour tout $s \in G$.

PROPOSITION 1. — *Si* G *est localement compact et si* E *est tonnelé, toute représentation linéaire* U *séparément continue de* G *dans* E *est continue.*

En effet, pour toute partie compacte K de G, $U(K)$ est compact pour la topologie de la convergence simple (*Remarque* 1), donc est équicontinu (*Esp. vect. top.*, Chap. III, § 3, n° 6, th. 2) ; on applique alors la *Remarque* 2.

Lemme 1. — *Soient* G *un groupe localement compact,* ρ *une fonction finie semi-continue inférieurement* $\geqslant 0$ *sur* G *telle que* $\rho(st) \leqq \rho(s)\rho(t)$ *quels que soient* s, t *dans* G. *Alors* ρ *est majorée dans toute partie compacte de* G.

Il existe une partie ouverte non vide U de G telle que ρ soit majorée dans U (*Top. gén.*, chap. IX, 2e éd., § 5, n° 4, th. 2). Soit K une partie compacte de G. Alors K est recouvert par un nombre fini d'ensembles $s_1U, \ldots, s_nU$. Pour tout $x \in U$, on a $\rho(s_ix) \leqq \rho(s_i)\rho(x)$, donc ρ est majorée dans s_iU, donc dans K.

Lemme 2. — *Soient* G *un groupe topologique,* U *une représentation linéaire de* G *dans un espace normé* E, A *une partie partout dense de* E. *On suppose que, pour tout* $s \in G$, $U(s)$ *est continu et que, pour tout* $x \in A$, $s \to U(s)x$ *est une application continue de* G *dans* E. *Alors la fonction* $s \to g(s) = \|U(s)\|$ *sur* G *est semi-continue inférieurement et vérifie* $g(st) \leqq g(s)g(t)$.

Soit B la boule unité de E. On a $g(s) = \sup_{x \in B \cap A} \|U(s)x\|$, et chaque fonction $s \to \|U(s)x\|$ est continue sur G, donc g est semi-continue inférieurement. D'autre part,

$$g(st) = \|U(s)U(t)\| \leqq \|U(s)\| . \|U(t)\| = g(s)g(t).$$

PROPOSITION 2. — *Soient* G *un groupe localement compact,* U *une représentation linéaire de* G *dans un espace normé* E. *Soit* A *une partie partout dense de* E. *On suppose que, pour tout*

$s \in G$, *U(s) est continu et que, pour tout* $x \in A$, $s \to U(s)x$ *est une application continue de* G *dans* E. *Alors* U *est continue.*

En effet, $\|U(s)\|$ est majoré sur toute partie compacte de G d'après les lemmes 1 et 2, et l'on applique alors la *Remarque* 2.

2. *Représentation contragrédiente.*

Soit U une représentation linéaire séparément continue de G dans E. Soit E′ le dual de E. L'application $s \to {}^tU(s)$ est une représentation linéaire dans E′ du groupe G^0 opposé à G ; nous dirons que cette représentation est la *transposée de U*. L'application $s \to {}^tU(s^{-1}) = {}^tU(s)^{-1}$ est une représentation linéaire de G dans E′, appelée *contragrédiente* de U.

Lemme 3. — *Soient* X *un espace localement compact,* Y *et* Z *des espaces topologiques,* φ *une application continue de* $X \times Y$ *dans* Z, φ_x *l'application* $y \to \varphi(x, y)$ *de* Y *dans* Z. *Les espaces* $\mathscr{C}(Y)$, $\mathscr{C}(Z)$ *étant munis de la topologie de la convergence compacte, l'application* $(x, f) \to f \circ \varphi_x$ *de* $X \times \mathscr{C}(Z)$ *dans* $\mathscr{C}(Y)$ *est continue.*

Il suffit évidemment de considérer le cas où X est compact. Soient $(x_0, f_0) \in X \times \mathscr{C}(Z)$, K une partie compacte de Y, et $\varepsilon > 0$. Soit $K' = \varphi(X \times K)$. Comme $f_0 \circ \varphi$ est uniformément continue dans $X \times K$, il existe un voisinage W de x_0 tel que $|f_0(\varphi(x, y)) - f_0(\varphi(x_0, y))| \leq \varepsilon$ pour $x \in W$ et $y \in K$. D'autre part, si l'on prend $f \in \mathscr{C}(Z)$ telle que $|f(z) - f_0(z)| \leq \varepsilon$ pour tout $z \in K'$, on aura $|f(\varphi(x, y)) - f_0(\varphi(x, y))| \leq \varepsilon$ pour $x \in X$, $y \in K$, et par suite $|f(\varphi(x, y)) - f_0(\varphi(x_0, y))| \leq 2\varepsilon$ pour $x \in W$ et $y \in K$. D'où le lemme.

Revenons alors aux notations antérieures.

Proposition 3. — (i) *Si U est séparément continue,* ${}^tU$ *est séparément continue lorsqu'on munit* E′ *de la topologie faible* $\sigma(E', E)$.

(ii) *Si* G *est localement compact et si U est continue,* ${}^tU$ *est continue lorsqu'on munit* E′ *de la topologie de la convergence compacte.*

L'assertion (i) est immédiate. L'assertion (ii) résulte du lemme 3 où l'on fait $X = G$, $Y = Z = E$, $\varphi(s, x) = U(s)x$.

3. *Exemple : représentations linéaires dans des espaces de fonctions continues.*

Soit G un groupe discret opérant à gauche sur un ensemble X. Une fonction complexe χ sur $G \times X$ est appelée un *multiplicateur* si l'on a

(1) $$\chi(e, x) = 1 \quad \text{quel que soit } x \in X\,;$$

(2) $$\chi(st, x) = \chi(s, tx)\chi(t, x) \quad \text{quels que soient } s, t \text{ dans } G,\ x \in X.$$

On en déduit

(3) $$\chi(t^{-1}, tx)\chi(t, x) = 1 \quad \text{quels que soient } t \in G,\ x \in X,$$

et en particulier $\chi(t, x) \neq 0$ quels que soient $t \in G$, $x \in X$.

Pour toute fonction complexe f définie sur X et tout $s \in G$, soit $\gamma_\chi(s)f$ la fonction complexe sur X définie par

(4) $$(\gamma_\chi(s)f)(x) = \chi(s^{-1}, x)f(s^{-1}x).$$

On a $\gamma_\chi(e)f = f$, et

$$\begin{aligned}(\gamma_\chi(s)\gamma_\chi(s')f)(x) &= \chi(s^{-1}, x)(\gamma_\chi(s')f)(s^{-1}x)\\ &= \chi(s^{-1}, x)\chi(s'^{-1}, s^{-1}x)f(s'^{-1}s^{-1}x)\\ &= \chi((ss')^{-1}, x)f((ss')^{-1}x) = (\gamma_\chi(ss')f)(x),\end{aligned}$$

donc γ_χ *est une représentation linéaire* de G. Pour $\chi = 1$, on retrouve les endomorphismes $\gamma(s)$ (chap. VII, § 1, n° 1, formule (3)).

Supposons maintenant G et X localement compacts, G opérant continûment sur X, et χ *continue* sur $G \times X$. Alors $\mathscr{C}(X)$ et $\mathscr{K}(X)$ sont stables pour les $\gamma_\chi(s)$, d'où des représentations linéaires de G dans $\mathscr{C}(X)$ et $\mathscr{K}(X)$ que nous noterons encore γ_χ.

Proposition 4. — *Les représentations linéaires* γ_χ *de* G *dans* $\mathscr{C}(X)$ *et* $\mathscr{K}(X)$ *sont continues.*

L'application $(s, f) \to (s, \gamma(s)f)$ de $G \times \mathscr{C}(X)$ dans $G \times \mathscr{C}(X)$ est continue (n° 2, lemme 3). D'autre part, l'application $(s, f) \to \chi(s, .)f$ de $G \times \mathscr{C}(X)$ dans $\mathscr{C}(X)$ est continue ; car, si s tend vers s_0 dans G, $\chi(s, .)$ tend vers $\chi(s_0, .)$ uniformément dans toute partie compacte de X ; si en outre f tend vers f_0 dans $\mathscr{C}(X)$, $\chi(s, .)f$ tend vers $\chi(s_0, .)f_0$ uniformément dans toute partie compacte de X, d'où notre assertion. Donc la représentation γ_χ de G dans $\mathscr{C}(X)$ est continue.

Montrons que la représentation γ_χ de G dans $\mathscr{K}(X)$ est continue. Comme $\mathscr{K}(X)$ est limite inductive d'espaces de Banach, il est tonnelé (*Esp. vect. top.*, chap. III, § 1, n° 2, cor. 2 de la prop. 2), donc il suffit de prouver que γ_χ est séparément continue (n° 1, prop. 1). Or, soient H une partie compacte de X et $s_0 \in G$. Soient V un voisinage compact de s_0 dans G, et L = VH, qui est compact dans X. Pour toute $f \in \mathscr{K}(X, H)$, le support de $\gamma_\chi(s_0)f$ est contenu dans L, et l'on a

$$\sup_{x \in X} |(\gamma_\chi(s_0)f)(x)| \leq \sup_{x \in L} |\chi(s_0^{-1}, x)| \,.\, \sup_{x \in X} |f(x)|,$$

donc $f \to \gamma_\chi(s_0)f$ est une application linéaire continue de $\mathscr{K}(X, H)$ dans $\mathscr{K}(X, L)$; il en résulte que $f \to \gamma_\chi(s_0)f$ est une application linéaire continue de $\mathscr{K}(X)$ dans lui-même (*Esp. vect. top.*, chap. II, § 2, n° 2, cor. de la prop. 1). D'autre part, la topologie de $\mathscr{K}(X, L)$ est induite par celle de $\mathscr{C}(X)$. D'après ce qui a déjà été démontré, l'application $s \to \gamma_\chi(s)f$ de V dans $\mathscr{K}(X, L)$ est continue. Ceci achève de prouver que γ_χ est séparément continue.

PROPOSITION 5. — *Supposons que chaque fonction* $\chi(s, .)$ *soit bornée. Alors* γ_χ *laisse stable* $\overline{\mathscr{K}(X)}$, *et la représentation linéaire* γ_χ *de* G *dans* $\overline{\mathscr{K}(X)}$ *est continue.*

Il est clair que γ_χ laisse stable $\overline{\mathscr{K}(X)}$ et que chacun des $\gamma_\chi(s)$ est *continu* dans $\overline{\mathscr{K}(X)}$. D'autre part, pour toute $f \in \mathscr{K}(X)$, $s \to \gamma_\chi(s)f$ est une application continue de G dans $\mathscr{K}(X)$ et *a fortiori* dans $\overline{\mathscr{K}(X)}$. Donc la représentation γ_χ dans $\overline{\mathscr{K}(X)}$ est continue (n° 1, prop. 2).

4. Exemple : représentations linéaires dans des espaces de mesures.

Soient toujours G un groupe localement compact, opérant continûment à gauche dans un espace localement compact X, et χ un multiplicateur *continu* sur G $\times$ X. La représentation linéaire γ_χ de G dans $\mathscr{K}$(X) admet une représentation contragrédiente dans $\mathscr{M}$(X), que nous noterons encore γ_χ, et qui est définie par la formule suivante (où $\mu \in \mathscr{M}(X)$, $f \in \mathscr{K}(X)$) :

$$\langle\gamma_\chi(s)\mu, f\rangle = \langle\mu, \gamma_\chi(s^{-1})f\rangle = \langle\chi(s, .).\mu, \gamma(s^{-1})f\rangle = \langle\gamma(s)(\chi(s, .).\mu), f\rangle$$

d'où

$$\gamma_\chi(s)\mu = \gamma(s)(\chi(s, .).\mu) = (\gamma(s)\chi(s, .)).(\gamma(s)\mu).$$

Remarquons que

$$(\gamma(s)\chi(s, .))(x) = \chi(s, s^{-1}x).$$

La représentation linéaire γ_χ de G dans $\mathscr{C}$(X) admet une représentation contragrédiente dans l'espace $\mathscr{C}'$(X) des mesures sur X à support compact, représentation que nous noterons encore γ_χ ; les endomorphismes $\gamma_\chi(s)$ de $\mathscr{C}'$(X) sont les restrictions des endomorphismes $\gamma_\chi(s)$ de $\mathscr{M}$(X).

PROPOSITION 6. — *Si l'on munit* $\mathscr{M}$(X) (resp. $\mathscr{C}'$(X)) *de la topologie de la convergence uniforme dans les parties compactes de* $\mathscr{K}$(X) (resp. $\mathscr{C}$(X)), *la représentation linéaire* γ_χ *de* G *dans* $\mathscr{M}$(X) (resp. $\mathscr{C}'$(X)) *est continue.*

PROPOSITION 7. — *Supposons que chaque fonction* $\chi(s, .)$ *soit bornée. Alors* γ_χ *laisse stable* $\mathscr{M}^1$(X) *et, si l'on munit* $\mathscr{M}^1$(X) *de la topologie de la convergence uniforme dans les parties compactes de* $\overline{\mathscr{K}(X)}$, *la représentation linéaire* γ_χ *de* G *dans* $\mathscr{M}^1$(X) *est continue.*

Ces propositions résultent des prop. 3, 4, 5.

5. Exemple : représentations linéaires dans les espaces L^p.

Soit toujours G un groupe localement compact, opérant continûment à gauche dans un espace localement compact X.

Soit β une mesure positive sur X de support X. Supposons qu'il existe une fonction *continue* $\chi > 0$ sur $G \times X$ telle qu'on ait, pour tout $s \in G$,

$$\gamma(s)\beta = \chi(s^{-1}, .).\beta$$

(ce qui implique en particulier que β est quasi-invariante par G). *Alors, χ est un multiplicateur.* En effet, soient s, t dans G ; on a

$$\gamma(s)\gamma(t)\beta = \gamma(s)(\chi(t^{-1}, .).\beta) = (\gamma(s)\chi(t^{-1}, .)).(\gamma(s)\beta)$$
$$= (\gamma(s)\chi(t^{-1}, .)).\chi(s^{-1}, .).\beta$$
$$\gamma(st)\beta = \chi(t^{-1}s^{-1}, .).\beta$$

donc

$$\chi(t^{-1}, s^{-1}x)\chi(s^{-1}, x) = \chi(t^{-1}s^{-1}, x)$$

localement β-presque partout, et en conséquence partout puisque χ est continue et β de support X.

Soit $p \in [1, +\infty[$. Pour toute $f \in \mathscr{L}^p_{\mathbf{C}}(X, \beta)$ et tout $s \in G$, soit $\gamma_{\chi,p}(s)f$ la fonction sur X définie par

$$(\gamma_{\chi,p}(s)f)(x) = \chi(s^{-1}, x)^{1/p}f(s^{-1}x).$$

On a

$$\int^* |\chi(s^{-1}, x)^{1/p}f(s^{-1}x)|^p d\beta(x) = \int^* |f(s^{-1}x)|^p\chi(s^{-1}, x)d\beta(x)$$
$$= \int |f(x)|^p d\beta(x)$$

donc $\gamma_{\chi,p}(s)f \in \mathscr{L}^p_{\mathbf{C}}(X, \beta)$. On voit que $\gamma_{\chi,p}(s)$ est un endomorphisme *isométrique* de $\mathscr{L}^p_{\mathbf{C}}(X, \beta)$ et définit par passage au quotient un endomorphisme isométrique de $L^p_{\mathbf{C}}(X, \beta)$, noté encore $\gamma_{\chi,p}(s)$. D'autre part, $\chi^{1/p}$ est évidemment un multiplicateur, donc $\gamma_{\chi,p}$ est une représentation linéaire de G dans $L^p_{\mathbf{C}}(X, \beta)$ d'après ce qu'on a vu au n° 3.

PROPOSITION 8. — *La représentation linéaire $\gamma_{\chi,p}$ de G dans $L^p_{\mathbf{C}}(X, \beta)$ est continue et isométrique.*

Soit $f \in \mathscr{K}(X)$. Quand s tend vers s_0 dans G, $\gamma_{\chi,p}(s)f$ tend vers $\gamma_{\chi,p}(s_0)f$ dans $\mathscr{K}(X)$, donc dans $L^p_{\mathbf{C}}(X, \beta)$. Comme les $\gamma_{\chi,p}(s)$ sont isométriques, la prop. 8 s'obtient en appliquant la *Remarque* 2 du n° 1.

Pour le cas où χ n'est pas supposée continue, cf. § 4, exerc. 13.

Proposition 9. — *Supposons que chaque fonction* $\chi(s, .)$ *soit bornée. Alors* γ_χ *laisse stable* $L^p_{\mathbf{C}}(X, \beta)$, *et la représentation linéaire* γ_χ *de* G *dans* $L^p_{\mathbf{C}}(X, \beta)$ *est continue.*

Soit $f \in \mathscr{L}^p_{\mathbf{C}}(X, \beta)$. On a

$$\int^* |\chi(s^{-1}, x)f(s^{-1}x)|^p d\beta(x) \leq \sup_{x\in X} \chi(s^{-1}, x)^{p-1} \int^* |f(s^{-1}x)|^p \chi(s^{-1}, x) d\beta(x)$$

$$= \sup_{x\in X} \chi(s^{-1}, x)^{p-1} \int |f(x)|^p d\beta(x)$$

donc $\gamma_\chi(s)f \in \mathscr{L}^p_{\mathbf{C}}(X, \beta)$, et

$$\|\gamma_\chi(s)\| \leq \sup_{x\in X} \chi(s^{-1}, x)^{1/q} \tag{5}$$

en notant q l'exposant conjugué de p. Si $f \in \mathscr{K}(X)$, $\gamma_\chi(s)f$ tend vers $\gamma_\chi(s_0)f$ dans $\mathscr{K}(X)$, donc dans $\mathscr{L}^p_{\mathbf{C}}(X, \beta)$, quand s tend vers s_0. Donc la représentation γ_χ de G dans $L^p_{\mathbf{C}}(X, \beta)$ est continue (n° 1, prop. 2).

On a des propriétés analogues à celles des nos 3, 4, 5 si G opère à droite dans X.

En particulier, si l'on considère G comme opérant sur lui-même par translations à gauche ou à droite, et si l'on fait $\chi = 1$, on obtient les *représentations régulières gauche* et *droite* de G dans $\mathscr{C}(G)$, $\mathscr{K}(G)$, $\overline{\mathscr{K}(G)}$, $\mathscr{C}'(G)$, $\mathscr{M}(G)$, $\mathscr{M}^1(G)$. Si l'on prend pour β une mesure de Haar à gauche (resp. à droite) de G, et si l'on fait $\chi = 1$, on obtient la *représentation régulière gauche* (resp. *droite*) de G dans $L^p_{\mathbf{C}}(G, \beta)$.

6. *Prolongement d'une représentation linéaire de* G *aux mesures sur* G.

Soient G un groupe localement compact, E un espace localement convexe, U une représentation linéaire de G dans E.

Supposons U continue et E quasi-complet. Alors pour toute mesure $\mu \in \mathscr{C}'(G)$, on a $\int_G U(s)d\mu(s) \in \mathscr{L}(E\,;E)$ (chap. VI, § 1, n° 7). Nous poserons $U(\mu) = \int_G U(s)d\mu(s)$. Munissons $\mathscr{C}'(G)$ de la topologie de la convergence compacte dans $\mathscr{C}(G)$. L'application $(\mu, x) \rightarrow U(\mu)x$ de $\mathscr{C}'(G) \times E$ dans E est *hypocontinue* relativement aux parties équicontinues de $\mathscr{C}'(G)$ et aux parties compactes de E ; en particulier, l'application $\mu \rightarrow U(\mu)$ de $\mathscr{C}'(G)$ dans $\mathscr{L}(E\,;E)$ (muni de la topologie de la convergence compacte) est continue (*loc. cit.*, prop. 16).

Pour pouvoir appliquer plus loin ces résultats, notons que, si X est un espace localement compact, $\mathscr{C}(X)$, muni de la topologie de la convergence compacte, est complet (*Top. gén.*, chap. X, 2e éd., § 1, n° 6, cor. 3 du th. 2). D'autre part, $\mathscr{K}(X)$ est tonnelé, donc son dual $\mathscr{M}(X)$, muni de la topologie de la convergence compacte sur $\mathscr{K}(X)$, est quasi-complet (*Esp. vect. top.*, chap. III, § 3, n° 7, cor. 2 du th. 4). Bien entendu, $\overline{\mathscr{K}(X)}$ est complet pour la topologie déduite de sa norme, donc son dual $\mathscr{M}^1(X)$ est quasi-complet pour la topologie de la convergence compacte sur $\overline{\mathscr{K}(X)}$ (*loc. cit.*).

Supposons maintenant que U soit une représentation linéaire continue du groupe localement compact G dans un *espace de Banach* E. Posons $g(s) = \|U(s)\|$ pour tout $s \in G$. Alors, si μ est une mesure sur G telle que g soit μ-intégrable, on a

$$\int_G U(s)d\mu(s) \in \mathscr{L}(E\,;E) \quad \text{et} \quad \left\|\int_G U(s)d\mu(s)\right\| \leq \int g(s)d|\mu|(s)$$

(Chap. VI, § 1, n° 7, *Remarque* 1). Nous poserons encore $U(\mu) = \int_G U(s)d\mu(s)$.

7. *Relations entre les endomorphismes* $U(\mu)$ *et les endomorphismes* $U(s)$.

Lemme 4. — *Soient* T *un espace localement compact, a un point de* T, M *une partie de* $\mathscr{M}(T)$, $\mathfrak{F}$ *un filtre sur* M. *On suppose que :*

(i) *pour toute partie compacte* K *de* T, *les nombres* $|\mu|(K)$, *pour* $\mu \in M$, *sont majorés ;*

(ii) $\lim_{\mu, \mathfrak{F}} |\mu|(K) = 0$ *pour toute partie compacte* K *de* $T - \{a\}$;

(iii) *il existe un voisinage compact* V *de* a *dans* T *tel que* $\lim_{\mu, \mathfrak{F}} \mu(V) = 1$.

Alors le filtre $\mathfrak{F}$ *converge vers* ε_a *dans* $\mathscr{M}(T)$ *muni de la topologie de la convergence compacte dans* $\mathscr{K}(T)$.

D'après l'hypothèse (i), M est une partie équicontinue de $\mathscr{M}(T)$ puisqu'elle est vaguement bornée et que $\mathscr{K}(T)$ est tonnelé (*Esp. vect. top.*, chap. III, § 3, nº 6, th. 2). Il suffit donc (*Top. gén.*, chap. X, 2e éd., § 2, nº 4, th. 1) de prouver que, si $f \in \mathscr{K}(T)$, on a $\lim_{\mu, \mathfrak{F}} \mu(f) = f(a)$. Soit K la réunion de V et du support de f ; si K′ est l'adhérence de K — V, on a

$$|\mu(K) - \mu(V)| = |\mu(K - V)| \leqslant |\mu|(K') ;$$

comme K′ est compact et ne contient pas a, on en conclut que $\lim_{\mu, \mathfrak{F}} \mu(K) = 1$. Soit $\varepsilon > 0$, et soit W un voisinage ouvert de a dans K tel que $|f(t) - f(a)| \leqslant \varepsilon$ pour $t \in W$; on peut écrire

$$\mu(f) - f(a) = f(a)(\mu(K) - 1) + \int_K (f(t) - f(a))d\mu(t) ;$$

l'intégrale sur K peut s'écrire comme somme des intégrales analogues sur W et sur K — W ; si $C = \sup |f|$, on aura donc

$$|\mu(f) - f(a)| \leqslant C|\mu(K) - 1| + \varepsilon . |\mu|(K) + 2C . |\mu|(K - W).$$

Comme le premier et le troisième terme du second membre tendent vers 0 suivant $\mathfrak{F}$, on voit bien que $\lim_{\mu, \mathfrak{F}} \mu(f) = f(a)$.

Corollaire 1. — *Les hypothèses étant celles du lemme 4, supposons de plus qu'il existe une partie compacte* K_0 *de* T *contenant les supports de toutes les mesures* $\mu \in M$. *Alors* $\mathfrak{F}$ *converge aussi vers* ε_a *dans* $\mathscr{C}'(T)$ *muni de la topologie de la convergence compacte dans* $\mathscr{C}(T)$.

En effet, l'application de restriction de $\mathscr{C}(T)$ dans $\mathscr{C}(K_0)$ est continue ; donc, si H est une partie compacte de $\mathscr{C}(T)$, les restrictions à K_0 des fonctions de H forment une partie compacte de $\mathscr{C}(K_0)$. Il suffit alors d'appliquer le lemme 4 en remplaçant T par K_0.

COROLLAIRE 2. — *Les hypothèses étant celles du cor.* 1, *soit f une application continue de* T *dans un espace localement convexe quasi-complet* E. *On a*

$$\lim_{\mu, \mathfrak{F}} \int f(t) d\mu(t) = f(a).$$

Ceci résulte du cor. 1 et de la prop. 14 du chap. VI, § 1, n° 6.

COROLLAIRE 3. — *Soient* G *un groupe localement compact,* E *un espace localement convexe quasi-complet, U une représentation linéaire continue de* G *dans* E. *Soient* β *une mesure positive sur* G, *a un élément de* G, $\mathfrak{B}$ *une base du filtre des voisinages de a, formée de voisinages compacts. Pour tout* $V \in \mathfrak{B}$, *soit* f_V *une fonction continue* $\geqslant 0$ *sur* G, *de support contenu dans* V, *et telle que* $\int f_V d\beta = 1$. *Alors, pour tout* $x \in E$, *on a*

$$U(a)x = \lim_V U(f_V . \beta)x$$

la limite étant prise suivant le filtre des sections de $\mathfrak{B}$.

L'application $s \to U(s)x$ de G dans E est continue. D'après le cor. 2, on a $U(a)x = \lim_V \int (U(s)x) . f_V(s) d\beta(s)$ suivant le filtre des sections de $\mathfrak{B}$, c'est-à-dire $U(a)x = \lim_V U(f_V . \beta)x$.

PROPOSITION 10. — *Soient* G *un groupe localement compact,* E *un espace localement convexe quasi-complet, U une représentation linéaire continue de* G *dans* E, β *une mesure positive sur* G *de support* G.

(i) *Les vecteurs* $U(f . \beta)x$, *où f parcourt* $\mathscr{K}(G)$ *et où x parcourt* E, *sont partout denses dans* E.

(ii) *Soit* F *un sous-espace vectoriel fermé de* E. *Si* F *est stable pour U, on a* $U(\mu)(F) \subset F$ *pour toute* $\mu \in \mathscr{C}'(G)$. *Réciproquement, si* $U(f . \beta)(F) \subset F$ *pour toute* $f \in \mathscr{K}(G)$, F *est stable pour U.*

La première partie de (ii) est immédiate puisque les restrictions des $U(s)$ à F ($s \in$ G) définissent une représentation linéaire continue de G dans l'espace localement convexe quasi-complet F. La deuxième partie de (ii), et (i), résultent du cor. 3 du lemme 4.

§ 3. Convolution des mesures sur les groupes.

1. *Algèbres de mesures.*

Soit G un groupe localement compact. Il sera entendu une fois pour toutes que des mesures $\mu_1, \ldots, \mu_n$ sur G sont dites convolables si elles le sont pour l'application

$$(x_1, x_2, \ldots, x_n) \to x_1 x_2 \ldots x_n ;$$

et c'est au moyen de cette application qu'on prendra toujours le produit de convolution $\underset{i}{\ast} \mu_i$. Si $s \in$ G, $t \in$ G, on a

$$(1) \qquad \varepsilon_s * \varepsilon_t = \varepsilon_{st} .$$

Si $s \in$ G et $\mu \in \mathscr{M}$(G), on a

$$(2) \qquad \varepsilon_s * \mu = \gamma(s)\mu$$

$$(3) \qquad \mu * \varepsilon_s = \delta(s^{-1})\mu$$

d'après le § 1, n° 1, exemple 3. Si G est commutatif, dire que μ_1 et μ_2 sont convolables équivaut à dire que μ_2 et μ_1 sont convolables, et l'on a alors $\mu_1 * \mu_2 = \mu_2 * \mu_1$. Si G n'est pas commutatif, il peut arriver que μ_1 et μ_2 soient convolables, sans que μ_2 et μ_1 le soient (exerc. 12).

Proposition 1. — *Soient* G *un groupe localement compact,* λ, μ, ν *des mesures* $\neq 0$ *sur* G.

(i) *Si* λ, μ, ν *sont convolables, il en est de même de* λ *et* μ, *de* $|\lambda| * |\mu|$ *et* ν, *de* μ *et* ν, *de* λ *et* $|\mu| * |\nu|$, *et l'on a*

$$\lambda * \mu * \nu = (\lambda * \mu) * \nu = \lambda * (\mu * \nu).$$

(ii) *Si λ et μ sont convolables, ainsi que $|\lambda| * |\mu|$ et ν, alors λ, μ, ν sont convolables. De même si μ et ν sont convolables ainsi que λ et $|\mu| * |\nu|$.*

Ceci résulte de la prop. 1 du § 1, nº 2.

Il peut exister des mesures λ, μ, ν sur G telles que les produits de convolution $\lambda * \mu$, $(\lambda * \mu) * \nu$, $\mu * \nu$, $\lambda * (\mu * \nu)$ soient tous définis, et que cependant $(\lambda * \mu) * \nu \neq \lambda * (\mu * \nu)$ (cf. exerc. 4).

Soit ρ une fonction > 0 finie semi-continue inférieurement sur G telle que $\rho(st) \leqslant \rho(s)\rho(t)$ quels que soient s, t dans G. On notera $\mathscr{M}^{\rho}(G)$ l'espace vectoriel des mesures λ sur G telles que ρ soit λ-intégrable, et $\|\lambda\|_{\rho}$ (ou simplement $\|\lambda\|$) la norme $\int_G \rho(s)d|\lambda|(s)$ sur cet espace. Pour $\rho = 1$, on retrouve l'ensemble $\mathscr{M}^1(G)$ des mesures bornées sur G.

Proposition 2. — (i) *Deux éléments quelconques de $\mathscr{M}^{\rho}(G)$ sont convolables.*

(ii) *Pour la convolution, et pour la norme $\|\lambda\|$, $\mathscr{M}^{\rho}(G)$ est une algèbre normée complète admettant l'élément unité ε_e.*

(iii) *$\mathscr{C}'(G)$ est une sous-algèbre de $\mathscr{M}^{\rho}(G)$.*

Soient λ, μ dans $\mathscr{M}^{\rho}(G)$, et montrons que λ et μ sont convolables. Soit $f \in \mathscr{K}_+(G)$. Comme ρ est > 0 et semi-continue inférieurement, il existe une constante $k > 0$ telle que $f \leqslant k\rho$. On a alors

$$\int^* f(st)d|\lambda|(s)d|\mu|(t) \leqslant k \int^* \rho(st)d|\lambda|(s)d|\mu|(t)$$

$$\leqslant k \int^* \rho(s)\rho(t)d|\lambda|(s)d|\mu|(t)$$

$$= k\left(\int^* \rho(s)d|\lambda|(s)\right)\left(\int^* \rho(t)d|\mu|(t)\right)$$

(chap. V, § 8, nº 2, prop. 5). Donc f est $(\lambda \otimes \mu)$-intégrable, de sorte que λ et μ sont convolables. D'autre part, en utilisant le chap. V (§ 2, prop. 2, § 6, prop. 2, § 8, prop. 5) et le fait que $(s, t) \to \rho(s)\rho(t)$ est semi-continue inférieurement dans $G \times G$, on a

$$\int_G^* \rho(s)d|\lambda * \mu|(s) = \overline{\int_G}^* \rho(s)d|\lambda * \mu|(s)$$

$$\leqslant \overline{\int_{G\times G}}^* \rho(st)d|\lambda|(s)d|\mu|(t) \leqq \overline{\int_{G\times G}}^* \rho(s)\rho(t)d|\lambda|(s)d|\mu|(t)$$

$$= \int_{G\times G}^* \rho(s)\rho(t)d|\lambda|(s)d|\mu|(t) = \|\lambda\|.\|\mu\|.$$

On voit que $\lambda * \mu \in \mathscr{M}^\rho(G)$ et que $\|\lambda * \mu\| \leqq \|\lambda\|.\|\mu\|$. Compte tenu de la prop. 1, $\mathscr{M}^\rho(G)$ est une algèbre. L'application $\lambda \to \rho.\lambda$ est une application linéaire isométrique θ de $\mathscr{M}^\rho(G)$ dans $\mathscr{M}^1(G)$; si $\mu \in \mathscr{M}^1(G)$, $1/\rho$, qui est localement bornée et semi-continue supérieurement, est localement μ-intégrable, et ρ est $(1/\rho).\mu$-intégrable, donc $(1/\rho).\mu \in \mathscr{M}^\rho(G)$; ceci prouve que θ est surjective ; donc $\mathscr{M}^\rho(G)$ est une algèbre normée complète. Enfin, il est clair que ε_e est élément unité de $\mathscr{M}^\rho(G)$ et que $\mathscr{C}'(G)$ est une sous-algèbre de $\mathscr{M}^\rho(G)$ (§ 1, n° 4, cor. de la prop. 5).

Si $\rho = 1$, la prop. 2, (i) et (ii), résulte aussi du § 1, prop. 2.

Proposition 3. — *Soient* $\mu_1, \ldots, \mu_n$ *des mesures sur* G. *Si toutes les* μ_i, *sauf une au plus, sont à support compact, alors les* μ_i *sont convolables.*

En effet, soit S_i le support de μ_i, et supposons S_i compact pour $i \neq i_0$. Soit K une partie compacte de G. L'ensemble des $(x_1, \ldots, x_n) \in \prod_i S_i$ tels que $x_1x_2 \ldots x_n \in K$ est compact, car les conditions $x_i \in S_i$ pour tout i, $x_1x_2 \ldots x_n \in K$ impliquent

$$x_{i_0} \in S_{i_0-1}^{-1} \ldots S_1^{-1}KS_n^{-1} \ldots S_{i_0+1}^{-1}.$$

Donc les μ_i sont convolables (§ 1, n° 4, prop. 4).

Proposition 4. — *L'application* $(\lambda, \mu) \to \lambda * \mu$ (resp. $(\lambda, \mu) \to \mu * \lambda$) *où* $\lambda \in \mathscr{C}'(G)$, $\mu \in \mathscr{M}(G)$, *définit sur* $\mathscr{M}(G)$ *une structure de module à gauche* (resp. *à droite*) *sur l'algèbre* $\mathscr{C}'(G)$.

Ceci résulte des prop. 1 et 3.

PROPOSITION 5. — *Soient* λ *une mesure de Haar à gauche* (resp. *à droite*) *sur* G, *et* $\mu \in \mathscr{M}^1(G)$. *Alors* μ *et* λ (resp. λ *et* μ) *sont convolables, et* $\mu * \lambda = \|\mu\|\lambda$ (resp. $\lambda * \mu = \|\mu\|\lambda$).

On peut supposer $\mu \geqslant 0$. Soit $f \in \mathscr{K}_+(G)$. Lorsque λ est une mesure de Haar à gauche, on a

$$\int^* d\mu(x) \int^* f(xy)d\lambda(y) = \int^* d\mu(x) \int f(y)d\lambda(y) = \lambda(f)\|\mu\|$$

donc la fonction $(x, y) \rightarrow f(xy)$ est $(\mu \otimes \lambda)$-intégrable, et son intégrale pour $\mu \otimes \lambda$ est $\lambda(f)\|\mu\|$. On raisonne de même quand λ est une mesure de Haar à droite.

PROPOSITION 6. — *Soient* μ *et* ν *deux mesures convolables sur* G. *Soit* χ *une représentation continue de* G *dans* $\mathbf{C}^*$. *Alors* $\chi.\mu$ *et* $\chi.\nu$ *sont convolables et* $(\chi.\mu) * (\chi.\nu) = \chi.(\mu * \nu)$.

Soit $f \in \mathscr{K}(G)$. Alors $f\chi \in \mathscr{K}(G)$, donc la fonction

$$(x, y) \rightarrow f(xy)\chi(xy) = f(xy)\chi(x)\chi(y)$$

sur $G \times G$ est intégrable pour $\mu \otimes \nu$; donc la fonction $(x, y) \rightarrow f(xy)$ est intégrable pour $(\chi.\mu) \otimes (\chi.\nu)$; donc $\chi.\mu$ et $\chi.\nu$ sont convolables. En outre,

$$\langle \chi.\mu * \chi.\nu, f\rangle = \int f(xy)\chi(x)\chi(y)d\mu(x)d\nu(y)$$
$$= \int (f\chi)(xy)d\mu(x)d\nu(y) = \langle \mu * \nu, \chi f\rangle$$

d'où $(\chi.\mu) * (\chi.\nu) = \chi.(\mu * \nu)$.

PROPOSITION 7. — *Soient* G *et* G' *deux groupes localement compacts,* u *une représentation continue de* G *dans* G', $\mu_1, \ldots, \mu_n$ *des mesures sur* G, *toutes* $\neq 0$. *Alors les assertions suivantes sont équivalentes :*

(i) u *est* μ_i*-propre pour tout* i, *et les mesures* $u(|\mu_i|)$ *sont convolables ;*

(ii) *les* μ_i *sont convolables et* u *est propre pour* $\mathop{*}\limits_i(|\mu_i|)$.

Lorsque ces conditions sont vérifiées, on a

$$\mathop{*}\limits_i u(\mu_i) = u(\mathop{*}\limits_i \mu_i).$$

Ceci résulte du § 1, nº 2, cor. de la prop. 1.

COROLLAIRE. — *Soient* G *un groupe localement compact,* $\mu_1, \ldots, \mu_n$ *des mesures sur* G. *Pour que la suite* $(\mu_i)_{1 \leqslant i \leqslant n}$ *soit convolable, il faut et il suffit que la suite* $(\check{\mu}_{n-i})_{0 \leqslant i \leqslant n-1}$ *le soit, et l'on a alors* $(\mu_1 * \ldots * \mu_n)^{\vee} = \check{\mu}_n * \ldots * \check{\mu}_1$.

Ceci résulte de la prop. 7 en considérant l'isomorphisme $x \to x^{-1}$ de G sur le groupe opposé.

2. *Cas d'un groupe opérant dans un espace.*

Soit X un espace localement compact sur lequel un groupe localement compact G opère à gauche continûment par

$$(s, x) \to s.x.$$

Si $\mu_1, \ldots, \mu_n$ sont des mesures sur G et ν une mesure sur X, celles-ci seront dites convolables si elles le sont pour l'application $(s_1, \ldots, s_n, x) \to s_1 \ldots s_n x$ de $G^n \times X$ dans X, et leur produit de convolution devra s'entendre au sens de cette application.

Si $s \in G$ et $x \in X$, on a

$$\varepsilon_s * \varepsilon_x = \varepsilon_{sx}. \tag{4}$$

Si $s \in G$ et $\mu \in \mathscr{M}(X)$, on a

$$\varepsilon_s * \mu = \gamma(s)\mu \tag{5}$$

d'après le § 1, nº 1, exemple 3.

PROPOSITION 8. — *Soient* μ *une mesure sur* G, ν *une mesure sur* X.

(i) *Si* μ *est à support compact,* μ *et* ν *sont convolables.*

(ii) *Si* ν *est à support compact, et si* G *opère proprement dans* X, μ *et* ν *sont convolables.*

Ceci résulte de la prop. 4 du § 1, nº 4.

PROPOSITION 9. — *Pour la convolution,* $\mathscr{M}^1(X)$ *est un module à gauche sur* $\mathscr{M}^1(G)$, $\mathscr{M}(X)$ *et* $\mathscr{C}'(X)$ *sont des modules à gauche sur* $\mathscr{C}'(G)$.

Ceci résulte de la prop. 8, et du § 1, prop. 1, 3, et cor. de la prop. 5.

PROPOSITION 10. — *Soient* μ *une mesure sur* G, ν *une mesure sur* X, μ *et* ν *étant convolables. Supposons de plus qu'il existe une mesure positive* β *sur* X *telle que* $\gamma(s)\nu$ *soit de base* β *quel que soit* $s \in G$. *Alors* $\mu * \nu$ *est de base* β.

Soit K une partie compacte β-négligeable de X. Alors K est $\gamma(s)|\nu|$-négligeable pour tout $s \in G$. Or

$$|\mu| * |\nu| = \int_G (\varepsilon_s * |\nu|) d|\mu|(s)$$

(§ 1, n° 5, prop. 7), et l'application $s \to \varepsilon_s * |\nu|$ est vaguement continue (§ 2, prop. 6). Donc K est $|\mu| * |\nu|$-négligeable d'après le chap. V, § 3, n° 4, th. 1. Donc $|\mu| * |\nu|$ est de base β (chap. V, § 5, n° 5, *Remarque*).

3. *Convolution et représentations linéaires.*

PROPOSITION 11. — *Soient* G *un groupe localement compact,* E *un espace localement convexe quasi-complet,* U *une représentation continue de* G *dans* E.

(i) *Si* $\lambda \in \mathscr{C}'(G)$, $\mu \in \mathscr{C}'(G)$, *on a* $U(\lambda * \mu) = U(\lambda)U(\mu)$.

(ii) *Supposons que* E *soit un espace de Banach, et soit* $\rho(s) = \|U(s)\|$ *pour* $s \in G$. *Si* $\lambda \in \mathscr{M}^\rho(G)$, $\mu \in \mathscr{M}^\rho(G)$, *on a* $U(\lambda * \mu) = U(\lambda)U(\mu)$.

Soient λ, μ dans $\mathscr{C}'(G)$. Quel que soit $x \in E$, on a, en appliquant notamment les prop. 1 et 4 du chap. VI, § 1, n° 1

$$\begin{aligned} U(\lambda * \mu)x &= \int_G U(s)x \, d(\lambda * \mu)(s) \\ &= \int_{G\times G} U(st)x \, d\lambda(s)d\mu(t) = \int_{G\times G} U(s)U(t)x \, d\lambda(s)d\mu(t) \\ &= \int_G U(\lambda)U(t)x \, d\mu(t) = U(\lambda) \int_G U(t)x \, d\mu(t) = U(\lambda)U(\mu)x \end{aligned}$$

d'où (i). Un raisonnement analogue s'applique dans le cas (ii).

Soit toujours G un groupe localement compact, et supposons que G opère continûment à gauche dans un espace localement compact X. Ceci définit (§ 2, nº 4) une représentation linéaire continue γ de G dans $\mathscr{M}(X)$ (muni de la topologie de la convergence compacte dans $\mathscr{K}(X)$).

PROPOSITION 12. — *Si* $\lambda \in \mathscr{C}'(G)$ *et* $\mu \in \mathscr{M}(X)$, *on a*

$$\gamma(\lambda)\mu = \lambda * \mu.$$

D'après la prop. 7 du § 1, nº 5, on a

$$\lambda * \mu = \int_G (\varepsilon_s * \mu) d\lambda(s).$$

Or $\varepsilon_s * \mu = \gamma(s)\mu$ (nº 2, formule (5)), et

$$\int_G (\gamma(s)\mu) d\lambda(s) = \gamma(\lambda)\mu$$

par définition de $\gamma(\lambda)$.

COROLLAIRE. — *L'application* $(\lambda, \mu) \rightarrow \lambda * \mu$ *de* $\mathscr{C}'(G) \times \mathscr{M}(X)$ *dans* $\mathscr{M}(X)$ *est hypocontinue relativement aux parties équicontinues de* $\mathscr{C}'(G)$ *et aux parties compactes de* $\mathscr{M}(X)$ ($\mathscr{C}'(G)$ *et* $\mathscr{M}(X)$ *étant respectivement munis de la topologie de la convergence compacte dans* $\mathscr{C}(G)$ *et* $\mathscr{K}(X)$).

En effet, $\mathscr{M}(X)$, muni de la topologie de la convergence compacte dans $\mathscr{K}(X)$, est quasi-complet. Donc l'application $(\lambda, \mu) \rightarrow \gamma(\lambda)\mu$ de $\mathscr{C}'(G) \times \mathscr{M}(X)$ dans $\mathscr{M}(X)$ est hypocontinue relativement aux parties équicontinues de $\mathscr{C}'(G)$ et aux parties compactes de $\mathscr{M}(X)$ (§ 2, nº 6). Il suffit alors d'appliquer la prop. 12.

Remarques. — 1) Soit $\lambda_0 \in \mathscr{C}'(G)$. L'application $\mu \to \lambda_0 * \mu$ de $\mathscr{M}(X)$ dans $\mathscr{M}(X)$ est vaguement continue. En effet, soit $f \in \mathscr{K}(X)$. On a $\langle \lambda_0 * \mu, f \rangle = \int f(sx)d\lambda_0(s)d\mu(x) = \langle \mu, g \rangle$ en posant $g(x) = \int f(sx)d\lambda_0(s)$. Or g est continue (chap. VII, § 1, n° 1, lemme 1). D'autre part, soient S le support de λ_0 et K celui de f. Les conditions $sx \in K$ et $s \in S$ entraînent $x \in S^{-1}K$; donc le support de g est contenu dans $S^{-1}K$, de sorte que $g \in \mathscr{K}(X)$. Alors $\langle \lambda_0 * \mu, f \rangle = \langle \mu, g \rangle$ est fonction vaguement continue de μ, ce qui prouve notre assertion.

2) Soit $\mu_0 \in \mathscr{M}(X)$. L'application $\lambda \to \lambda * \mu_0$ de $\mathscr{C}'(G)$ dans $\mathscr{M}(X)$ est continue pour les topologies $\sigma(\mathscr{C}'(G), \mathscr{C}(G))$ et $\sigma(\mathscr{M}(X), \mathscr{K}(X))$. En effet, soit $f \in \mathscr{K}(X)$. On a $\langle f, \lambda * \mu_0 \rangle = \langle h, \lambda \rangle$, en posant $h(s) = \int f(sx)d\mu_0(x)$, et l'on a $h \in \mathscr{C}(G)$ (chap. VII, § 1, n° 1, lemme 1).

PROPOSITION 13. — *L'application* $(s, \mu) \to \gamma(s)\mu$ *de* $G \times \mathscr{M}_+(X)$ *dans* $\mathscr{M}_+(X)$ *est continue lorsque l'ensemble* $\mathscr{M}_+(X)$ *des mesures positives sur* X *est muni de la topologie vague.*

Comme $\gamma(s)\mu = \gamma(ss_0^{-1})\gamma(s_0)\mu$, il résulte de la *Remarque* 1 qu'il suffit de prouver la continuité de l'application considérée en un point de la forme (e, μ_0) avec $\mu_0 \in \mathscr{M}_+(X)$. Etant donnés une fonction $f \in \mathscr{K}(X)$ et un nombre $\varepsilon > 0$, il s'agit donc de montrer qu'il existe un voisinage U de e dans G et un voisinage W de μ_0 dans $\mathscr{M}_+(X)$ tels que les relations $s \in U$, $\mu \in W$ entraînent

$$\left| \int f(sx)d\mu(x) - \int f(x)d\mu_0(x) \right| \leqslant \varepsilon. \tag{6}$$

Soit V un voisinage compact du support K de f dans X, et soit $\varphi \in \mathscr{K}_+(X)$ telle que $\varphi(x) = 1$ dans V ; il existe un voisinage W_0 de μ_0 dans $\mathscr{M}_+(X)$ tel que $a = \sup_{\mu \in W_0} \mu(V)$ soit fini : il suffit de prendre pour W_0 l'ensemble des $\mu \in \mathscr{M}_+(X)$ telles que $|\langle \varphi, \mu - \mu_0 \rangle| \leqslant 1$. Comme l'application $(s, x) \to sx$ est continue, il y a d'autre part un voisinage compact U_0 de e dans G tel que $sK \subset V$ pour tout $s \in U_0$; la fonction $(s, x) \to f(sx)$ est alors uniformément continue dans $U_0 \times V$ et il y a donc un voisinage $U \subset U_0$ de e tel que $|f(sx) - f(x)| \leqslant \varepsilon/2a$ pour tout $s \in U$ et tout $x \in V$. Pour $s \in U$ et $\mu \in W_0$, on a donc

$$\left| \int f(sx) d\mu(x) - \int f(x) d\mu(x) \right| \leqslant \varepsilon/2\,;$$

si $W \subset W_0$ est le voisinage de μ_0 dans $\mathscr{M}_+(X)$ formé des mesures $\mu \in W_0$ telles que $\left| \int f(x) d\mu(x) - \int f(x) d\mu_0(x) \right| \leqslant \varepsilon/2$, U et W répondent à la question.

§ 4. Convolution des mesures et des fonctions.

1. Convolution d'une mesure et d'une fonction.

Soit X un espace localement compact sur lequel un groupe localement compact G opère à gauche continûment. Soit β une mesure positive sur X, quasi-invariante par G. Soit χ une fonction > 0 sur $G \times X$, mesurable pour toute mesure sur $G \times X$, et telle que, pour tout $s \in G$, $\chi(s^{-1}, .)$ soit une densité de $\gamma(s)\beta$ par rapport à β :

$$(1) \qquad \gamma(s)\beta = \chi(s^{-1}, .).\beta,$$

ce qu'on peut écrire, avec les conventions du chap. VII, § 1, nº 1 :

$$(1') \qquad d\beta(sx) = \chi(s, x) d\beta(x).$$

Ces données resteront fixées dans les nºs 1, 2 et 3 (exception faite de la *Remarque* 2 du nº 2).

Rappelons (§ 2, nº 5) que, si χ est continue et si β est de support X, χ est alors un multiplicateur.

Soit f une fonction complexe localement β-intégrable sur X, et soit μ une mesure sur G. Pour tout $s \in G$, la mesure $\gamma(s)(f.\beta)$ est de base β puisque β est quasi-invariante. Donc, si μ et $f.\beta$ sont convolables, $\mu * (f.\beta)$ est *de base* β (§ 3, n° 2, prop. 10).

DÉFINITION 1. — *Si μ et $f.\beta$ sont convolables, on dit que μ et f sont convolables relativement à β. Toute densité de $\mu * (f.\beta)$ par rapport à β s'appelle un produit de convolution de μ et f relativement à β et se note $\mu *^{\beta} f$.*

On omet β quand aucune confusion n'est possible. On définit de manière analogue la convolution pour plusieurs mesures sur G et une fonction sur X.

Les différents produits de convolution de μ et f sont égaux localement β-presque partout. Si β est de support X et s'il existe un produit de convolution de μ et β qui soit continu, ce dernier est déterminé de manière unique ; c'est lui qu'on appelle alors *le* produit de convolution de μ et f relativement à β.

Soit $s \in G$ et soit f une fonction complexe localement β-intégrable sur X. Alors ε_s et f sont convolables, et on a

$$\varepsilon_s * (f.\beta) = \gamma(s)(f.\beta) = (\gamma(s)f).(\gamma(s)\beta) = (\gamma(s)f).\chi(s^{-1}, .).\beta$$

donc

$$(2) \qquad (\varepsilon_s * f)(x) = \chi(s^{-1}, x)f(s^{-1}x) = (\gamma_\chi(s)f)(x)$$

localement β-presque partout.

Lemme 1. — *Soit μ une mesure sur* G. *Alors χ est localement* $(\mu \otimes \beta)$*-intégrable, et l'image de* $\mu \otimes \beta$ *par l'homéomorphisme* $(s, x) \to (s, s^{-1}x)$ *de* $G \times X$ *sur* $G \times X$ *est* $\chi.(\mu \otimes \beta)$.

On peut supposer $\mu \geqslant 0$. Soit $F \in \mathscr{K}_+(G \times X)$. On a

$$\int F(s, s^{-1}x)d\mu(s)d\beta(x) = \int d\mu(s) \int F(s, s^{-1}x)d\beta(x)$$

$$= \int d\mu(s) \int F(s, x)d(\gamma(s^{-1})\beta)(x) = \int d\mu(s) \int F(s, x)\chi(s, x)d\beta(x).$$

Or, la fonction $(s, x) \to F(s, x)\chi(s, x)$ est à support compact et $(\mu \otimes \beta)$-mesurable. D'après le chap. V, § 8, n° 1, prop. 4, l'égalité précédente prouve que cette fonction est $(\mu \otimes \beta)$-intégrable et que

$$\int F(s, s^{-1}x)d\mu(s)d\beta(x) = \int F(s, x)\chi(s, x)d\mu(s)d\beta(x).$$

Ceci prouve à la fois les deux assertions du lemme 1.

Proposition 1. — *Soient μ une mesure sur G, f une fonction complexe localement β-intégrable sur X. Supposons que la fonction $s \to f(s^{-1}x)\chi(s^{-1}, x)$ soit essentiellement μ-intégrable sauf pour un ensemble localement β-négligeable de valeurs de x, et que la fonction $x \to \int |f(s^{-1}x)|\chi(s^{-1}, x)d|\mu|(s)$, définie localement presque partout pour β, soit localement β-intégrable. Alors μ et f sont convolables.*

On peut supposer $f \geqslant 0$ et $\mu \geqslant 0$. Soit $h \in \mathcal{K}_+(X)$. Il s'agit de prouver que la fonction $(s, x) \to h(sx)$ est essentiellement intégrable pour $\mu \otimes (f.\beta) = (1 \otimes f).(\mu \otimes \beta)$ (chap. V, § 8, n° 3, prop. 6), c'est-à-dire que $\overline{\int}^* h(sx)f(x)d\mu(s)d\beta(x) < +\infty$ (chap. V, § 5, n° 3, prop. 2) ; il suffira évidemment de prouver qu'il existe $a > 0$ tel que pour toute partie compacte K de G, on ait

$$\overline{\int}^* h(sx)f(x)\varphi_K(s)d\mu(s)d\beta(x) \leqslant a.$$

D'après le lemme 1,

$$\overline{\int}^* h(sx)f(x)\varphi_K(s)d\mu(s)d\beta(x) = \int^* h(x)f(s^{-1}x)\varphi_K(s)\chi(s^{-1}, x)d\mu(s)d\beta(x).$$

Or la fonction $(s, x) \to h(x)f(s^{-1}x)\varphi_K(s)\chi(s^{-1}, x)$ est $(\mu \otimes \beta)$-mesurable (lemme 1) et à support compact. L'expression précédente est donc égale (chap. V, § 8, n° 1, prop. 4) à

$$\int^{*} h(x)d\beta(x) \int^{*} f(s^{-1}x)\varphi_{K}(s)\chi(s^{-1}, x)d\mu(s)$$
$$\leqslant (\sup h) \int_{S}^{*} d\beta(x) \overline{\int}^{*} f(s^{-1}x)\chi(s^{-1}, x)d\mu(s)$$

en désignant par S le support de h. D'où la proposition.

PROPOSITION 2. — *Soient* μ *une mesure sur* G, f *une fonction complexe localement* β*-intégrable sur* X. *On suppose vérifiée l'une des conditions suivantes :*

(i) f *et* χ *sont continues ;*

(ii) G *opère proprement dans* X *et* f *est nulle dans le complémentaire d'une réunion dénombrable d'ensembles compacts ;*

(iii) μ *est portée par une réunion dénombrable d'ensembles compacts.*

Si μ *et* f *sont convolables, la fonction* $s \rightarrow f(s^{-1}x)\chi(s^{-1}, x)$ *est essentiellement* μ*-intégrable sauf pour un ensemble localement* β*-négligeable de valeurs de* x, *et l'on a localement* β*-presque partout*

$$(3) \quad (\mu *^{\beta} f)(x) = \int_{G} f(s^{-1}x)\chi(s^{-1}, x)d\mu(s) = \int_{G} (\gamma^{x}(s)f)(x)d\mu(s).$$

Soit $h \in \mathcal{K}(X)$. Puisque μ et f sont convolables, la fonction $(s, x) \rightarrow h(sx)f(x)$ est essentiellement $(\mu \otimes \beta)$-intégrable. D'après le lemme 1, la fonction $(s, x) \rightarrow h(x)f(s^{-1}x)\chi(s^{-1}, x)$ est essentiellement $(\mu \otimes \beta)$-intégrable. Sous les hypothèses (i) ou (ii) de l'énoncé, on en déduit que cette fonction est $(\mu \otimes \beta)$-intégrable ; car, dans le premier cas, elle est continue et on applique la prop. 2 du chap. V, § 2, nº 1, et dans le second cas, elle est nulle hors d'une réunion dénombrable d'ensembles compacts, et on applique la prop. 3, *loc. cit.* D'après le théorème de Lebesgue-Fubini,

$$\int h(sx)d\mu(s)d(f.\beta)(x) = \int h(x)f(s^{-1}x)\chi(s^{-1}, x)d\mu(s)d\beta(x)$$
$$= \int h(x)d\beta(x) \int f(s^{-1}x)\chi(s^{-1}, x)d\mu(s),$$

la fonction $x \to g(x) = \int f(s^{-1}x)\chi(s^{-1}, x)d\mu(s)$ étant en outre localement β-intégrable. On voit donc que

$$\langle h, \mu * (f.\beta)\rangle = \langle h, g.\beta\rangle$$

d'où $g = \mu *^{\beta} f$.

Supposons maintenant μ portée par la réunion S d'une suite d'ensembles compacts. La fonction

$$(s, x) \to h(x)f(s^{-1}x)\chi(s^{-1}, x)\varphi_{S}(s)$$

est essentiellement $(\mu \otimes \beta)$-intégrable, et nulle hors d'une réunion dénombrable d'ensembles compacts, donc $(\mu \otimes \beta)$-intégrable. Comme $\mu = \varphi_S . \mu$, le raisonnement se termine comme précédemment.

Remarque. — L'hypothèse (iii) de la prop. 2 est satisfaite notamment quand μ est *bornée.* En effet, pour tout $n > 0$, il existe alors une partie compacte K_n de G telle que

$$|\mu|(G - K_n) \leqslant \frac{1}{n}$$

(chap. IV, § 4, n° 7), et μ est portée par la réunion des K_n. Plus généralement, soit ρ une fonction semi-continue inférieurement finie > 0 sur G telle que $\rho(st) \leqslant \rho(s)\rho(t)$; si $\mu \in \mathscr{M}^{\rho}$, l'hypothèse (iii) est satisfaite ; car $\rho . \mu$ est bornée, et μ est portée par les mêmes sous-ensembles que $\rho . \mu$ puisque, sur toute partie compacte de G, ρ est minorée par une constante > 0.

2. *Exemples de mesures et de fonctions convolables.*

Dans les prop. 3 et 4, $\mathscr{C}'(G)$ et $\mathscr{M}(G)$ sont munis de la topologie de la *convergence compacte* dans $\mathscr{C}(G)$ et $\mathscr{K}(G)$ respectivement.

PROPOSITION 3. — *Supposons χ continue. Soient $\mu \in \mathscr{C}'(G)$ et $f \in \mathscr{C}(X)$. Alors :*

(i) μ *et* f *sont convolables relativement à* β.

(ii) *La formule* (3) *du n° 1 définit pour tout* $x \in X$ *un produit de convolution* $\mu *^{\beta} f$ *qui est continu et n'est autre que l'élément* $\gamma_{\chi}(\mu)f$ *défini par la représentation continue* γ_{χ} *de* G *dans* $\mathscr{C}(X)$; *de plus, l'application* $(\mu, f) \rightarrow \mu *^{\beta} f$ *est hypocontinue relativement aux parties équicontinues de* $\mathscr{C}'(G)$ *et aux parties compactes de* $\mathscr{C}(X)$.

(iii) *Si de plus* $f \in \mathscr{K}(X)$ *le produit* $\mu *^{\beta} f$ *de* (ii) *appartient à* $\mathscr{K}(X)$ *et l'application* $(\mu, f) \rightarrow \mu *^{\beta} f$ *est hypocontinue relativement aux parties équicontinues de* $\mathscr{C}'(G)$ *et aux parties compactes de* $\mathscr{K}(X)$.

On sait que μ et f sont convolables (§ 3, n° 2, prop. 8 (i)). D'autre part, avec les notations du § 2, on a

$$\gamma_{\chi}(\mu)f = \int (\gamma_{\chi}(s)f)d\mu(s) \in \mathscr{C}(X)$$

puisque $\mathscr{C}(X)$ est quasi-complet. En particulier, pour tout $x \in X$, on a

$$(\gamma_{\chi}(\mu)f)(x) = \int (\gamma_{\chi}(s)f)(x)d\mu(s).$$

Ceci, joint à la prop. 2, et au § 2, n° 6, prouve (ii). Enfin, si $f \in \mathscr{K}(X)$, $\mu * (f.\beta)$ est à support compact (§ 3, n° 2, prop. 9), donc $\mu *^{\beta} f \in \mathscr{K}(X)$. Considérons la représentation continue U de G dans le complété $\mathscr{K}(X)^{\wedge}$ obtenue en prolongeant par continuité les opérateurs $\gamma_{\chi}(s)$ continus dans $\mathscr{K}(X)$ (§ 2, n° 1, *Remarque* 3). Soit S le support de μ. Les fonctions $\gamma_{\chi}(s)f$, pour $s \in S$, ont leur support contenu dans un ensemble compact fixe K. L'ensemble $\mathscr{K}(X, K)$ est un sous-espace vectoriel complet de $\mathscr{K}(X)$. Donc $U(\mu)f \in \mathscr{K}(X)$. On voit alors comme précédemment que $U(\mu)f = \mu *^{\beta} f$, et (iii) résulte encore du § 2, n° 6.

PROPOSITION 4. — *Supposons que* G *opère proprement dans* X *et que* χ *soit continue. Soient* $\mu \in \mathscr{M}(G)$ *et* $f \in \mathscr{K}(X)$.

(i) μ *et* f *sont convolables relativement à* β.

(ii) *La formule* (3) *du n° 1 définit pour tout* $x \in X$ *un produit de convolution* $\mu *^{\beta} f$ *qui est continu.*

(iii) *L'application* $(\mu, f) \rightarrow \mu *^{\beta} f$ *de* $\mathscr{M}(G) \times \mathscr{K}(X)$ *dans*

$\mathscr{C}(X)$ *est hypocontinue relativement aux parties bornées de* $\mathscr{M}(G)$ *et aux parties compactes de* $\mathscr{K}(X)$ *qui sont contenues dans un sous-espace* $\mathscr{K}(X, L)$ (*où* L *est une partie compacte variable de* X).

On sait que μ et f sont convolables (§ 3, n° 2, prop. 8 (ii)), et il est clair que les intégrales figurant dans (3) existent pour tout $x \in X$. Soient K et L deux parties compactes de X. Il existe une partie compacte H de G telle que les relations $x \in K$ et $s^{-1}x \in L$ entraînent $s \in H$; soit $\varphi \in \mathscr{K}_+(G)$, telle que $\varphi(s) = 1$ pour $s \in H$. On a, pour $f \in \mathscr{K}(X, L)$ et $x \in K$:

$$\int f(s^{-1}x)\chi(s^{-1}, x)d\mu(s) = \int f(s^{-1}x)\chi(s^{-1}, x)\varphi(s)d\mu(s) = ((\varphi . \mu) *^{\beta} f)(x)$$

Par suite $\int f(s^{-1}x)\chi(s^{-1}, x)d\mu(s)$ est fonction continue de x et définit un produit de convolution $\mu *^{\beta} f \in \mathscr{C}(X)$. De plus, l'application $\mu \to \varphi . \mu$ de $\mathscr{M}(G)$ dans $\mathscr{C}'(G)$ est continue pour les topologies de la convergence compacte. La prop. 3 (iii) entraîne donc que l'application $(\mu, f) \to \mu *^{\beta} f$ de $\mathscr{M}(G) \times \mathscr{K}(X, L)$ dans $\mathscr{C}(X)$ est, pour toute partie compacte L de X, hypocontinue relativement aux parties compactes de $\mathscr{K}(X, L)$. En particulier, l'application $(\mu, f) \to \mu *^{\beta} f$ de $\mathscr{M}(G) \times \mathscr{K}(X)$ dans $\mathscr{C}(X)$ est séparément continue. Comme $\mathscr{K}(X)$ est tonnelé, cette application est hypocontinue relativement aux parties bornées de $\mathscr{M}(G)$ (*Esp. vect. top.*, chap. III, § 4, n° 2, prop. 6).

Remarque 1. — Sous les hypothèses de la prop. 4, l'application $\mu \to \mu *^{\beta} f$ de $\mathscr{M}_+(G)$dans $\mathscr{C}(X)$ est continue lorsqu'on munit $\mathscr{M}_+(G)$ de la topologie *vague*, pour toute $f \in \mathscr{K}(X)$. En effet, soient K une partie compacte de X, S le support (compact) de f ; comme G opère proprement dans X, l'ensemble des $s \in G$ pour lesquels il existe $x \in K$ tel que $s^{-1}x \in S$ est une partie compacte L de G (*Top. gén.*, chap. III, 3e éd., § 4, n° 5, th. 1). Soient ε un nombre > 0, φ une fonction de $\mathscr{K}_+(G)$ égale à 1 dans l'ensemble compact L, μ_0 un élément de $\mathscr{M}_+(G)$; l'ensemble W_0 des mesures $\mu \in \mathscr{M}_+(G)$ telles que

$$\left| \int \varphi(s)d\mu(s) - \int \varphi(s)d\mu_0(s) \right| \leqslant \varepsilon$$

est un voisinage de μ_0 dans $\mathscr{M}_+(G)$. D'autre part, la fonction $(s, x) \to f(s^{-1}x)\chi(s^{-1}, x)$ est uniformément continue dans $L \times K$, donc il existe un nombre fini de points $x_i \in K$ $(1 \leqslant i \leqslant n)$ tels que pour tout $x \in K$, il existe un i pour lequel on ait

$$|f(s^{-1}x)\chi(s^{-1}, x) - f(s^{-1}x_i)\chi(s^{-1}, x_i)| \leqslant \varepsilon$$

pour tout $s \in L$. Comme $\mu(L) \leqslant \int \varphi(s) d\mu_0(s) + \varepsilon$ pour toute $\mu \in W_0$, on a aussi

$$\left| \int f(s^{-1}x)\chi(s^{-1}, x) d\mu(s) - \int f(s^{-1}x_i)\chi(s^{-1}, x_i) d\mu(s) \right| \leqslant \varepsilon \left(\int \varphi(s) d\mu_0(s) + \varepsilon \right)$$

pour tout x vérifiant l'inégalité précédente et toute $\mu \in W_0$. Soit alors W le voisinage de μ_0 dans $\mathscr{M}_+(G)$ formé des mesures $\mu \in W_0$ telles que

$$\left| \int f(s^{-1}x_i)\chi(s^{-1}, x_i) d\mu(s) - \int f(s^{-1}x_i)\chi(s^{-1}, x_i) d\mu_0(s) \right| \leqslant \varepsilon$$

pour $1 \leqslant i \leqslant n$. Il est clair que pour toute mesure $\mu \in W$ et tout $x \in K$, on a

$$\left| \int f(s^{-1}x)\chi(s^{-1}, x) d\mu(s) - \int f(s^{-1}x)\chi(s^{-1}, x) d\mu_0(s) \right| \leqslant \varepsilon \left(2 \int \varphi(s) d\mu_0(s) + 2\varepsilon + 1 \right)$$

et comme ε est arbitraire, cela démontre notre assertion.

PROPOSITION 2. — *Supposons χ continue et chaque fonction $\chi(s, .)$ bornée.*

(i) *La fonction $s \to \rho(s) = \sup_{x \in X} \chi(s^{-1}, x)$ sur G est semi-continue inférieurement > 0 et vérifie $\rho(st) \leqslant \rho(s)\rho(t)$ quels que soient s, t dans G.*

(ii) *Soient $\mu \in \mathscr{M}^\rho(G)$ et $f \in L^\infty(X, \beta)$. Alors μ et f sont* *convolables et* $\mu *^\beta f$ *est donné localement presque partout par la formule* (3) *du* n° 1. *On a* $\mu *^\beta f \in \overline{L^\infty_*(X, \beta)}$, *et* $\|\mu *^\beta f\|_\infty \leqslant \|\mu\|_\rho \|f\|_\infty$.

(iii) *Si de plus* $f \in \mathscr{C}^\infty(X)$ (resp. $\overline{\mathscr{K}(X)}$), *la formule* (3) *du* n° 1 *définit pour tout* x *un produit de convolution* $\mu *^\beta f$ *qui appartient à* $\mathscr{C}^\infty(X)$ (resp. $\overline{\mathscr{K}(X)}$).

(iv) *Si* $f \in \overline{\mathscr{K}(X)}$, *alors le produit de convolution* $\mu *^\beta f$ *défini par* (3) *n'est autre que l'élément* $\gamma_\chi(\mu) f$ *défini par la représentation continue* γ_χ *de* G *dans* $\overline{\mathscr{K}(X)}$.

L'identité $\chi(st, x) = \chi(s, tx)\chi(t, x)$ entraîne aussitôt que $\rho(st) \leqslant \rho(s)\rho(t)$. D'autre part, ρ est semi-continue inférieurement comme enveloppe supérieure de fonctions continues.

Soit $\mu \in \mathscr{M}^\rho(G)$. D'après la prop. 1 du n° 1, μ et 1 sont convolables ; la prop. 2 montre que $(|\mu| *^\beta 1)(x) \leqslant \int_G \rho(s) d|\mu|(s)$ localement β-presque partout. Donc, si f est β-mesurable et si $|f| \leqslant 1$, μ et f sont convolables et $N_\infty(\mu *^\beta f) \leqslant \int \rho(s) d|\mu|(s)$. De plus, $\mu *^\beta f$ est donné localement presque partout par la formule (3) du n° 1, car la condition (iii) de la prop. 2 du n° 1 est satisfaite. Ceci entraîne (ii).

Supposons f continue et bornée par 1 en valeur absolue. Il est clair que les intégrales figurant dans (3) existent pour tout $x \in X$. Montrons qu'elles dépendent continûment de x. On peut supposer $\mu \geqslant 0$. Soient $x_0 \in X$ et $\varepsilon > 0$. Soit K une partie compacte de G telle que $\int_{G-K} \rho(s) d\mu(s) \leqslant \varepsilon$. Il existe un voisinage V de x_0 dans X tel que $x \in V$ implique

$$|f(s^{-1}x)\chi(s^{-1}, x) - f(s^{-1}x_0)\chi(s^{-1}, x_0)| \leqslant \varepsilon/\mu(K)$$

pour $s \in K$. Alors, pour $x \in V$, on a

$$\left| \int f(s^{-1}x)\chi(s^{-1}, x) d\mu(s) - \int f(s^{-1}x_0)\chi(s^{-1}, x_0) d\mu(s) \right|$$
$$\leqslant 2 \int_{G-K} \rho(s) d\mu(s) + \int_K \frac{\varepsilon}{\mu(K)} d\mu(s) \leqslant 3\varepsilon$$

d'où notre assertion. Supposons de plus $f \in \overline{\mathscr{K}(X)}$. Soit H une partie compacte de X telle que $|f(y)| \leqslant \varepsilon$ pour $y \notin H$. Soit $x \notin KH$. On a $s^{-1}x \notin H$ pour $s \in K$, donc

$$\left|\int_G f(s^{-1}x)\chi(s^{-1}, x)d\mu(s)\right| \leqslant \int_{G-K} \rho(s)d\mu(s) + \int_K \varepsilon\rho(s)d\mu(s)$$

$$\leqslant \varepsilon\left(1 + \int_G \rho(s)d\mu(s)\right)$$

ce qui achève de prouver (iii).

Enfin, si $f \in \overline{\mathscr{K}(X)}$, comme $\varepsilon_x \in \mathscr{M}^1(X)$ pour tout $x \in X$, on a

$$(\gamma_\chi(\mu)f)(x) = \int (\gamma_\chi(s)f)(x)d\mu(x)$$

donc $\gamma_\chi(\mu)f$ est le produit de convolution $\mu *^\beta f$ défini par (3).

Proposition 6. — *Supposons χ continue et chaque fonction $\chi(s, .)$ bornée. Soit $\rho(s) = \sup_{x\in X} \chi(s^{-1}, x)$. Soient p et q deux exposants conjugués ($1 \leqslant p < +\infty$). Soient $\mu \in \mathscr{M}^{\rho^{1/q}}(G)$ et $f \in L^p(X, \beta)$. Alors :*

(i) *μ et f sont convolables ;*

(ii) *le produit de convolution $\mu *^\beta f$ est donné localement β-presque partout par la formule (3), et est égal localement β-presque partout à une fonction $g \in L^p(X, \beta)$ telle que $\|g\|_p \leqslant \|\mu\|_{\rho^{1/q}}\|f\|_p$;*

(iii) *g est égal à l'élément $\gamma_\chi(\mu)f$ défini par la représentation continue γ_χ de G dans $L^p(X, \beta)$.*

On a

$$\int^* \|\gamma_\chi(s)f\|_p d|\mu|(s) \leqslant \left(\int^* \rho(s)^{1/q}d|\mu|(s)\right)\|f\|_p < +\infty$$

d'après le § 2, n° 5, formule (5). D'autre part, l'application $s \to \gamma_\chi(s)f$ de G dans $L^p(X, \beta)$ est continue (§ 2, prop. 9). Donc cette application est μ-intégrable. Soit

$$g = \int_G (\gamma_\chi(s)f)d\mu(s) \in L^p(X, \beta).$$

On a $\|g\|_p \leqslant \left(\int \rho^{1/q}(s)d|\mu|(s)\right)\|f\|_p$. Appliquant les remarques précédentes à $|f|$, on voit que l'application $s \to \varepsilon_s * |f|$ de G dans $L^p(X, \beta)$ est μ-intégrable, donc que, pour toute $h \in \mathscr{K}(X)$, l'application $s \to \langle h, \varepsilon_s * (|f|.\beta)\rangle$ est μ-intégrable. La prop. 7 du § 1, nº 5, prouve alors que μ et $f.\beta$ sont convolables. En outre,

$$\int_X g(x)h(x)d\beta(x) = \int_G d\mu(s) \int_X (\gamma_X(s)f)(x)h(x)d\beta(x)$$

$$= \int_G \langle h, \varepsilon_s * (f.\beta)\rangle \, d\mu(s)$$

et cette dernière intégrale est égale à $\langle h, \mu * (f.\beta)\rangle$ d'après la prop. 7 du § 1, nº 5. On voit donc que g est un produit de convolution de μ et f. Ce produit de convolution est donné localement β-presque partout par (3) d'après la prop. 2 et la *Remarque* qui la suit.

Par abus de notation, c'est souvent l'une des fonctions g de l'énoncé qu'on note $\mu *^\beta f$, ce qui permet d'écrire

$$\|\mu *^\beta f\|_p \leqslant \|\mu\|_{\rho^{1/q}} \|f\|_p.$$

Si $\overset{\bullet}{X}$ est dénombrable à l'infini, cette manière d'écrire est d'ailleurs entièrement justifiée.

Corollaire. — *Sous les hypothèses de la prop.* 6, *l'application* $(\mu, f) \to \mu *^\beta f$ *définit sur* $L^p(X, \beta)$ *une structure de module à gauche sur* $\mathscr{M}^{\rho^{1/q}}(G)$ $(1 \leqslant p \leqslant +\infty)$.

Ceci résulte des prop. 5 et 6 et de l'associativité du produit de convolution.

Remarque 2. — Soit X un espace localement compact sur lequel un groupe localement compact G opère à droite continûment par $(x,s) \to xs$. Soit β une mesure positive sur X. Soit χ une fonction > 0 sur $G \times X$, mesurable pour toute mesure sur $G \times X$, et telle que, pour tout $s \in G$, on ait $\delta(s)\beta = \chi(s, .).\beta$. Soit f une fonction localement β-intégrable sur X et soit μ une mesure sur G. Si $f.\beta$ et μ sont convolables (pour l'application $(x, s) \to xs$ de $X \times G$ dans X), $(f.\beta) * \mu$

est de base β. On dit alors que f et μ sont convolables relativement à β ; toute densité de $(f.\beta) * \mu$ par rapport à β s'appelle un produit de convolution de f et μ relativement à β et se note $f *^{\beta} \mu$ ou simplement $f * \mu$.

Soit G^0 le groupe opposé à G. Par $(s, x) \to xs$, G^0 opère à gauche continûment dans X. Dire que f et μ sont convolables au sens précédent équivaut à dire que μ et f sont convolables pour G^0 opérant à gauche dans X ; et les produits de convolution $f *^{\beta} \mu$ ne sont autres que les produits de convolution $\mu *^{\beta} f$ pour G^0 opérant à gauche dans X. D'autre part, on a, pour $s \in G^0$, $\gamma(s)\beta = \chi(s^{-1}, .).\beta$. Les résultats des nos 1 et 2 se traduisent alors immédiatement en résultats concernant les produits $f *^{\beta} \mu$. En particulier :

1) Si $s \in G$ et si f est localement β-intégrable, f et ε_s sont convolables, et l'on a

$$(f * \varepsilon_s)(x) = \chi(s^{-1}, x) f(xs^{-1}) \tag{4}$$

2) Si f et μ sont convolables et si l'une des conditions (i), (ii), (iii) de la prop. 2 est remplie, alors $f *^{\beta} \mu$ est donnée localement β-presque partout par

$$(f *^{\beta} \mu)(x) = \int_G f(xs^{-1}) \chi(s^{-1}, x) d\mu(s). \tag{5}$$

Nous laissons au lecteur le soin de traduire les autres énoncés. On notera que, si χ est continue, on a

$$\chi(ts, x) = \chi(s, xt)\chi(t, x) \qquad (x \in X \; ; \; s, t \text{ dans } G). \tag{6}$$

3. *Convolution et transposition.*

Revenons aux hypothèses et aux notations du début du n° 1, mais supposons de plus que β soit *relativement invariante de multiplicateur* χ ; χ est donc une fonction continue sur G.

PROPOSITION 7. — *Soient f une fonction localement β-intégrable sur* X, ν *une mesure sur* X *et* μ *une mesure sur* G. *On suppose que :*

(i) *μ et f sont convolables et la formule* (3) *du n°* 1 *définit localement β-presque partout un produit de convolution* $\mu *^{\beta} f$.

(ii) $\chi . \check{\mu}$ *et* ν *sont convolables.*

(iii) *La fonction* $g(s, x) = f(s^{-1}x)\chi(s^{-1})$ *est* $(\mu \otimes \nu)$*- intégrable.*

Alors f est essentiellement intégrable pour $(\chi . \check{\mu}) * \nu$, *la fonction* $\mu *^{\beta} f$ *définie par* (3) *est ν-intégrable et l'on a*

$$\nu(\mu *^{\beta} f) = ((\chi . \check{\mu}) * \nu)(f). \tag{7}$$

Puisque $g(s, x)$ est intégrable pour $\mu \otimes \nu$, la fonction $f(sx)$ est essentiellement intégrable pour $(\chi . \check{\mu}) \otimes \nu$ et f est essentiellement intégrable pour $(\chi . \check{\mu}) * \nu$. D'après le théorème de Lebesgue-Fubini, $\mu *^{\beta} f = \int g(s, x) d\mu(s)$ est ν-intégrable et l'on a

$$\nu(\mu *^{\beta} f) = \iint f(s^{-1}x)\chi(s^{-1}) d\mu(s) d\nu(x)$$

$$= \iint f(sx)\chi(s) d\check{\mu}(s) d\nu(x) = ((\chi . \check{\mu}) * \nu)(f).$$

Exemples. — 1) On peut prendre $f \in \mathscr{C}(X)$, $\nu \in \mathscr{C}'(X)$ et $\mu \in \mathscr{C}'(G)$ d'après la prop. 3, et le cor. de la prop. 5 du § 1, n° 4. La formule (7) signifie alors que l'endomorphisme $\nu \to (\chi . \check{\mu}) * \nu$ de $\mathscr{C}'(X)$ est le *transposé* de l'endomorphisme $f \to \mu * f$ de $\mathscr{C}(X)$.

2) On peut prendre $f \in \mathscr{K}(X)$, $\nu \in \mathscr{M}(X)$ et $\mu \in \mathscr{C}'(G)$ d'après la prop. 3, la prop. 8 du § 3, n° 2, et la remarque que le support de la fonction continue $g(s, x)$ rencontre le support de $\mu \otimes \nu$ suivant un ensemble compact. La formule (7) signifie alors que l'endomorphisme $\nu \to (\chi . \check{\mu}) * \nu$ de $\mathscr{M}(X)$ est le *transposé* de l'endomorphisme $f \to \mu * f$ de $\mathscr{K}(X)$.

3) Si G opère proprement dans X, on peut prendre $f \in \mathscr{K}(X)$, $\nu \in \mathscr{C}'(X)$ et $\mu \in \mathscr{M}(G)$ d'après la prop. 4, la prop. 8 du § 3, n° 2, et la même remarque que dans l'*Exemple* 2.

PROPOSITION 8. — *Soient f et g deux fonctions localement β-intégrables sur* X *et soit* $\mu \in \mathscr{M}(G)$. *On suppose que :*

(i) *μ et f sont convolables et la formule* (3) *du n°* 1 *définit localement β-presque partout un produit de convolution* $\mu *^{\beta} f$.

(ii) $\chi . \check{\mu}$ *et* g *sont convolables et la formule* (3) *du* n° 1 *(où on remplace* μ *par* $\chi . \check{\mu}$ *et* f *par* g*) définit localement* β*-presque partout un produit de convolution* $(\chi . \check{\mu}) *^{\beta} g$.

(iii) *Il existe une fonction* ψ *sur* G, *localement* μ*-presque partout égale à* 1, *telle que la fonction* $h(s, x) = g(x)f(s^{-1}x)\chi(s^{-1})\psi(s)$ *soit* $(\mu \otimes \beta)$*-intégrable.*

Alors les fonctions $g(x)((\mu *^{\beta} f)(x))$ *et* $f(x)(((\chi . \check{\mu}) *^{\beta} g)(x))$ *sont essentiellement* β*-intégrables, et l'on a*

$$(8) \qquad \int f(x)(((\chi . \check{\mu}) *^{\beta} g)(x)) d\beta(x) = \int g(x)((\mu *^{\beta} f)(x)) d\beta(x)$$

En effet, d'après (iii) et le théorème de Lebesgue-Fubini, la fonction $x \rightarrow g(x) \int f(s^{-1}x)\chi(s^{-1})\psi(s) d\mu(s)$ est β-intégrable et on a

$$\begin{aligned} \mathrm{I} &= \iint f(s^{-1}x) g(x) \chi(s^{-1}) \psi(s) d\mu(s) d\beta(x) \\ &= \int g(x) d\beta(x) \int f(s^{-1}x)\chi(s^{-1})\psi(s) d\mu(s) \end{aligned}$$

Mais on a $\psi . \mu = \mu$ et par suite

$$\int f(s^{-1}x)\chi(s^{-1})\psi(s) d\mu(s) = (\mu *^{\beta} f)(x),$$

localement β-presque partout. Ceci montre que la fonction $x \rightarrow g(x)((\mu *^{\beta} f)(x))$ est essentiellement β-intégrable et que

$$\mathrm{I} = \int g(x)((\mu *^{\beta} f)(x)) d\beta(x).$$

D'autre part, le lemme 1 montre que la fonction $(s, x) \rightarrow g(sx)f(x)\chi(s^{-1})\psi(s)$ est intégrable pour $(\chi . \mu) \otimes \beta$. Donc la fonction $(s, x) \rightarrow g(s^{-1}x)f(x)\psi(s^{-1})$ est intégrable pour $\check{\mu} \otimes \beta$ et l'on a

$$\begin{aligned} \mathrm{I} &= \iint g(s^{-1}x) f(x) \psi(s^{-1}) d\check{\mu}(s) d\beta(x) \\ &= \int f(x) d\beta(x) \int g(s^{-1}x)\psi(s^{-1}) d\check{\mu}(s). \end{aligned}$$

Mais $\check{\psi}.\check{\mu} = \check{\mu}$ et par suite $\int g(s^{-1}x)\psi(s^{-1})d\check{\mu}(s) = ((\chi.\check{\mu}) *^{\beta} g)(x)$ localement β-presque partout. Ceci montre que la fonction $x \to f(x)(((\chi.\check{\mu}) *^{\beta} g)(x))$ est essentiellement β-intégrable et que

$$I = \int f(x)(((\chi.\check{\mu}) *^{\beta} g)(x))d\beta(x).$$

Ceci démontre la proposition.

Exemples. — 4) On peut prendre $f \in \mathscr{C}(X)$, $g \in \mathscr{K}(X)$ et $\mu \in \mathscr{C}'(G)$ (avec $\psi = 1$).

5) Si G opère proprement sur X, on peut prendre $f \in \mathscr{K}(X)$, $g \in \mathscr{K}(X)$ et $\mu \in \mathscr{M}(G)$ (avec $\psi = 1$).

6) On peut prendre $f \in L^p(X, \beta)$, $g \in L^q(X, \beta)$ et $\mu \in \mathscr{M}^{\rho}(G)$ avec $1 \leqslant p < +\infty$, $\frac{1}{p} + \frac{1}{q} = 1$, $\rho = \chi^{-1/q}$. Les conditions (i) et (ii) sont satisfaites d'après les prop. 5 et 6. Démontrons (iii). On a vu que μ était portée par un ensemble S réunion dénombrable d'ensembles compacts. On prendra pour ψ la fonction caractéristique de S. La fonction h est $(\mu \otimes \beta)$-mesurable : en effet la fonction $(s, x) \to g(x)\chi(s^{-1})\psi(s)$ l'est, ainsi que la fonction $(s, x) \to f(s^{-1}x)$ d'après le lemme 1. De plus, g étant nulle hors d'une réunion dénombrable d'ensembles β-intégrables, h est nulle hors d'une réunion dénombrable d'ensembles $(\mu \otimes \beta)$-intégrables. On a alors (chap. V, § 8, nº 1, prop. 4) :

$$(9) \quad J = \iint^{*} |g(x)f(s^{-1}x)|\chi(s^{-1})\psi(s)d|\mu|(s)d\beta(x)$$
$$= \int^{*} |g(x)|d\beta(x) \int^{*} |f(s^{-1}x)|\chi(s^{-1})\psi(s)d|\mu|(s).$$

Mais comme g (resp. ψ) est nulle hors d'une réunion dénombrable d'ensembles intégrables, les intégrales supérieures du second membre de (9) sont égales aux intégrales supérieures essentielles (chap. V, § 2, nº 1, prop. 3). Or (chap. V, § 5, nº 3, prop. 2) on a

$$\overline{\int}^* |f(s^{-1}x)|\chi(s^{-1})\psi(s)d|\mu|(s) = \overline{\int}^* |f(s^{-1}x)|\chi(s^{-1})d|\mu|(s)$$

puisque $\mu = \psi . \mu$. D'après la prop. 6, cette dernière intégrale est finie et égale à $(|\mu| *^\beta |f|)(x)$ localement β-presque partout. On a donc

$$J = \overline{\int}^* |g(x)|(|\mu| *^\beta |f|)(x) d\beta(x)$$

et J est finie puisque $g \in L^q$ et $|\mu| *^\beta |f| \in L^p$ (prop. 6). Donc h est $(\mu \otimes \beta)$-intégrable.

La formule (8) signifie alors que l'endomorphisme

$$g \to (\chi . \check{\mu}) * g$$

de $L^q(X, \beta)$ est, pour $\mu \in \mathscr{M}^p(G)$, le *transposé* de l'endomorphisme $f \to \mu * f$ de $L^p(X, \beta)$.

4. *Convolution d'une mesure et d'une fonction sur un groupe*

Soit G un groupe localement compact. Fixons dans les nos 4 et 5 une mesure positive $\beta \neq 0$ sur G, relativement invariante ; soient χ et χ' ses multiplicateurs à gauche et à droite (rappelons que $\chi' = \chi\Delta_G$). Si μ est une mesure sur G et f une fonction localement β-intégrable sur G, la convolabilité de μ et f et les produits $\mu * f$ (resp. la convolabilité de f et μ et les produits $f * \mu$) se définissent en considérant G comme opérant sur lui-même à gauche (resp. à droite) par translations. Explicitons dans cette situation quelques-uns des résultats précédents :

1) Soient μ une mesure sur G, f une fonction complexe localement β-intégrable sur X. On suppose vérifiée l'une des conditions suivantes :

(i) f est continue ;

(ii) f est nulle dans le complémentaire d'une réunion dénombrable d'ensembles compacts ;

(iii) μ est portée par une réunion dénombrable d'ensembles compacts.

Si μ et f sont convolables, on a localement β-presque partout

$$(10) \qquad (\mu * f)(x) = \int_G f(s^{-1}x)\chi(s^{-1})d\mu(s).$$

Si f et μ sont convolables, on a localement β-presque partout

$$(11) \qquad (f * \mu)(x) = \int_G f(xs^{-1})\chi'(s^{-1})d\mu(s).$$

2) Soient p et q deux exposants conjugués ($1 \leqslant p \leqslant +\infty$). Si $\mu \in \mathscr{M}^{\chi^{-1/q}}(G)$ et $f \in L^p(G, \beta)$, μ et f sont convolables, et $\mu * f$ est égale localement β-presque partout à une fonction de $L^p(G, \beta)$; on a (avec un abus de notations déjà signalé)

$$\|\mu * f\|_p \leqslant \|\mu\|_{\chi^{-1/q}}\|f\|_p.$$

Si $\mu \in \mathscr{M}^{\chi'^{-1/q}}(G)$ et $f \in L^p(G, \beta)$, f et μ sont convolables, et $f * \mu$ est égale localement β-presque partout à une fonction de $L^p(G, \beta)$; on a $\|f * \mu\|_p \leqslant \|\mu\|_{\chi'^{-1/q}}\|f\|_p$.

3) Les applications $(\mu, f) \rightarrow \mu * f$, $(f, \mu) \rightarrow f * \mu$ définissent sur $L^p(G, \beta)$ des structures de module à gauche sur $\mathscr{M}^{\chi^{-1/q}}(G)$ et de module à droite sur $\mathscr{M}^{\chi'^{-1/q}}(G)$. Les deux lois externes sur $L^p(G, \beta)$ sont permutables d'après l'associativité de la convolution.

4) Si $\mu * f$ est continue et donnée en tout point par (10), on a

$$(12) \qquad (\mu * f)(e) = \int f(s^{-1})\chi(s^{-1})d\mu(s).$$

Si $f * \mu$ est continue et donnée en tout point par (11), on a

$$(13) \qquad (f * \mu)(e) = \int f(s^{-1})\chi'(s^{-1})d\mu(s).$$

5. Convolution des fonctions sur un groupe.

On conserve les notations G, β, χ, χ' du n° 4.

Rappelons que, si f est une fonction complexe sur G, la propriété d'être localement β-intégrable est indépendante du choix de β. Soit $\mathscr{L}(G)$ l'ensemble des fonctions possédant cette propriété. Si $f \in \mathscr{L}(G)$, $g \in \mathscr{L}(G)$, la relation

« $f.\beta$ et $g.\beta$ sont convolables »

est indépendante du choix de β (§ 3, n° 1, prop. 6). Nous dirons alors que f et g sont *convolables*. D'après le n° 1, $(f.\beta) * (g.\beta)$ est de la forme $h.\beta$ avec $h \in \mathscr{L}$, h étant déterminée aux ensembles localement β-négligeables près. On posera $h = f *^{\beta} g$ et on dira que h est un *produit de convolution* de f et g relativement à β. (On omet β quand aucune confusion n'est possible). Si β est remplacée par $\psi.\beta$, ψ étant une représentation continue de G dans $\mathbf{R}_+^*$, h ne change pas (§ 3, n° 1, prop. 6) ; si β est remplacée par $a\beta$ ($a \in \mathbf{R}_+^*$), h est remplacée par ah. On définit de manière analogue le produit de convolution de plusieurs fonctions sur G.

Si l'une des convolées de f et g est continue, elle est déterminée de manière unique puisque le support de β est G. On l'appelle alors *le* produit de convolution de f et g relativement à β.

Il est clair que

$$f *^{\beta} g = (f.\beta) *^{\beta} g = f *^{\beta} (g.\beta). \tag{14}$$

Proposition 9. — *Soient f, g dans $\mathscr{L}(G)$. Supposons que la fonction $s \to g(s^{-1}x)f(s)\chi(s^{-1})$ soit essentiellement β-intégrable sauf pour un ensemble localement β-négligeable de valeurs de x, et que la fonction $x \to \int |g(s^{-1}x)f(s)|\chi(s^{-1})d\beta(s)$, définie localement β-presque partout, soit localement β-intégrable. Alors f et g sont convolables.*

Ceci résulte de la prop. 1 du n° 1.

Proposition 10. — *Soient f, g dans $\mathscr{L}(G)$. On suppose que l'une de ces deux fonctions est continue ou nulle dans le complémentaire d'une réunion dénombrable d'ensembles compacts. Si f*

et g sont convolables, la fonction $f * g$ est donnée localement β-presque partout par

$$(15) \qquad (f * g)(x) = \int_G g(s^{-1}x)f(s)\chi(s^{-1})d\beta(s)$$

$$= \int_G f(xs^{-1})g(s)\chi'(s^{-1})d\beta(s)$$

Ceci résulte de la prop. 2 du nº 1, et des remarques du nº 4.

En particulier, si $f * g$ est continue et donnée en tout point par (15), on a

$$(16) \quad (f * g)(e) = \int g(s^{-1})f(s)\chi(s^{-1})d\beta(s) = \int f(s^{-1})g(s)\chi'(s^{-1})d\beta(s).$$

Plus particulièrement encore, si β est une mesure de Haar à gauche et à droite, si $f * g$ et $g * f$ sont continues et données en tout point par (15) et la formule analogue pour $g * f$, on a

$$(17) \qquad (f * g)(e) = (g * f)(e) = \int f(s)g(s^{-1})d\beta(s).$$

Proposition 11. — *Soient f, g dans $\mathscr{L}(G)$. On suppose que l'une des fonctions f, g est continue et que l'une des fonctions f, g est à support compact. Alors f et g sont convolables. La formule* (15) *définit pour tout $x \in G$ un produit $f * g$ qui est continu. Si $f \in \mathscr{K}(G)$ et $g \in \mathscr{K}(G)$, on a $f * g \in \mathscr{K}(G)$.*

Ceci résulte des prop. 3 et 4 du nº 2.

Proposition 12. — *Soient p et q deux exposants conjugués* $(1 \leq p \leq +\infty)$. Si $f\chi^{-1/q} \in L^1(G, \beta)$ *et* $g \in L^p(G, \beta)$, *f et g sont convolables, $f * g$ est égale localement β-presque partout à une fonction de* $L^p(G, \beta)$, *et on a*

$$\|f * g\|_p \leq \|f\chi^{-1/q}\|_1 \|g\|_p \,.$$

Si $f \in L^p(G, \beta)$ *et* $g\chi'^{-1/q} \in L^1(G, \beta)$ *f et g sont convolables, $f * g$ est égale localement β-presque partout à une fonction de* $L^p(G, \beta)$, *et on a*

$$\|f * g\|_p \leq \|f\|_p \|g\chi'^{-1/q}\|_1.$$

Ceci résulte des prop. 5 et 6 du nº 2 et des remarques du nº 4.

PROPOSITION 13. — *Si* $f\chi^{-1} \in L^1(G, \beta)$ *et* $g \in \overline{\mathcal{K}(G)}$, *ou si* $f \in \overline{\mathcal{K}(G)}$ *et* $g\chi'^{-1} \in L^1(G, \beta)$, *f et g sont convolables, et* (15) *définit pour tout* $x \in G$ *un produit* $f * g$ *qui appartient à* $\overline{\mathcal{K}(G)}$.

Cela résulte de la prop. 5 du n° 2 et des remarques du n° 4.

PROPOSITION 14. — *Si* $f\chi^{-1} \in L^1(G, \beta)$ *et* $g \in L^\infty(G, \beta)$, *la formule* (15) *définit pour tout* $x \in G$ *un produit* $f * g$ *qui est borné et uniformément continu pour la structure uniforme droite de* G.

On sait déjà que $f * g$ appartient à $L^\infty(G, \beta)$ (n° 2, prop. 5) ; en outre on a $(f * g)(x) = \int f(xs^{-1})g(s)d\nu(s)$, en posant $\nu = \chi'^{-1}.\beta$; ν est une mesure de Haar à droite. Donc

$$|(f * g)(x) - (f * g)(x')| \leq \|g\|_\infty \int |f(xs^{-1}) - f(x's^{-1})|d\nu(s)$$

$$= \|g\|_\infty \int |f(s^{-1}) - f(x'x^{-1}s^{-1})|d\nu(s)$$

et la dernière intégrale est arbitrairement petite pourvu que $x'x^{-1}$ soit dans un voisinage convenable de e (§ 2, n° 5, prop. 8).

PROPOSITION 15. — *Soient p et q deux exposants conjugués* $(1 < p < +\infty)$. *Supposons* β *invariante à gauche. Soient* $f \in L^p(G, \beta)$, $g \in L^q(G, \check{\beta})$. *Alors f et g sont convolables. La formule* (15) *définit, pour tout* $x \in G$, *un produit* $f * g$ *qui appartient à* $\overline{\mathcal{K}(G)}$, *et qui est tel que* $\|f * g\|_\infty \leq \|f\|_p \|\check{g}\|_q$.

En effet, on a $\check{g} \in L^q(G, \beta)$, donc la fonction $s \to g(s^{-1}x)f(s)$ est β-intégrable pour tout $x \in G$. En outre,

$$\int |g(s^{-1}x)f(s)|d\beta(s) \leq \left(\int |f(s)|^p d\beta(s)\right)^{1/p} \left(\int |g(s^{-1}x)|^q d\beta(s)\right)^{1/q}$$

$$= \|f\|_p \left(\int |\check{g}(x^{-1}s)|^q d\beta(s)\right)^{1/q} = \|f\|_p \|\check{g}\|_q$$

donc f et g sont convolables (prop. 9). On voit en même temps que (15) définit pour tout x un produit $f * g$ tel que

$$|(f * g)(x)| \leq \|f\|_p \|\check{g}\|_q .$$

Pour f, g dans $\mathscr{K}(G)$, on a $f * g \in \mathscr{K}(G)$ (prop. 11) ; donc, pour $f \in L^p(G, \beta)$ et $g \in L^q(G, \check{\beta})$, le produit $f * g$ fourni par (15) est limite uniforme de fonctions de $\mathscr{K}(G)$, donc appartient à $\overline{\mathscr{K}(G)}$.

Corollaire. — *Soient* $f \in L^2(G, \beta)$, $g \in L^2(G, \beta)$. *Alors* f *et* $\check{g}$ *sont convolables. L'une des convolées* $f * \check{\bar{g}}$ *appartient à* $\overline{\mathscr{K}(G)}$ *et sa valeur en* e *est* $\int_G f(s)\overline{g(s)}d\beta(s)$.

Il suffit de faire $p = q = 2$ dans la prop. 15 et d'appliquer (16).

On ne suppose plus β invariante à gauche. Soit ρ une fonction > 0 finie semi-continue inférieurement sur G telle que $\rho(st) \leq \rho(s)\rho(t)$ quels que soient s, t dans G. On note $L^\rho(G, \beta)$ l'ensemble des classes de fonctions complexes sur G intégrables pour $\rho.\beta$. Par l'application $f \to f.\beta$, $L^\rho(G, \beta)$ s'identifie à l'ensemble des éléments de $\mathscr{M}^\rho(G)$ qui sont de base β (ensemble qui est indépendant du choix de β). Si on pose

$$\|f\|_\rho = \int_G |f(s)|\rho(s)d\beta(s)$$

pour $f \in L^\rho(G, \beta)$, cette identification est compatible avec les normes, donc $L^\rho(G, \beta)$ apparaît comme une sous-algèbre normée complète de $\mathscr{M}^\rho(G)$. C'est même un idéal bilatère de $\mathscr{M}^\rho(G)$ d'après la prop. 10 du § 3, nº 2. (Pour $\rho = 1$, on retrouve une des assertions du nº 4). En particulier, $L^1(G, \beta)$ s'identifie à un idéal bilatère fermé de $\mathscr{M}^1(G)$.

Proposition 16. — *Soit* U *une représentation continue de* G *dans un espace de Banach* E. *Posons* $\rho(s) = \|U(s)\|$ *pour tout* $s \in G$. *Pour toute* $f \in L^\rho(G, \beta)$, *posons* $U(f) = U(f.\beta)$. *Alors* $f \to U(f)$ *est une représentation linéaire de l'algèbre* $L^\rho(G, \beta)$ *dans* E, *telle que* $\|U(f)\| \leq \|f\|_\rho$.

Ceci résulte du § 2, nº 6, et du § 3, nº 3, prop. 11.

6. Applications.

PROPOSITION 17. — *Soient* G *un groupe localement compact,* A *une partie de* G, *mesurable et non localement négligeable pour une mesure de Haar. Alors* $A.A^{-1}$ *est un voisinage de e.*

Soit β une mesure de Haar à gauche. Il existe une partie compacte K de G telle que $B = A \cap K$ soit intégrable de mesure > 0 pour β. Appliquons le cor. de la prop. 15 avec $f = g = \varphi_B$. La fonction $F = \varphi_B * \check{\varphi}_B$ est continue et > 0 en e. Donc il existe un voisinage V de e tel que $F(x) > 0$ pour $x \in V$. Or

$$F(x) = \int \varphi_B(s)\varphi_B(x^{-1}s)d\beta(s) = \beta(B \cap xB).$$

Donc, pour $x \in V$, on a $B \cap xB \neq \varnothing$, d'où $x \in B.B^{-1}$. Donc $V \subset B.B^{-1} \subset A.A^{-1}$.

COROLLAIRE 1. — *Soit* H *un sous-groupe de* G *mesurable pour une mesure de Haar* β. *Alors* H *est, soit ouvert, soit localement* β*-négligeable.*

Car $H = H.H^{-1}$, donc, si H n'est pas localement β-négligeable, H contient un voisinage de e (prop. 17) et est par suite ouvert (*Top. Gén.*, chap. III, 3e éd., § 2, n° 1, cor. de la prop. 4).

COROLLAIRE 2. — *Soit* L *une partie de* G *stable pour la multiplication et dont le complémentaire est localement négligeable pour une mesure de Haar* β. *Alors* $L = G$.

En effet, L^{-1} et $L \cap L^{-1}$ sont de complémentaires localement β-négligeables. Or $L \cap L^{-1}$ est un sous-groupe, donc est ouvert (cor. 1) et par suite fermé. Donc $G - (L \cap L^{-1})$, qui est ouvert et localement β-négligeable, est vide. Donc $G = L \cap L^{-1}$.

PROPOSITION 18. — *Soient* G *un groupe localement compact,* Γ *un ensemble muni d'une multiplication* $(u, v) \rightarrow uv$ *et d'une topologie séparée telles que :*

1) *la topologie de* Γ *est invariante par les translations ;*

2) *la restriction de la multiplication à toute partie compacte de* Γ *est continue.*

Soit $f : G \to \Gamma$ *une application de* G *dans* Γ *telle que* $f(xy) = f(x)f(y)$ *pour* x, y *dans* G, *et mesurable pour une mesure de Haar* β *de* G. *Alors* f *est continue.*

Posons $g(x) = f(x^{-1})$ pour $x \in G$. Comme f et g sont β-mesurables, il existe une partie compacte K non β-négligeable de G telle que les restrictions de f et g à K soient continues. L'application $(x, y) \to f(xy^{-1}) = f(x)g(y)$ de $K \times K$ dans Γ est continue parce que la multiplication de Γ est continue sur $f(K) \times g(K)$; or cette application s'écrit $\varphi \circ \psi$, où ψ est l'application $(x, y) \to xy^{-1}$ de $K \times K$ sur $K.K^{-1}$, et où φ est la restriction de f à $K.K^{-1}$. Soit R la relation d'équivalence définie sur $K \times K$ par ψ. L'application ψ' de $(K \times K)/R$ sur $K.K^{-1}$ déduite de ψ par passage au quotient est continue, donc $(K \times K)/R$ est séparé et ψ' est un homéomorphisme. Comme $\varphi \circ \psi$ est continue, on voit que la restriction de f à $K.K^{-1}$ est continue. Or $K.K^{-1}$ est un voisinage de e (prop. 17), donc f est continue en e. Pour tout $x_0 \in G$, on a $f(x_0x) = f(x_0)f(x)$, donc f est continue en x_0 parce que la topologie de Γ est invariante par translations.

Corollaire 1. — *Soient* G *un groupe localement compact,* β *une mesure de Haar de* G, E *un espace localement convexe tonnelé séparé,* U *une représentation linéaire de* G *dans* E, *telle que* $U(s) \in \mathscr{L}(E ; E)$ *pour tout* $s \in G$, β*-mesurable quand on munit* $\mathscr{L}(E ; E)$ *de la topologie de la convergence simple. Alors* U *est une représentation linéaire continue.*

Soit Γ le groupe des automorphismes de E, muni de la topologie de la convergence simple. Cette topologie est séparée et invariante par translations. Soit K une partie compacte de Γ. Alors K est bornée dans $\mathscr{L}(E ; E)$ muni de la topologie de la convergence simple, donc équicontinue (*Esp. vect. top.*, chap. III, § 3, n° 6, th. 2) ; donc l'application $(u, v) \to v \circ u$ de $K \times K$ dans $\mathscr{L}(E ; E)$ est continue (*loc. cit.*, § 4, cor. 1 de la prop. 9). Donc, pour tout $x \in E$, l'application $s \to U(s)x$ de G dans E est continue (prop. 18). Comme E est tonnelé, U est continue (§ 2, n° 1, prop. 1).

Corollaire 2. — *Soient* G *un groupe localement compact,* β *une mesure de Haar sur* G, E *un espace de Banach de type dénombrable, U une représentation linéaire de* G *dans* E, *telle que* $U(s) \in \mathscr{L}(E\,;E)$ *pour tout* $s \in G$. *Soit* (a_m) *une suite totale dans* E, *et soit* (a'_n) *une suite partout dense dans la boule unité* B′ *du dual* E′ *de* E, *munie de la topologie faible. On suppose que les fonctions* $s \to \langle U(s)a_m, a'_n\rangle$ *sur* G *sont* β*-mesurables. Alors U est une représentation linéaire continue.*

Montrons d'abord que pour tout $z' \in E'$, les fonctions numériques

$$s \to \langle U(s)a_m, z'\rangle$$

sont β-mesurables ; on peut se borner au cas où $\|z'\| \leqslant 1$, et comme B′ est métrisable pour la topologie faible (*Esp. vect. top.*, chap. IV, § 5, n° 1, prop. 2), il existe une suite (a'_{n_k}) extraite de (a'_n) et qui converge faiblement vers z' ; la fonction

$$s \to \langle U(s)a_m, z'\rangle$$

est donc limite d'une suite de fonctions β-mesurables d'où notre assertion. On en conclut que l'application $s \to U(s)a_m$ de G dans E est β-mesurable pour tout m (chap. IV, § 5, n° 5, prop. 10). D'autre part, il existe une suite (b_m) d'éléments de E, combinaisons linéaires des a_i, qui est partout dense dans la boule unité de E. Pour tout $s \in G$, on a $\|U(s)\| = \sup_m \|U(s)b_m\|$, donc $s \to \|U(s)\|$ est mesurable. Soit K une partie compacte de G et soit $\varepsilon > 0$. Il existe une partie compacte K_0 de K telle que $\beta(K - K_0) \leqslant \varepsilon$ et que les restrictions à K_0 des fonctions $s \to U(s)a_m$ et $s \to \|U(s)\|$ soient continues. Alors les $U(s)$ pour $s \in K_0$ sont équicontinus et la topologie de la convergence simple induit sur $U(K_0)$ la topologie de la convergence simple dans l'ensemble des a_m (*Esp. vect. top.*, chap. III, § 3, n° 5, prop. 5). Par suite l'application $s \to U(s)$ de K_0 dans $\mathscr{L}_s(E\,;E)$ est continue. Il suffit alors d'appliquer le cor. 1.

7. *Régularisation.*

Proposition 19. — *Soient* G *un groupe localement compact,* β *une mesure positive* $\neq 0$ *relativement invariante sur* G, $\mathfrak{B}$

une base du filtre des voisinages de e dans G, *formée de voisinages compacts. Pour tout* $V \in \mathfrak{B}$, *soit* f_V *une fonction continue* $\geqslant 0$ *sur* G, *de support contenu dans* V, *et telle que* $\int f_V \, d\beta = 1$. *Alors, si* μ *est une mesure sur* G, *on a, dans* $\mathscr{M}(G)$ *muni de la topologie de la convergence compacte sur* $\mathscr{K}(G)$,

$$\mu = \lim_V (\mu * f_V).\beta = \lim_V (f_V * \mu).\beta$$

la limite étant prise suivant le filtre des sections de $\mathfrak{B}$.

Pour la topologie de la convergence compacte sur $\mathscr{C}(G)$, $f_V.\beta$ tend vers ε_e suivant le filtre des sections de $\mathfrak{B}$ (§ 2, nº 7, cor. 1 du lemme 4). Donc $\mu = \lim_V \mu * (f_V.\beta) = \lim_V (f_V.\beta) * \mu$ dans $\mathscr{M}(G)$ muni de la topologie de la convergence compacte sur $\mathscr{K}(G)$ (§ 3, nº 3, cor. de la prop. 12).

Remarques. — 1) On voit donc que toute mesure sur G est limite de mesures admettant une *densité continue* par rapport à toute mesure de Haar (pour la topologie indiquée dans la prop. 19 et *a fortiori* pour la topologie vague).

2) Si G est métrisable, on peut prendre pour $\mathfrak{B}$ une *suite* (V_n) de voisinages. Alors μ est limite de la suite des mesures $(\mu * f_{V_n}).\beta$ à densités continues. *Si G est un groupe de Lie réel, on peut prendre les f_{V_n} indéfiniment différentiables ; nous verrons plus tard qu'alors les densités $\mu * f_{V_n}$ sont indéfiniment différentiables.*

Proposition 20. — *On conserve les hypothèses et les notations de la prop.* 19. *Soient* $p \in [1, +\infty]$, *et* $g \in L^p(G, \beta)$. *On a*

$$g = \lim_V g *^{\beta} f_V = \lim_V f_V *^{\beta} g$$

au sens de la norme N_p, *la limite étant prise suivant le filtre des sections de* $\mathfrak{B}$.

Il suffit d'appliquer la prop. 6 (iii), et le § 2, nº 7, cor. 3 du lemme 4.

Remarque 3. — D'après la prop. 15, les fonctions $g * f_V$, $f_V * g$ appartiennent à $\mathscr{K}(G)$.

COROLLAIRE. — *Soit* W *un sous-espace vectoriel fermé de* $L^1(G, \beta)$. *Pour que* W *soit un idéal à gauche* (resp. *à droite*) *de* $L^1(G, \beta)$, *il faut et il suffit que* W *soit invariant par les translations à gauche* (resp. *à droite*) *de* G.

Supposons que W soit un idéal à gauche. Soient $s \in G$ et $g \in W$. On a $\varepsilon_s * g = \lim_V f_V * (\varepsilon_s * g) = \lim_V (f_V * \varepsilon_s) * g$, et $(f_V * \varepsilon_s) * g \in W$, donc $\varepsilon_s * g \in W$, donc $\gamma(s)g \in W$. Réciproquement, si W est invariant par les translations à gauche, on a $\mu *^{\beta} g \in W$ pour $\mu \in \mathscr{M}^1(G)$ et $g \in W$, donc W est *a fortiori* un idéal à gauche de $L^1(G, \beta)$. On raisonne de même pour les idéaux à droite.

Exemple. — On prend $G = \mathbf{R}$. Définissons une fonction $F_n \in \mathscr{K}(\mathbf{R})$ par

$$F_n(x) = (1 - x^2)^n \quad \text{si} \quad x \in [-1, 1]$$

$$F_n(x) = 0 \quad \text{si} \quad x \notin [-1, 1].$$

Soient $A_n = \int_{-1}^{+1} F_n(x)dx$, et $G_n = A_n^{-1}F_n$. Il est immédiat que les mesures $G_n(x)dx$ satisfont aux conditions du § 2, n° 7, cor. 1 du lemme 4. Soit μ une mesure sur $\mathbf{R}$ dont le support soit contenu dans $[-1/2, 1/2]$. On a

$$(\mu * G_n)(x) = \int_{\mathbf{R}} G_n(x - y)d\mu(y)$$

$$= A_n^{-1}\int_{-1/2}^{1/2} F_n(x - y)d\mu(y)$$

Si $-\frac{1}{2} \leq x \leq \frac{1}{2}$, on a alors

$$(\mu * G_n)(x) = A_n^{-1}\int_{-1/2}^{1/2} [1 - (x - y)^2]^n d\mu(y)$$

donc $\mu * G_n$ coïncide dans $[-1/2, 1/2]$ avec un polynôme. En particulier, si f est une fonction continue à support contenu dans $[-1/2, 1/2]$, $f * G_n$ coïncide dans $[-1/2, 1/2]$ avec un polynôme ; par ailleurs, d'après la prop. 5 (iv), et le § 2, nº 7, cor. 3 du lemme 4, $f * G_n$ converge uniformément vers f. *Si f est de classe C^r, les dérivées $D^s(f * G_n)$ tendent uniformément vers $D^s f$ pour $0 \leqq s \leqq r$.*

§ 5. L'espace des sous-groupes fermés.

Dans ce paragraphe, G *désigne un groupe localement compact et* μ *une mesure de Haar à droite sur* G.

1. *L'espace des mesures de Haar des sous-groupes fermés de* G.

Lemme 1. — *Soient* α *une mesure positive* $\neq 0$ *sur* G, S *son support ; les deux conditions suivantes sont équivalentes :*

a) S *est un sous-groupe fermé de* G *et la mesure induite par* α *sur* S *est une mesure de Haar à droite sur* S.

b) *Pour tout* $s \in S$, *on a* $\delta(s)\alpha = \alpha$.

En outre, lorsque ces conditions sont vérifiées, l'ensemble des $t \in G$ *tels que* $\delta(t)\alpha = \alpha$ *est égal à* S.

Il est clair que a) entraîne b) ; inversement, la relation b) entraîne $Sx = S$ pour tout $x \in S$; autrement dit les relations $x \in S$ et $y \in S$ entraînent que $y \in Sx$, ou encore $yx^{-1} \in S$, et comme S n'est pas vide, S est un sous-groupe fermé de G. L'ensemble des $t \in G$ tels que $St = S$ est alors S lui-même, d'où la dernière assertion.

Dans le reste de ce paragraphe, nous noterons Γ *l'ensemble des mesures positives* $\neq 0$ *sur* G *vérifiant les conditions du lemme* 1, *et pour tout* $\alpha \in \Gamma$, *nous noterons* H_α *le sous-groupe fermé de* G, *support de* α.

Proposition 1. — *L'ensemble* Γ *est fermé dans l'espace* $\mathscr{M}_+(G) - \{0\}$, *muni de la topologie vague.*

Démontrons d'abord les lemmes suivants :

Lemme 2. — *Soient* X *un espace localement compact et pour toute mesure* $\alpha \in \mathscr{M}_+(X) - \{0\}$, *soit* S_α *le support de* α. *Soit* Φ *un filtre sur* $\mathscr{M}_+(X) - \{0\}$ *qui converge vaguement vers une mesure* $\alpha_0 \neq 0$. *Alors, pour tout voisinage* V *d'un point s du support de* α_0, *il existe un ensemble* $M \in \Phi$ *tel que, pour toute* $\alpha \in M$, *on ait* $V \cap S_\alpha \neq \varnothing$.

En effet, si $\varphi \in \mathscr{K}_+(X)$ est une fonction de support contenu dans V et telle que $\int \varphi(x) d\alpha_0(x) > 0$, il existe par définition un ensemble $M \in \Phi$ tel que $\int \varphi(x) d\alpha(x) > 0$ pour toute $\alpha \in M$, ce qui entraîne $V \cap S_\alpha \neq \varnothing$.

Lemme 3. — *Soient* E *un ensemble filtré par un filtre* Φ, $\xi \to \alpha(\xi)$ *une application de* E *dans* Γ, *qui converge vaguement suivant* Φ *vers une mesure* $\alpha_0 \neq 0$. *Soit d'autre part* $\xi \to t_\xi$ *une application de* E *dans* G *telle que, pour tout* $\xi \in E$, *on ait* $t_\xi \in H_{\alpha(\xi)}$. *Si s est une valeur d'adhérence de l'application* $\xi \to t_\xi$ *suivant* Φ, *on a* $\boldsymbol{\delta}(s)\alpha_0 = \alpha_0$.

Remplaçant au besoin Φ par un filtre plus fin, on peut supposer que s est valeur limite de $\xi \to t_\xi$ suivant Φ ; en vertu du lemme 1, on a $\boldsymbol{\delta}(t_\xi)\alpha(\xi) = \alpha(\xi)$ pour tout $\xi \in E$, et la conclusion résulte de la continuité de l'application $(u, \lambda) \to \boldsymbol{\delta}(u)\lambda$ dans $G \times \mathscr{M}_+(G)$ (§ 3, n° 3, prop. 13).

Pour prouver la prop. 1, il suffit, en vertu du lemme 1, de montrer que, si un filtre Ψ sur Γ converge vaguement vers une mesure $\alpha_0 \neq 0$ et si s appartient au support de α_0, on a $\boldsymbol{\delta}(s)\alpha_0 = \alpha_0$. Or, pour tout voisinage V de s dans G, il existe $M \in \Psi$ tel que, pour toute $\alpha \in M$, on ait $V \cap H_\alpha \neq \varnothing$, en vertu du lemme 2. Pour tout voisinage V de s et toute $\alpha \in \Gamma$, soit alors $t_{V,\alpha}$ un point de $V \cap H_\alpha$ si $V \cap H_\alpha \neq \varnothing$, un point quelconque de H_α dans le cas contraire ; si Θ est le filtre des sections du filtre des voisinages de s, Φ le filtre produit $\Theta \times \Psi$, s est valeur d'adhérence de $(V, \alpha) \to t_{V,\alpha}$ suivant Φ d'après ce qui précède. Comme d'autre part l'application $(V, \alpha) \to \alpha$ a pour valeur limite α_0 suivant Φ, la proposition résulte du lemme 3.

PROPOSITION 2. — *Soit* φ *une fonction de* $\mathcal{K}_+(G)$ *telle que* $\varphi(e) > 0$. *Alors l'ensemble* Γ_φ *des mesures* $\alpha \in \Gamma$ *telles que* $\int \varphi(x)d\alpha(x) = 1$ *est compact pour la topologie vague.*

L'ensemble Γ_φ est l'intersection de Γ et de l'hyperplan de $\mathcal{M}(G)$ formé des α telles que $\int \varphi(x)d\alpha(x) = 1$; comme cet hyperplan est vaguement fermé dans $\mathcal{M}(G)$ et ne contient pas 0, il résulte de la prop. 1 que Γ_φ est vaguement fermé dans $\mathcal{M}(G)$. Il suffit donc de montrer que, pour toute partie compacte K de G, on a $\sup_{\alpha\in\Gamma_\varphi} \alpha(K) < +\infty$ (chap. III, § 2, nº 7, prop. 9). Or, soit U le voisinage ouvert de e dans G défini par l'inégalité $\varphi(x) > \varphi(e)/2$; comme $1 = \int \varphi(x)d\alpha(x) \geqslant \int_U \varphi(x)d\alpha(x)$ pour $\alpha \in \Gamma_\varphi$, on voit que, si l'on pose $c = 2/\varphi(e)$, on a $\alpha(U) \leqslant c$ pour toute $\alpha \in \Gamma_\varphi$. Soit V un voisinage ouvert symétrique de e dans G tel que $V^2 \subset U$; montrons que l'on a $\alpha(Vx) \leqslant c$ pour tout $x \in G$ et toute $\alpha \in \Gamma_\varphi$. En effet, cette relation est triviale si Vx ne rencontre pas le support H_α de α ; si par contre il existe un $h \in Vx \cap H_\alpha$, on a $h = vx$ pour un $v \in V$, d'où

$$Vx = Vv^{-1}h \subset V^2h \subset Uh,$$

et comme $\delta(h)\alpha = \alpha$, il vient $\alpha(Vx) \leqslant \alpha(Uh) = \alpha(U) \leqslant c$. Soit alors $(x_i)_{1\leqslant i\leqslant n}$ une suite de points de K telle que les Vx_i forment un recouvrement de K; il résulte de ce qui précède que $\alpha(K) \leqslant \sum_{i=1}^{n} \alpha(Vx_i) \leqslant nc$ pour toute $\alpha \in \Gamma_\varphi$; C.Q.F.D.

PROPOSITION 3. — *Sous les hypothèses de la prop. 2, l'application* $\alpha \to \left(\langle\varphi, \alpha\rangle, \frac{\alpha}{\langle\varphi, \alpha\rangle}\right)$ *est un homéomorphisme de* Γ *sur l'espace produit* $\mathbf{R}_+^* \times \Gamma_\varphi$.

Comme l'application $\alpha \to \langle\varphi, \alpha\rangle$ est vaguement continue, il suffit de remarquer que l'on a $\langle\varphi, \alpha\rangle \neq 0$ pour toute mesure $\alpha \in \Gamma$, puisque e appartient au support H_α de α et que $\varphi(e) > 0$.

2. *Semi-continuité du volume de l'espace homogène.*

Dans ce n°, pour toute mesure $\alpha \in \Gamma$, nous poserons

$$Q_\alpha = G/H_\alpha, \tag{1}$$

et nous désignerons par π_α l'application canonique $G \to Q_\alpha$.

Soit Γ^0 le sous-ensemble de Γ formé des mesures α telles que le sous-groupe H_α de G soit *unimodulaire* ; les éléments de Γ^0 sont caractérisés par le fait que l'on a $\alpha(f) = \alpha(\check{f})$ pour toute fonction $f \in \mathscr{K}(G)$ (toute fonction de $\mathscr{K}(H_\alpha)$ se prolongeant en une fonction de $\mathscr{K}(G)$ en vertu du th. d'Urysohn); on en conclut que Γ^0 est une partie *fermée* de Γ. Pour toute $\alpha \in \Gamma^0$, rappelons que sur Q_α la mesure quotient $\mu_\alpha = \mu/\alpha$ est définie et relativement invariante par G (chap. VII, § 2, n° 6, th. 3) ; rappelons aussi que pour toute fonction $f \in \mathscr{K}(G)$, on a

$$\int_G f(x)d\mu(x) = \int_{Q_\alpha} d\mu_\alpha(\dot{x}) \int_{H_\alpha} f(xs)d\alpha(s) \tag{2}$$

où $\dot{x} = \pi_\alpha(x)$ est l'image canonique de $x \in G$ dans Q_α.

Proposition 4. — *Soit* Γ^0 *l'ensemble des mesures* $\alpha \in \Gamma$ *telles que* H_α *soit unimodulaire, et pour toute* $\alpha \in \Gamma^0$, *posons* $\mu_\alpha = \mu/\alpha$; *alors l'application* $\alpha \to \|\mu_\alpha\|$ *de* Γ^0 *dans* $\overline{\mathbf{R}}$ *est semi-continue inférieurement pour la topologie vague.*

Pour toute $\alpha \in \Gamma^0$ et toute fonction $f \in \mathscr{K}(G)$, posons

$$f_\alpha(\dot{x}) = \int_{H_\alpha} f(xs)d\alpha(s) = (f * \alpha)(x)$$

où le produit de convolution est pris relativement à la mesure de Haar à droite μ et où l'on utilise le fait que $\check{\alpha} = \alpha$ (§ 4, n° 4, formule (11)). On sait (chap. VII, § 2, n° 1, prop. 2), que l'application $f \to f_\alpha$ de $\mathscr{K}_+(G)$ dans $\mathscr{K}_+(Q_\alpha)$ est *surjective* ; on a donc, en vertu de (2),

$$\|\mu_\alpha\| = \sup_{f \in \mathscr{K}_+(G),\, f \neq 0} \mu_\alpha(f_\alpha)/\|f_\alpha\| = \sup_{f \in \mathscr{K}_+(G),\, f \neq 0} \mu(f)/\|f_\alpha\|$$

où l'on pose

$$(3) \qquad \|f_\alpha\| = \sup_{\dot{x}\in Q_\alpha} |f_\alpha(\dot{x})| = \sup_{x\in G} |(f * \alpha)(x)|.$$

Pour établir la proposition, il suffira de montrer que, pour $f \in \mathscr{K}_+(G)$ donnée, l'application $\alpha \to \|f_\alpha\|$ est vaguement continue. Or, soit K le support de f ; la fonction $f * \alpha$ a son support contenu dans KH_α et est invariante à droite par H_α ; par suite

$$\|f_\alpha\| = \sup_{x\in K} |(f * \alpha)(x)|.$$

La conclusion résulte donc de ce que l'application $\alpha \to f * \alpha$ de $\mathscr{M}_+(G)$ muni de la topologie vague, dans $\mathscr{C}(G)$, muni de la topologie de la convergence compacte, est continue (§ 4, nº 2, *Remarque* 1).

Rappelons que si, pour une mesure $\alpha \in \Gamma^0$, $\|\mu_\alpha\|$ est *finie*, G est nécessairement *unimodulaire* (chap. VII, § 2, nº 6, cor. 3 du th. 3).

PROPOSITION 5. — *Soit g une fonction numérique positive μ-intégrable et soit $\Gamma^0(g)$ l'ensemble des mesures $\alpha \in \Gamma^0$ telles que l'on ait $\int^* g(xs)d\alpha(s) \geqslant 1$ pour tout $x \in G$. Alors l'application $\alpha \to \|\mu_\alpha\|$ de $\Gamma^0(g)$ dans $\overline{\mathbf{R}}$ est vaguement continue.*

Pour toute mesure $\alpha \in \Gamma^0(g)$, rappelons (chap. VII, § 2, nº 3, prop. 5) que la fonction

$$g_\alpha(\dot{x}) = \int_{H_\alpha} g(xs)d\alpha(s)$$

est définie μ_α-presque partout sur Q_α, est μ_α-intégrable, et que l'on a

$$(4) \qquad \int_G g(x)d\mu(x) = \int_{Q_\alpha} g_\alpha(\dot{x})d\mu_\alpha(\dot{x}).$$

En vertu de la prop. 4, il suffit de démontrer que, dans $\Gamma^0(g)$, $\alpha \to \|\mu_\alpha\|$ est semi-continue *supérieurement*. Une mesure $\alpha \in \Gamma^0(g)$ étant fixée, soit K une partie compacte de G. Il existe sur Q_α une fonction continue à support compact, prenant ses valeurs dans $[0, 1]$, égale à 1 dans l'ensemble compact $\pi_\alpha(K)$; comme l'application $f \to f_\alpha$ de $\mathscr{K}_+(G)$ dans $\mathscr{K}_+(Q_\alpha)$ est surjective (chap. VII, § 2, n° 1, prop. 2), on voit qu'il existe une fonction $f \in \mathscr{K}_+(G)$ telle que l'on ait

$$(f * \alpha)(x) = \int_G f(xs)d\alpha(s) \begin{cases} \leqslant 1 \text{ pour tout } x \in G \\ = 1 \text{ pour tout } x \in K. \end{cases}$$

Comme $\beta \to f * \beta$ est une application continue de $\mathscr{M}_+(G)$, muni de la topologie vague, dans $\mathscr{C}(G)$ muni de la topologie de la convergence compacte (§ 4, n° 2, *Remarque* 1), on voit que, pour tout $\varepsilon > 0$, l'ensemble U_ε des $\beta \in \Gamma^0(g)$ telles que l'on ait

$$f_\beta(\dot{x}) = \int_G f(xs)d\beta(s) > 1 - \varepsilon \text{ pour tout } x \in K$$

est un voisinage ouvert de α dans $\Gamma^0(g)$; pour toute $\beta \in U_\varepsilon$, on a alors en vertu de la formule (2)

$$(5)\quad \|\mu_\alpha\| \geqslant \int_G f(x)d\mu(x) = \int_{Q_\beta} f_\beta(\dot{x})d\mu_\beta(\dot{x}) \geqslant (1 - \varepsilon)\mu_\beta(\pi_\beta(K)).$$

Le nombre $\varepsilon > 0$ étant donné, choisissons une fonction $h \in \mathscr{K}_+(G)$ telle que $\int_G |g(x) - h(x)|d\mu(x) \leqslant \varepsilon$, et prenons dans ce qui précède $K = \text{Supp}(h)$. Pour tout $\beta \in \Gamma^0(g)$, on a par hypothèse $g_\beta(\dot{x}) \geqslant 1$ presque partout (pour μ_β) dans Q_β, donc

$$\mu_\beta(Q_\beta - \pi_\beta(K)) \leqslant \int_{Q_\beta - \pi_\beta(K)} g_\beta(\dot{x})d\mu_\beta(\dot{x}) = \int_{G - KH_\beta} g(x)d\mu(x)$$

en vertu de (4) ; comme h est nulle en dehors de K, et *a fortiori* en dehors de KH_β, il vient

$$\mu_\beta(Q_\beta - \pi_\beta(K)) \leqslant \int_{G - KH_\beta} |g(x) - h(x)|d\mu(x)$$
$$\leqslant \int_G |g(x) - h(x)|d\mu(x) \leqslant \varepsilon ;$$

en combinant ce résultat avec (5), on voit que l'on a

$$\|\mu_\beta\| \leqslant \varepsilon + \|\mu_\alpha\|/(1-\varepsilon)$$

dès que $\beta \in U_\varepsilon$, ce qui termine la démonstration.

Corollaire 1. — *Soient* K *une partie compacte de* G, V *un voisinage compact symétrique de e dans* G, *c un nombre réel* > 0. *La restriction de l'application* $\alpha \to \|\mu_\alpha\|$ *à l'ensemble des* $\alpha \in \Gamma^0$ *telles que l'on ait* $G = KH_\alpha$ *et* $\alpha(V) \geqslant c$ *est vaguement continue.*

En effet, soit $g \in \mathscr{K}_+(G)$ une fonction telle que $g(x) \geqslant 1/c$ pour $x \in KV$. Pour tout $x \in K$, on a

$$\int g(xs)d\alpha(s) \geqslant \int_V g(xs)d\alpha(s) \geqslant 1$$

α vérifiant les conditions de l'énoncé ; comme en outre $\pi_\alpha(K) = Q_\alpha$ on a $\alpha \in \Gamma^0(g)$, d'où le corollaire.

Corollaire 2. — *Soit* A *une partie* μ*-intégrable de* G. *La restriction de l'application* $\alpha \to \|\mu_\alpha\|$ *à l'ensemble* N_A *des mesures de Haar normalisées des sous-groupes discrets* H *de* G *tels que* $G = AH$ *est vaguement continue.*

En effet, pour $a \in A$ et $\alpha \in N_A$, on a

$$\int \varphi_A(as)d\alpha(s) \geqslant \varphi_A(a) = 1,$$

et comme $\pi_\alpha(A) = Q_\alpha$, on a $N_A \subset \Gamma^0(\varphi_A)$, et le corollaire résulte donc de la prop. 5.

3. *L'espace des sous-groupes fermés de* G.

Désignons par Σ l'ensemble des *sous-groupes fermés* de G ; si l'on associe à chaque mesure $\alpha \in \Gamma$ le sous-groupe H_α support de α, on obtient une application (dite canonique) de Γ dans Σ, qui est évidemment surjective et permet d'identifier canoniquement Σ à l'ensemble des orbites du groupe des homothéties de rapport > 0 dans Γ. L'ensemble Σ, muni de la topologie quotient de la topologie vague sur Γ, est appelé l'*espace des sous-groupes fermés* de G.

THÉORÈME 1. — *Soit* G *un groupe localement compact. L'espace* Σ *des sous-groupes fermés de* G *est compact. On a en outre les propriétés suivantes :*

(i) *L'ensemble* Σ^0 *des sous-groupes fermés unimodulaires de* G *est fermé dans* Σ *(donc compact).*

(ii) *Si* G *est engendré par un voisinage compact de e, l'ensemble* Σ^0_c *des sous-groupes fermés unimodulaires* H *de* G *tels que l'espace quotient* G/H *soit compact, est ouvert dans* Σ^0 *(donc localement compact).*

(iii) *Pour tout voisinage ouvert relativement compact* U *de e dans* G, *l'ensemble* D_U *des sous-groupes discrets* H *de* G *tels que* $H \cap U = \{e\}$ *est fermé dans* Γ^0 *(donc compact).*

Il résulte de la prop. 3 du nº 1 que Σ est homéomorphe à Γ_φ, donc compact en vertu de la prop. 2 du nº 1. On a noté en outre au début du nº 2 que l'ensemble Γ^0 des mesures $\alpha \in \Gamma$ telles que H_α soit unimodulaire est fermé dans Γ ; comme Γ^0 est stable par les homothéties de rapport > 0, l'image Σ^0 de Γ^0 dans Σ est une partie fermée de Σ, ce qui prouve (i).

La propriété (ii) sera conséquence de la proposition suivante :

PROPOSITION 6. — *Supposons que le groupe localement compact* G *soit engendré par un voisinage compact de e. Alors l'ensemble* Γ^0_c *des mesures* $\alpha \in \Gamma^0$ *telles que* G/H_α *soit compact est ouvert dans* Γ^0, *et la restriction à* Γ^0_c *de l'application* $\alpha \to \|\mu_\alpha\|$ *est vaguement continue.*

Avec les notations de la prop. 5 du nº 2, on a, pour $g \in \mathscr{K}_+(G)$

$$\Gamma^0(g) \subset \Gamma^0_c. \tag{6}$$

En effet, si K est le support de g, la relation $\int g(xs)d\alpha(s) \geqslant 1$ pour tout $x \in G$ entraîne $KH_\alpha = G$, l'intégrale étant évidemment nulle dans le complémentaire de KH_α, donc $G/H_\alpha = \pi_\alpha(K)$

est compact. Etant donnée une mesure $\alpha \in \Gamma^0_c$, il suffira donc de définir une fonction $g \in \mathscr{K}_+(G)$ telle que $\Gamma^0(g)$ soit un voisinage de α dans Γ^0. Puisque G/H_α est compact et que l'application canonique $f \to f_\alpha$ de $\mathscr{K}_+(G)$ dans $\mathscr{K}_+(G/H_\alpha)$ est surjective (chap. VII, § 2, nº 2, *Remarque*), il existe une fonction $g \in \mathscr{K}_+(G)$ telle que $\int g(xs)d\alpha(s) = 2$ pour *tout* $x \in G$. Soient K le support (compact) de g, L un voisinage compact symétrique de e dans G engendrant G ; l'application $\beta \to g * \beta$ de $\mathscr{M}_+(G)$ dans $\mathscr{C}(G)$ étant vaguement continue (§ 4, nº 2, *Remarque* 1), il existe un voisinage W de α dans Γ^0 tel que l'on ait

$$(g * \beta)(x) = \int g(xs)d\beta(s) \geqslant 1 \tag{7}$$

pour toute $\beta \in W$ et tout $x \in LK$. Le premier membre de (7) étant nul en dehors de KH_β, la relation $\beta \in W$ implique

$$LK \subset KH_\beta,$$

d'où l'on déduit, par récurrence sur n, $L^nK \subset KH_\beta$ pour tout entier $n > 0$; comme L engendre G, on a donc $G = KH_\beta$ pour toute mesure $\beta \in W$, ce qui prouve que $W \subset \Gamma^0_c$. D'autre part, le premier membre de (7) étant invariant à droite par H_β, l'inégalité (7) est aussi valable pour $x \in LKH_\beta = G$; donc $W \subset \Gamma^0(g)$, ce qui démontre la proposition.

Enfin, (iii) sera conséquence de la proposition suivante :

PROPOSITION 7. — *Soit* $N \subset \Gamma^0$ *le sous-espace des mesures de Haar normalisées des sous-groupes discrets de* G, *et pour tout voisinage ouvert relativement compact* U *de* e *dans* G, *soit* N_U *la partie de* N *formée des* α *telles que* $H_\alpha \cap U = \{e\}$. *Alors :*

a) N_U *est compact.*

b) *Les intérieurs des ensembles* N_U *dans* N *forment un recouvrement de* N, *lorsque* U *parcourt l'ensemble des voisinages ouverts relativement compacts de* e *dans* G.

c) *Pour qu'une partie* M *de* N *soit relativement compacte dans* N, *il faut et il suffit qu'il existe un voisinage ouvert relativement compact* U *de* e *dans* G *tel que* $M \subset N_U$.

Comme D_U est l'image de N_U par l'application continue canonique $\Gamma \rightarrow \Sigma$, l'assertion (iii) du th. 1 résultera aussitôt de la prop. 7, *a*).

Pour démontrer la prop. 7, notons que N_U peut être définie comme la partie de Γ^0 formée des α telles que l'on ait à la fois

$$\alpha(\{e\}) \geqslant 1 \quad \text{et} \quad \alpha(U) \leqslant 1.$$

Or, si A est compact (resp. ouvert relativement compact) dans G, l'application $\alpha \rightarrow \alpha(A)$ de $\mathscr{M}_+(G)$ dans $\mathbf{R}$ est semi-continue supérieurement (resp. inférieurement) pour la topologie vague (chap. IV, § 1, n° 1, prop. 4 et § 4, n° 4, *Remarque*); on voit donc que N_U est une partie *fermée* de Γ^0. De plus, soit $\varphi \in \mathscr{K}_+(G)$ une fonction telle que $\varphi(e) = 1$ et $\varphi(x) = 0$ dans $G - U$; il est clair que $\int \varphi(x)d\alpha(x) = 1$ pour toute $\alpha \in N_U$; la prop. 2 du n° 1 montre donc que N_U est un ensemble *compact*, ce qui démontre a). Soit d'autre part V un voisinage ouvert relativement compact de *e* dans G tel que $\overline{V} \subset U$, et soit $\varphi \in \mathscr{K}_+(G)$, de support contenu dans U et telle que $\varphi(x) = 1$ dans V. On a $\alpha(\varphi) = 1$ pour $\alpha \in N_U$, et il existe donc un voisinage W de α dans N tel que l'on ait $\beta(\varphi) < 2$ pour $\beta \in W$; il est clair alors que l'on a $W \subset N_V$, donc N_V est un voisinage de N_U. Comme les N_U recouvrent N, cela démontre b). Enfin, toute partie compacte M de N est contenue dans une réunion finie d'ensembles N_{U_i} $(1 \leqslant i \leqslant n)$ et comme $\bigcup_i N_{U_i} \subset N_U$, où $U = \bigcap_i U_i$, cela démontre c).

COROLLAIRE. — *Le sous-espace* N *de* Γ^0 *est localement compact.*

4. Cas des groupes sans sous-groupes finis arbitrairement petits.

THÉORÈME 2. — *Soit* G *un groupe localement compact vérifiant la condition suivante :*

(L) *Il existe un voisinage de e dans* G *qui ne contient aucun sous-groupe fini de* G *non réduit à e.*

Alors on a les propriétés suivantes :

(i) *L'ensemble* D *des sous-groupes discrets de* G *est localement fermé dans* Σ *(ce qui équivaut à dire qu'il est localement compact).*

(ii) *Pour qu'une partie fermée* A *de* D *soit compacte, il faut et il suffit qu'il existe un voisinage* U *de e dans* G *tel que* $H \cap U = \{e\}$ *pour tout sous-groupe* $H \in A$.

(iii) *Si en outre* G *est engendré par un voisinage compact de e, l'ensemble* D_c *des sous-groupes discrets* H *de* G *tels que* G/H *soit compact est localement fermé dans* Σ *(donc localement compact).*

On a $D_c = D \cap \Sigma_c^0$, donc (iii) est conséquence de (i) et du th. 1, (ii) du n° 3.

Avec les notations du n° 3, prop. 7, il suffit, pour démontrer (i) et (ii), de prouver que :

Proposition 8. — *La bijection canonique de* N *sur* D *est un homéomorphisme.*

Or, si Γ_d est l'ensemble des mesures de Haar sur les sous-groupes discrets de G, D est canoniquement homéomorphe à l'espace des orbites du groupe des homothéties de rapport > 0 dans Γ_d (*Top. gén.*, chap. I, 3e éd., § 5, n° 2, prop. 4). Il suffira donc de prouver que l'application canonique $\alpha \rightarrow (\alpha(\{e\}), \alpha/\alpha(\{e\}))$ de Γ_d sur $\mathbf{R}_+^* \times N$ est un *homéomorphisme*, ce qui résultera du lemme suivant :

Lemme 4. — Si le groupe G *vérifie la condition* (L), *l'application* $\alpha \rightarrow \alpha(\{e\})$ *de* Γ_d *dans* $\mathbf{R}_+^*$ *est vaguement continue.*

Considérons une mesure $\alpha \in \Gamma_d$; soit V_0 un voisinage ouvert relativement compact de e dans G tel que $H_\alpha \cap V_0 = \{e\}$ et qu'il n'existe aucun sous-groupe fini de G contenu dans V_0 et non réduit à e. Soit V un voisinage compact symétrique de e tel que $V^3 \subset V_0$, et soit U un voisinage symétrique de e tel que $U^2 \subset V$. Soit φ (resp. ψ) une fonction de $\mathscr{K}_+(G)$, à valeurs dans $[0, 1]$, égale à 1 dans V^3 (resp. au point e) et de support contenu dans V_0 (resp. dans U). L'ensemble des mesures $\beta \in \Gamma_d$ telles que l'on ait $|\beta(\varphi) - \alpha(\varphi)| \leqslant \varepsilon$ et $|\beta(\psi) - \alpha(\psi)| \leqslant \varepsilon$ est un voisinage W de α. Nous nous proposons de montrer que, pourvu que ε soit pris assez petit, *on a* $H_\beta \cap V = \{e\}$ *pour toute* $\beta \in W$; il en résultera que $\beta(\psi) = \beta(\{e\})$, donc que $|\beta(\{e\}) - \alpha(\{e\})| \leqslant \varepsilon$, ce qui prouvera le lemme.

Il nous suffira de montrer que l'on a, pour $\beta \in W$,

$$(V^2 - V) \cap H_\beta = \varnothing. \tag{8}$$

Supposons en effet ce point établi : alors, pour x et y dans $V \cap H_\beta$, on a $xy^{-1} \in V^2 \cap H_\beta$; mais, en vertu de (8), cela entraîne $xy^{-1} \in V \cap H_\beta$; autrement dit, $V \cap H_\beta$ est un *sous-groupe* de G, qui est évidemment discret et compact, donc fini ; mais en vertu du choix de V_0, cela entraîne bien $V \cap H_\beta = \{e\}$.

Raisonnons par l'absurde et supposons donc qu'il existe un point z de $V^2 - V$ appartenant à H_β ; en vertu du choix de U et V, on a $\psi(sz^{-1}) + \psi(s) \leqslant \varphi(s)$ dans G, la relation $z \notin U^2$ entraînant $Uz \cap U = \varnothing$. Comme

$$\int \psi(sz^{-1})d\beta(s) = \int \psi(s)d\beta(s),$$

on en déduit $2\beta(\psi) \leqslant \beta(\varphi) \leqslant \alpha(\varphi) + \varepsilon$; mais on a aussi

$$\beta(\psi) \geqslant \alpha(\psi) - \varepsilon,$$

et par construction $\alpha(\varphi) = \alpha(\psi) = \alpha(\{e\})$. On arrive ainsi à une contradiction dès que $\varepsilon < \alpha(\{e\})/3$. C.Q.F.D.

En termes imagés, on dit qu'un groupe G vérifiant la condition (L) *n'a pas de sous-groupes finis arbitrairement petits*. *On peut montrer que tout groupe de Lie vérifie la condition (L) ; mais cette condition n'est pas caractéristique des groupes de Lie ; par exemple le groupe multiplicatif des entiers p-adiques congrus à 1 mod. p satisfait à (L).*

5. *Cas des groupes commutatifs.*

Soient G un groupe localement compact, $N \subset \Gamma^0$ le sous-espace des mesures de Haar normalisées des sous-groupes discrets de G, et N_c la partie de N correspondant aux sous-groupes discrets H de G tels que G/H soit *compact* ; on a donc $N_c = N \cap \Gamma^0_c$ avec les notations du n° 3, prop. 6 ; et si le groupe G est engendré par un voisinage compact de *e*, il résulte du n° 3, prop. 6 que N_c est *ouvert* dans N (donc *localement compact* en vertu du n° 3, cor. de la prop. 7) et que la restriction à N_c de l'application $\alpha \to \|\mu_\alpha\|$ est *vaguement continue.*

Proposition 9. — *Soit* G *un groupe localement compact* commutatif, *engendré par un voisinage compact de e. Pour qu'une partie* A *de* N_c *soit relativement compacte dans* N_c, *il faut et il suffit qu'elle vérifie les deux conditions suivantes :*

(i) *Il existe un voisinage ouvert* U *de e dans* G *tel que* $H_\alpha \cap U = \{e\}$ *pour toute* $\alpha \in A$.

(ii) *Il existe une constante k telle que* $\mu_\alpha(G/H_\alpha) \leqslant k$ *pour toute* $\alpha \in A$.

Si $A \subset N_c$ est relativement compacte dans N_c, elle l'est *a fortiori* dans N et la nécessité des conditions (i) et (ii) résulte donc du n° 3, prop. 6 et 7 (sans supposer G commutatif). Réciproquement, supposons que $A \subset N_c$ vérifie ces conditions ; si $\overline{A}$ est l'adhérence de A *dans* N, $\overline{A}$ est compacte en vertu du n° 3, prop. 7 ; en outre, comme $\alpha \to \|\mu_\alpha\|$ est semi-continue inférieurement dans Γ^0 pour la topologie vague (n° 2, prop. 4), la condition (ii) implique que l'on a aussi $\|\mu_\alpha\| \leqslant k$ pour toute $\alpha \in \overline{A}$. Or, puisque G est commutatif, $\mu_\alpha = \mu/\alpha$ est une mesure de Haar sur le groupe G/H_α, et G/H_α est donc compact pour toute $\alpha \in \overline{A}$ (chap. VII, § 1, n° 2, prop. 2). Cela signifie que $\overline{A} \subset N_c$, donc A est relativement compacte dans N_c.

Corollaire. — *Soit* G *un groupe localement compact commutatif, engendré par un voisinage compact de e et satisfaisant à la condition* (L) *du n°* 4. *Soit* D_c *l'ensemble des sous-groupes discrets* H *de* G *tels que* G/H *soit compact, et, pour tout* $H \in D_c$, *soit* $v(H)$ *la masse totale* $\mu_\alpha(G/H)$, *où* μ_α *est la mesure quotient de* μ *par la mesure de Haar normalisée* α *de* H. *Pour qu'une partie* A *de l'espace* D_c *soit relativement compacte dans* D_c, *il faut et il suffit qu'elle vérifie les deux conditions suivantes :*

(i) *Il existe un voisinage ouvert* U *de* e *dans* G *tel que* $H \cap U = \{e\}$ *pour tout* $H \in A$.

(ii) *Il existe une constante* k *telle que* $v(H) \leqslant k$ *pour tout* $H \in A$.

Compte tenu de la prop. 9, cela résulte aussitôt de ce que D_c est l'image de N_c par la bijection canonique de N sur D, et de ce que, moyennant les hypothèses faites, cette bijection est un homéomorphisme (n° 4, prop. 8).

Exemple. — Prenons $G = \mathbf{R}^n$ et pour μ la mesure de Lebesgue ; toutes les hypothèses du cor. de la prop. 9 sont vérifiées. Les sous-groupes discrets H de G tels que G/H soit compact ne sont autres que les sous-groupes discrets *de rang n* (*Top. gén.*, chap. VII, § 1, n° 1, th. 1) ; un tel sous-groupe H est engendré par une base $(a_i)_{1 \leqslant i \leqslant n}$ de $\mathbf{R}^n$, et on a

$$v(H) = |\det(a_1, \ldots, a_n)|$$

(le déterminant étant pris par rapport à la base canonique de $\mathbf{R}^n$) (chap. VII, § 2, n° 10, th. 4). L'espace D_c peut ici s'interpréter de la façon suivante : tout sous-groupe $H \in D_c$ est le transformé $g.\mathbf{Z}^n$ du sous-groupe $\mathbf{Z}^n$ par un élément $g \in \mathbf{GL}(n, \mathbf{R})$ et le sous-groupe de $\mathbf{GL}(n, \mathbf{R})$ laissant stable $\mathbf{Z}^n$ s'identifie à $\mathbf{GL}(n, \mathbf{Z})$. Par suite D_c s'identifie canoniquement, en tant qu'espace homogène (non topologique), à $\mathbf{GL}(n, \mathbf{R})/\mathbf{GL}(n, \mathbf{Z})$. D'autre part, $\mathbf{GL}(n, \mathbf{R})$ opère continûment dans $\mathbf{R}^n$, donc aussi dans $\mathscr{M}_+(\mathbf{R}^n)$ pour la topologie vague (§ 3, n° 3, prop. 13), et par suite dans le sous-espace N_c de $\mathscr{M}_+(\mathbf{R}^n)$; en outre, l'homéomorphisme canonique (n° 4, prop. 8) de N_c sur D_c est compatible avec les lois d'opération de $\mathbf{GL}(n, \mathbf{R})$. Comme $\mathbf{GL}(n, \mathbf{R})$ est dénombrable à l'infini et que D_c est localement compact, la bijection de $\mathbf{GL}(n, \mathbf{R})/\mathbf{GL}(n, \mathbf{Z})$ sur D_c définie plus haut est un *homéomorphisme* (chap. VII, App. I, lemme 2). Le cor. de la prop. 9 donne donc un critère de compacité dans l'espace homogène $\mathbf{GL}(n, \mathbf{R})/\mathbf{GL}(n, \mathbf{Z})$.

6. *Autre interprétation de la topologie de l'espace des sous-groupes fermés.*

Soit $\mathfrak{F}$ l'ensemble des parties fermées de G ; on définit sur $\mathfrak{F}$ une *structure uniforme séparée* de la façon suivante : pour toute partie compacte K de G et tout voisinage V de e dans G, soit P(K, V) l'ensemble des couples (X, Y) d'éléments de $\mathfrak{F}$ tels que l'on ait à la fois

$$(9) \qquad X \cap K \subset VY \quad \text{et} \quad Y \cap K \subset VX.$$

Montrons que l'ensemble des P(K, V) est un système fondamental d'entourages d'une structure uniforme séparée $\mathscr{U}$ sur $\mathfrak{F}$. Les axiomes (U'_{I}) et (U'_{II}) de *Top. gén.*, chap. II, 3e éd., § 1, nº 1 sont évidemment satisfaits ; en outre les relations $K \subset K'$ et $V' \subset V$ entraînent $P(K', V') \subset P(K, V)$; pour vérifier (U'_{III}), on peut donc se borner au cas où V est un voisinage compact symétrique de e, de sorte que VK est compact. Supposons que l'on ait $(X, Y) \in P(VK, V)$ et $(Y, Z) \in P(VK, V)$; on a alors $X \cap K \subset X \cap VK \subset VY$, et si $y \in Y$ est tel que $vy \in K$ pour un $v \in V$, on a nécessairement $y \in VK$, donc

$$X \cap K \subset V(Y \cap VK) ;$$

d'autre part on a $Y \cap VK \subset VZ$, d'où $X \cap K \subset V^2Z$ et on montre de même que $Z \cap K \subset V^2X$, ce qui prouve (U'_{III}). Enfin, si X, Y sont deux éléments distincts de $\mathfrak{F}$, il existe par exemple un point $a \in X$ tel que $a \notin Y$, donc un voisinage compact symétrique V de e tel que $Va \cap Y = \varnothing$, ou encore $a \notin VY$; *a fortiori* on a $(X, Y) \notin P(Va, V)$, ce qui achève de prouver notre assertion.

Cela étant, considérons sur l'ensemble Σ des sous-groupes fermés de G la topologie $\mathscr{T}$ induite par la topologie de l'espace uniforme $\mathfrak{F}$ que nous venons de définir. Nous allons voir que cette topologie est *identique à la topologie définie au nº 3*. Il suffira de prouver que l'application $\alpha \rightarrow H_\alpha$ de Γ dans Σ, quand on munit Σ de la topologie $\mathscr{T}$, est *continue :* en effet, il en sera de même de la restriction de cette application à Γ_φ (avec les notations du n° 1, prop. 2) qui est bijective ; mais comme Γ_φ est compact et la topologie $\mathcal{T}$ séparée, l'application $\alpha \to H_\alpha$ de Γ_φ dans Σ sera alors un homéomorphisme.

Soient donc α_0 un point de Γ et Φ un filtre sur Γ qui converge vers α_0 ; il s'agit de montrer que, suivant Φ, H_α tend vers H_{α_0} pour la topologie $\mathcal{T}$. Soient K une partie compacte de G, V un voisinage compact symétrique de e dans G ; pour tout $x \in H_{\alpha_0} \cap K$, il existe un ensemble $M(x) \in \Phi$ tel que pour toute $\alpha \in M(x)$, on ait $Vx \cap H_\alpha \neq \varnothing$ (n° 1, lemme 2), d'où $Vx \subset V^2H_\alpha$; recouvrant $H_{\alpha_0} \cap K$ par un nombre fini d'ensembles Vx_i, on voit que si $M = \bigcap_i M(x_i)$, on a $H_{\alpha_0} \cap K \subset V^2H_\alpha$ pour toute $\alpha \in M$. Inversement, supposons qu'il y ait un voisinage ouvert U de e dans G, tel que pour tout ensemble $L \in \Phi$, il y ait au moins un $\alpha \in L$ pour lequel $H_\alpha \cap K \not\subset UH_{\alpha_0}$; si $\omega(L)$ est l'ensemble des $\alpha \in L$ ayant cette propriété, les $\omega(L)$ formeraient la base d'un filtre Φ' plus fin que Φ sur Γ et, pour toute α appartenant à la réunion E des $\omega(L)$ pour $L \in \Phi$, il existerait un $t_\alpha \in H_\alpha \cap K$ n'appartenant pas à UH_{α_0} ; pour $\alpha \notin E$, on prend pour t_α un point quelconque de H_α. Comme $K \cap \complement(UH_{\alpha_0})$ est compact, il existerait une valeur d'adhérence s de $\alpha \to t_\alpha$ suivant Φ', appartenant à $K \cap \complement(UH_{\alpha_0})$; mais comme Φ' converge vers α_0 dans Γ, cela contredit le lemme 3 du n° 1.

EXERCICES

§ 1

1) Soit Γ un cône convexe fermé saillant dans $\mathbf{R}^n$. Montrer que l'application $(x, y) \to x + y$ de $\Gamma \times \Gamma$ dans Γ est propre. En déduire que deux mesures sur Γ sont toujours convolables pour l'application $(x, y) \to x + y$.

2) Soient G un groupe localement compact et Γ l'espace compact obtenu par adjonction à G d'un point à l'infini ω. On prolonge la loi de composition de G à Γ en posant $x\omega = \omega x = \omega$ pour tout $x \in \Gamma$. A toute mesure μ sur Γ correspond, d'une part une mesure bornée μ_1 sur G, d'autre part le nombre complexe $\mu(\{\omega\})$. Montrer que, si on désigne par $*$ (resp. $\hat{*}$) la convolution définie par la multiplication dans G (resp. Γ), on a $(\mu \mathbin{\hat{*}} \nu)_1 = \mu_1 * \nu_1$ et

$$(\mu \mathbin{\hat{*}} \nu)(\omega) = \mu(\omega)\nu_1(G) + \nu(\omega)\mu_1(G) + \mu(\omega)\nu(\omega)$$

quelles que soient les mesures μ et ν sur Γ.

§ 2

1) Soit $(G_\iota)_{\iota \in I}$ une famille de groupes localement compacts, tous compacts sauf un nombre fini. Soit U_ι une représentation linéaire continue de G_ι dans un espace localement convexe E_ι. Pour tout $s = (s_\iota) \in G = \prod_\iota G_\iota$, soit $U(s)$ l'endomorphisme $(x_\iota) \to (U_\iota(s)x_\iota)$ de $E = \prod_\iota E_\iota$. Montrer que U est une représentation linéaire continue de G dans E. Soit E′ la somme directe topologique des E_ι. Soit $V(s)$ la restriction de $U(s)$ à E′. Montrer que V est une représentation linéaire continue de G dans E′.

2) Soit U_1 (resp. U_2) une représentation linéaire continue d'un groupe localement compact G (resp. H) dans un espace localement convexe E (resp. F). Pour $u \in \mathscr{L}(E; F)$, $x \in G$, $y \in H$, posons

$$V(x, y).u = U_2(y) \circ u \circ U_1(x).$$

Montrer que l'application $(x, y) \to V(x, y)$ est une représentation linéaire continue du groupe $G^0 \times H$ dans l'espace $\mathscr{L}(E; F)$ muni de la topologie de la convergence compacte. (Utiliser la prop. 9 d'*Esp. vect. top.*, chap. III, § 4, n° 4, et le fait que, pour K compact dans G, $U_1(K)$ est équicontinu).

¶ 3) Soient G un groupe localement compact, U une représentation linéaire continue de G dans un espace localement convexe E, E' le dual de E muni de la topologie forte.

a) Montrer que, pour toute partie compacte K de G, ${}^tU(K)$ est équicontinu.

b) Soit F l'ensemble des $a' \in E'$ tels que l'application $s \to {}^tU(s)a'$ de G dans E' soit continue. Montrer que F est un sous-espace vectoriel fermé de E' stable pour ${}^tU(G)$ et que la représentation déduite par restriction à F de la représentation contragrédiente de U est continue.

c) On suppose E quasi-complet. Soit α une mesure de Haar à gauche sur G. Montrer que $f \to U(f.\alpha)$ est une application continue de $\mathscr{K}(G)$ dans $\mathscr{L}(E; E)$ muni de la topologie de la convergence bornée. (Utiliser la prop. 17 du chap. VI, § 1, n° 7). Montrer que F est faiblement dense dans E'. (Prouver que ${}^tU(f)a' \in F$ pour tout $a' \in E'$ et toute $f \in \mathscr{K}(G)$, puis utiliser le cor. 3 du lemme 4). En déduire que, si E est semi-réflexif, la représentation contragrédiente de U dans E' muni de la topologie forte est continue.

d) Montrer que si on prend pour U la représentation régulière gauche de G dans $L^1(G, \alpha)$ (α étant toujours une mesure de Haar à gauche de G), F est le sous-espace de $E' = L^\infty(G, \alpha)$ formé des fonctions uniformément continues.

4) Soit H un espace hilbertien. Une représentation continue U de G dans H est dite *unitaire* si les endomorphismes $U(s)$ sont unitaires pour tout $s \in G$. Pour toute $\mu \in \mathscr{M}(G)$, soit μ^* la mesure conjuguée de $\check{\mu}$. Montrer que, si $\mu \in \mathscr{M}^1(G)$, on a $U(\mu^*) = U(\mu)^*$.

5) Soient G un groupe localement compact, H un sous-groupe fermé de G, U une représentation linéaire continue de H dans un espace localement convexe E. Soit K une partie compacte de G. Soit $\mathscr{K}^U(K)$ l'espace des fonctions continues sur G, à valeurs dans E, à support contenu dans KH, et satisfaisant à $f(xh) = U(h)^{-1}f(x)$ ($x \in G$, $h \in H$). Soit $\mathscr{K}^U$ la réunion des $\mathscr{K}^U(K)$, muni de la topologie limite inductive des topologies de la convergence uniforme dans K sur chacun des espaces $\mathscr{K}^U(K)$. Pour $f \in \mathscr{K}^U$ et $s \in G$, on définit $V(s)f \in \mathscr{K}^U$ par

$$(V(s)f)(t) = f(s^{-1}t).$$

Montrer que V est une représentation linéaire continue de G dans $\mathscr{K}^U$.

6) Soient G un groupe localement compact, β une mesure positive non nulle relativement invariante sur G, χ et χ' ses multiplicateurs à gauche et à droite. Pour $f \in L^p_{\mathbf{C}}(G, \beta)$ et $s \in G$, on pose

$$(U(s)f)(x) = \chi(s)^{-1/p}f(s^{-1}x)$$
$$(V(s)f)(x) = \chi'(s)^{-1/p}f(xs)$$
$$(Sf)(x) = (\chi\chi')(x)^{-1/p}\overline{f(x^{-1})}.$$

Alors U et V sont des représentations linéaires de G, et l'on a

$$S^2 = 1, \ \|U(s)\| = \|V(s)\| = 1, \ U(s)V(t) = V(t)U(s), \ SU(s)S = V(s)$$

quels que soient s, t dans G.

7) Soit E un espace hilbertien ayant une base orthonormale $(e_s)_{s\in\mathbf{R}}$ équipotente à $\mathbf{R}$. Pour tout $s \in \mathbf{R}$, on désigne par $U(s)$ l'isométrie de E telle que $U(s).e_t = e_{s+t}$ pour tout $t \in \mathbf{R}$; la représentation linéaire $s \to U(s)$ de $\mathbf{R}$ dans E n'est pas continue, bien que l'ensemble des $U(s)$ soit équicontinu.

8) Soient G un groupe commutatif localement compact, μ une mesure de Haar sur G, f une fonction numérique finie et μ-mesurable dans G. On suppose que, pour tout $s \in G$, la fonction numérique

$$x \to f(sx) - f(x)$$

soit continue dans G. Montrer que f est alors continue. (Raisonner par l'absurde ; supposant la fonction f non continue en un point $x_0 \in G$, montrer d'abord qu'il existe sur G un filtre $\mathfrak{F}$ de limite e tel que

$$\lim_{\mathfrak{F},s} |f(sx_0)| = +\infty,$$

et en déduire que pour *tout* $x \in G$, on a aussi $\lim_{\mathfrak{F},s} |f(sx)| = +\infty$. Si $g = |f|/(1 + |f|)$, déduire du dernier résultat une contradiction avec le fait que pour tout compact $K \subset G$, on a

$$\lim_{\mathfrak{F},s} \int_K |g(sx) - g(x)| d\mu(x) = 0.)$$

9) Soient G un groupe localement compact, μ une mesure de Haar à gauche sur G, f une fonction μ-intégrable. Soit $\mathfrak{B}$ une base de filtre formée d'ensembles μ-intégrables de mesure >0, ayant pour limite e. Pour tout $B \in \mathfrak{B}$, on pose $f_B(t) = \dfrac{1}{\mu(B)} \displaystyle\int_B f(st) d\mu(s)$. Montrer que pour toute partie intégrable A de G, on a $\lim_{\mathfrak{B}} \displaystyle\int_A f_B(t) d\mu(t) = \int_A f(t) d\mu(t)$.

10) Soient G un groupe localement compact, E un espace localement convexe séparé, E' son dual, U une représentation linéaire de G dans E, continue pour la topologie affaiblie $\sigma(E, E')$ sur E. On suppose E quasi-complet pour $\sigma(E, E')$, de sorte que $U(\mu)$ est défini pour toute mesure $\mu \in \mathscr{C}'(G)$. Montrer que l'application bilinéaire $(\mu, x) \to U(\mu).x$ est hypocontinue relativement aux parties équicontinues de $\mathscr{C}'(G)$.

§ 3

1) Dans $\mathbf{R}^2$, soient λ et μ les mesures positives $f \to \displaystyle\int_0^{+\infty} f(x, 0)dx$, $f \to \displaystyle\int_0^{+\infty} f(-x, x)dx$ ($f \in \mathscr{K}(\mathbf{R}^2)$). Montrer que λ et μ sont convolables. Soit u l'homomorphisme $(x, y) \to x$ de $\mathbf{R}^2$ sur $\mathbf{R}$. Montrer que u est λ-propre et μ-propre, mais que $u(\lambda)$ et $u(\mu)$ ne sont pas convolables.

2) Soit X un espace localement compact dans lequel un groupe localement compact G opère à gauche continûment. Soit E un sous-espace vectoriel de $\mathcal{M}(X)$, stable pour les $\gamma(s)$ ($s \in G$), muni d'une topologie localement convexe quasi-complète plus fine que la topologie de la convergence compacte sur $\mathcal{K}(X)$. Pour tout $s \in G$, soit $\gamma_E(s)$ la restriction de $\gamma(s)$ à E. On suppose que $\mu \in E$ entraîne $|\mu| \in E$, et que la représentation γ_E de G dans E est équicontinue. Alors, si $\mu \in E$ et $\nu \in \mathcal{M}^1(G)$, ν et μ sont convolables et $\nu * \mu = \gamma_E(\nu)\mu \in E$. (Utiliser notamment la prop. 17 du chap. VI, § 1, nº 7).

3) Pour $x = (x_1, \ldots, x_n) \in \mathbf{R}^n$, on pose $|x|^2 = x_1^2 + \ldots + x_n^2$. Soit $\mathcal{M}_1$ l'ensemble des mesures μ sur $\mathbf{R}^n$ pour lesquelles il existe un nombre réel k tel que la fonction $(1 + |x|^2)^k$ soit μ-intégrable. Soit $\mathcal{M}_2$ l'ensemble des mesures ν sur $\mathbf{R}^n$ pour lesquelles la fonction $(1 + |x|^2)^k$ est ν-intégrable quel que soit k. Montrer que si $\mu \in \mathcal{M}_1$ et $\nu \in \mathcal{M}_2$, μ et ν sont convolables, et $\mu * \nu \in \mathcal{M}_1$; si $\mu \in \mathcal{M}_2$ et $\nu \in \mathcal{M}_2$, alors $\mu * \nu \in \mathcal{M}_2$. (On montrera d'abord que, si $u \geqslant 0$, $v \geqslant 0$, on a

$$(1 + u^2)(1 + v^2) \geqslant \frac{1}{3}(1 + (u + v)^2) ;$$

on en déduira que, quels que soient x, y dans $\mathbf{R}^n$, on a

$$1 + |x|^2 \leqslant 3(1 + |y|^2)(1 + |x + y|^2).$$

Soient alors $\mu \in \mathcal{M}_1$, $\nu \in \mathcal{M}_2$ avec $\mu \geqslant 0$, $\nu \geqslant 0$. Soit f une fonction continue $\geqslant 0$ dans $\mathbf{R}^n$. Il existe un k tel que $\mu = (1 + |x|^2)^k . \mu_1$ avec μ_1 bornée ; soit $\nu_1 = (1 + |x|^2)^k . \nu$, qui est bornée. On a

$$\int^* f(x + y)d\mu(x)d\nu(y) \leqslant 3^k \int^* (1 + |x|^2)^k f(x)d(\mu_1 * \nu_1)(x).$$

D'où la convolabilité de μ et ν et le fait que $\mu * \nu \in \mathcal{M}_1$.

Raisonner de façon analogue pour μ, ν dans $\mathcal{M}_2$).

4) Soient μ la mesure de Lebesgue sur $\mathbf{R}$, et ν la mesure de Lebesgue sur $\left[0, +\infty\right[$. Soient x_1, x_2 dans $\mathbf{R}$. Montrer que le produit de convolution $((\varepsilon_{x_1} - \varepsilon_{x_2}) * \nu) * \mu$ est défini, mais que μ et ν ne sont pas convolables. Montrer que les produits de convolution $\nu * ((\varepsilon_{x_1} - \varepsilon_{x_2}) * \mu)$ et

$$(\nu * (\varepsilon_{x_1} - \varepsilon_{x_2})) * \mu$$

sont définis, mais distincts pour $x_1 \neq x_2$.

5) Soient G un groupe compact, et μ une mesure positive sur G, de support G, telle que $\mu * \mu = \mu$. Montrer que μ est la mesure de Haar normalisée de G. (Montrer d'abord que $\|\mu\| = 1$. Puis, si μ n'est pas mesure de Haar de G, il existe une fonction $f \in \mathcal{K}_+(G)$ telle que

$$\int f(s)d\mu(s) \geqslant \int f(st)d\mu(s)$$

pour tout $t \in G$, et telle que $\int f(s)d\mu(s) > \int f(st)d\mu(s)$ pour certains t.

Montrer qu'alors $(\mu * \mu)(f) > \mu(f)$).

6) *a*) Soit $I = [0, 1]$. Soit f une fonction $\geqslant 0$ continue dans $\mathbf{R}$, à support contenu dans $[-1, 0]$. Montrer que l'ensemble des fonctions $\gamma(s)f|I$ ($s \in I$) est de rang infini dans $\mathcal{K}(I)$.

b) Soient $f_1, \ldots, f_n$ dans $\mathcal{K}(\mathbf{R})$. Soit M l'ensemble des mesures $\mu \in \mathcal{M}(I)$ telles que $\mu(f_1) = \ldots = \mu(f_n) = 0$. Montrer que l'ensemble des fonctions $y \rightarrow \int f(x+y)d\mu(x)$ ($y \in I$), où μ parcourt M, est de rang infini dans $\mathcal{K}(I)$. (Utiliser *a*).)

c) Soient $g_1, \ldots, g_p$ dans $\mathcal{K}(\mathbf{R})$. Déduire de *b*) qu'il existe $\mu \in M$ et $\nu \in \mathcal{M}(I)$ telles que $\nu(g_1) = \ldots = \nu(g_p) = 0$, $(\nu * \mu)(f) \neq 0$.

d) Déduire de *c*) que l'application $(\mu, \nu) \rightarrow \nu * \mu$ de $\mathcal{M}(\mathbf{T}) \times \mathcal{M}(\mathbf{T})$ dans $\mathcal{M}(\mathbf{T})$ n'est pas vaguement continue.

7) Soit G un groupe localement compact.

a) Montrer que si une mesure positive $\mu \in \mathcal{C}'(G)$ admet un inverse dans $\mathcal{C}'(G)$, μ est nécessairement une mesure ponctuelle.

b) Prenant pour G le groupe fini $\mathbf{Z}/2\mathbf{Z}$, donner un exemple de mesure non ponctuelle $\mu \in \mathcal{M}(G)$ inversible dans $\mathcal{M}(G)$.

8) Soit G un groupe localement compact ; on désigne par $\mathcal{C}'_+(G)$ l'ensemble des mesures positives à support compact sur G. Montrer que l'application $(\mu, \nu) \rightarrow \mu * \nu$ de $\mathcal{M}_+(G) \times \mathcal{C}'_+(G)$ dans $\mathcal{M}_+(G)$ est continue quand on munit $\mathcal{C}'(G)$ de la topologie faible $\sigma(\mathcal{C}'(G), \mathcal{C}(G))$ et $\mathcal{M}(G)$ de la topologie vague $\sigma(\mathcal{M}(G), \mathcal{K}(G))$. (Utiliser l'exerc. 5 *a*) du chap. III, § 2 et le fait que G est paracompact.)

9) *a*) Soient G un groupe localement compact, B une partie bornée de $\mathcal{M}(G)$, C une partie équicontinue de $\mathcal{C}'(G)$; montrer que si l'on munit $\mathcal{C}'(G)$ de la topologie faible $\sigma(\mathcal{C}'(G), \mathcal{C}(G))$ et $\mathcal{M}(G)$ de la topologie vague $\sigma(\mathcal{M}(G), \mathcal{K}(G))$, l'application $(\mu, \nu) \rightarrow \mu * \nu$ de $B \times C$ dans $\mathcal{M}(G)$ est continue. (Remarquer que toutes les mesures $\nu \in C$ ont leur support dans un même ensemble compact et utiliser la prop. 4 du chap. III, § 5, n° 3.)

b) Si, dans $\mathcal{M}^1(\mathbf{R})$, on pose $\mu_n = \varepsilon_n$, $\nu_n = \varepsilon_{-n}$, les suites (μ_n) et (ν_n) tendent vers 0 pour la topologie faible $\sigma(\mathcal{M}^1(\mathbf{R}), \overline{\mathcal{K}(\mathbf{R})})$, mais la suite $(\mu_n * \nu_n)$ ne tend pas vers 0 pour la topologie vague.

¶ 10) Pour un espace localement compact T, on note $\mathcal{C}^\infty(T)$ l'espace de Banach des fonctions numériques continues et bornées dans T. On dit qu'une partie H de $\mathcal{M}^1(T)$ est *serrée* si, pour tout $\varepsilon > 0$, il existe une partie compacte K de T telle que $|\mu|(T - K) \leqslant \varepsilon$ pour tout $\mu \in H$.

a) Montrer que si une partie H de $\mathcal{M}^1(T)$ est serrée et bornée pour la topologie définie par la norme de $\mathcal{M}^1(T)$, elle est relativement compacte pour la topologie $\sigma(\mathcal{M}^1(T), \mathcal{C}^\infty(T))$ (observer que H est relativement compacte pour $\sigma(\mathcal{M}^1(T), \mathcal{K}(T))$).

b) On suppose en outre que T soit *paracompact*. Montrer alors que, réciproquement, si H est une partie de $\mathcal{M}^1(T)$, relativement compacte pour $\sigma(\mathcal{M}^1(T), \mathcal{C}^\infty(T))$, alors H est bornée pour la norme de $\mathcal{M}^1(T)$ et serrée. (Considérer d'abord le cas où $T = \mathbf{N}$ et appliquer alors l'exerc. 17 du chap. V, § 5. Envisager ensuite le cas où T est dénombrable à l'infini, réunion d'une suite d'ouverts relativement compacts (U_n) telle que $\overline{U}_n \subset U_{n+1}$. Raisonner par l'absurde et montrer qu'on peut se ramener au cas où il existerait pour chaque n une fonction numérique continue f_n définie dans T, de support contenu dans $U_{n+1} - \overline{U}_n$, telle que $\|f_n\| \leqslant 1$, et une suite (μ_n) de mesures appartenant à H et pour lesquelles on a $\mu_n(f_n) \geqslant \alpha > 0$ pour tout n. Considérer alors l'application continue $u : L^1(\mathbf{N}) \to \mathscr{C}^\infty(T)$ telle que $u((\xi_n)) = \sum_{n=0}^{\infty} \xi_n f_n$ et obtenir une contradiction avec ce qui a été prouvé pour $T = \mathbf{N}$, en considérant la transposée de u. Enfin, lorsque T est un espace localement compact paracompact quelconque, T est somme topologique d'une famille (T_α) d'espaces localement compacts dénombrables à l'infini ; pour tout α, soit $m_\alpha = \sup_{\mu \in H} |\mu|(T_\alpha)$; montrer, en raisonnant par l'absurde et utilisant le cas précédent, que l'on a nécessairement $m_\alpha = 0$ sauf pour une infinité dénombrable d'indices α.)

c) Montrer que la conclusion de *b*) n'est pas valable pour l'espace localement compact non paracompact défini dans l'exerc. 18 *h*) du chap. IV, § 4.

¶ 11) Soit G un groupe localement compact ; sur $\mathscr{M}^1(G)$, désignons par $\mathscr{T}_{I}$ la topologie $\sigma(\mathscr{M}^1(G), \overline{\mathscr{K}(G)})$, par $\mathscr{T}_{III}$ la topologie $\sigma(\mathscr{M}^1(G), \mathscr{C}^\infty(G))$, et notons $\mathscr{M}_{I}$, $\mathscr{M}_{III}$ l'espace $\mathscr{M}^1(G)$ muni respectivement de $\mathscr{T}_{I}$ et $\mathscr{T}_{III}$.

a) Soient A une partie bornée de $\mathscr{M}_{I}$, B une partie relativement compacte de $\mathscr{M}_{III}$. Montrer que la restriction à A × B de l'application $(\mu, \nu) \to \mu * \nu$ de $\mathscr{M}_{I} \times \mathscr{M}_{III}$ dans $\mathscr{M}_{I}$ est continue (utiliser l'exerc. 10 pour se ramener à évaluer une intégrale $\iint f(st)d\mu(s)d\nu(t)$ lorsque $f(st) = \sum_i u_i(s)v_i(t)$, avec u_i et v_i dans $\mathscr{K}(G)$).

b) Donner un exemple où G est compact (et par suite $\mathscr{T}_{I} = \mathscr{T}_{III}$) montrant que $(\mu, \nu) \to \mu * \nu$, considérée comme application de $\mathscr{M}_{I} \times \mathscr{M}_{III}$ dans $\mathscr{M}_{I}$, n'est pas hypocontinue relativement aux parties relativement compactes de $\mathscr{M}_{I}$ ni relativement aux parties relativement compactes de $\mathscr{M}_{III}$ (cf. exerc. 6).

c) Soient A, B deux parties relativement compactes de $\mathscr{M}_{III}$. Montrer que la restriction à A × B de l'application $(\mu, \nu) \to \mu * \nu$ de $\mathscr{M}_{III} \times \mathscr{M}_{III}$ dans $\mathscr{M}_{III}$ est continue (même méthode que dans *a*)).

d) On désigne par E le sous-espace de $\mathbf{R}^G$ formé des combinaisons linéaires de fonctions caractéristiques de parties ouvertes de G, par $\mathscr{T}_{IV}$ la topologie $\sigma(\mathscr{M}^1(G), E)$, par $\mathscr{M}_{IV}$ l'espace $\mathscr{M}^1(G)$ muni de $\mathscr{T}_{IV}$. On rappelle que les topologies induites par $\mathscr{T}_{III}$ et $\mathscr{T}_{IV}$ sur une partie bornée de $\mathscr{M}^1(G)$ formée de mesures positives, sont en général distinctes (chap. V, § 5, exerc. 18 *c*)). On rappelle aussi que les parties compactes de $\mathscr{M}_{IV}$ sont les mêmes que celles de $\mathscr{M}^1(G)$ pour la topologie affaiblie $\sigma(\mathscr{M}^1(G), (\mathscr{M}^1(G))')$ sur l'espace de Banach $\mathscr{M}^1(G)$ (chap. VI, § 2, exerc. 12). Montrer que si A, B sont deux parties relativement compactes de $\mathscr{M}_{IV}$, la restriction à A × B de l'application $(\mu, \nu) \to \mu * \nu$ de $\mathscr{M}_{IV} \times \mathscr{M}_{IV}$ dans $\mathscr{M}_{IV}$ est continue. (Se borner au cas où A et B sont compacts, et commencer par prouver qu'alors l'image de A × B par l'application précédente est compacte pour $\sigma(\mathscr{M}^1(G), (\mathscr{M}^1(G))')$; on appliquera pour cela les th. d'Eberlein et de Šmulian (*Esp. vect. top.*, chap. IV, § 2, exerc. 15 et 13), et on se ramènera ainsi à prouver que si (μ_n), (ν_n) sont deux suites qui convergent vers 0 dans $\mathscr{M}_{IV}$, il en est de même de la suite $(\mu_n * \nu_n)$; utiliser la prop. 12 et l'exerc. 17 du chap. V, § 5. Pour prouver enfin que $(\mu,\nu) \to \mu * \nu$ est continue pour $\mathscr{T}_{IV}$, utiliser *c*) et le fait que $\mathscr{T}_{III}$ est moins fine que $\mathscr{T}_{IV}$).

e) On prend $G = \mathbf{R}^2$; soient a, b les vecteurs de la base canonique de G sur **R**, ρ_n la mesure sur $I = [0, \pi]$ dans **R** ayant pour densité par rapport à la mesure de Lebesgue la fonction $\sin(2^n x)$, μ_n la mesure $\rho_n \otimes \varepsilon_0$ sur $\mathbf{R} \times \mathbf{R}$; soit d'autre part $\nu_n = \varepsilon_{b/2^n} - \varepsilon_0$ sur G. Montrer que la suite (μ_n) tend vers 0 dans $\mathscr{M}_{\mathrm{IV}}$ et que la suite (ν_n) tend vers 0 dans $\mathscr{M}_{\mathrm{III}}$, mais que la suite $(\mu_n * \nu_n)$ ne tend pas vers 0 dans $\mathscr{M}_{\mathrm{IV}}$ (cf. chap. V, § 5, exerc. 18).

f) Donner un exemple où G est compact et où $(\mu, \nu) \to \mu * \nu$ considérée comme application de $\mathscr{M}_{\mathrm{IV}} \times \mathscr{M}_{\mathrm{IV}}$ dans $\mathscr{M}_{\mathrm{IV}}$, n'est pas hypocontinue relativement aux parties compactes de $\mathscr{M}_{\mathrm{IV}}$ (même méthode que dans l'exerc. 6, en observant que pour un $f \in \mathrm{E}$ donné il y a des parties compactes $\mathrm{H} \subset \mathscr{M}_{\mathrm{IV}}$ telles que l'ensemble des fonctions $t \to \int f(st)d\mu(t)$, où μ parcourt H, soit de rang infini sur **R**).

12) Soit G un groupe localement compact non unimodulaire.

a) Montrer qu'il existe une mesure positive bornée μ sur G telle que $\Delta_G . \mu$ soit non bornée (prendre μ discrète).

b) Soit μ' une mesure de Haar à gauche sur G. Alors μ et μ' sont convolables (prop. 5). Montrer que μ' et μ sont non convolables.

13) Soit r un nombre tel que $0 < r < 1$; pour tout entier $n \geqslant 1$, on désigne par $\lambda_{n,r}$ la mesure $(\varepsilon_{r^n} + \varepsilon_{-r^n})/2$ sur **R**, et l'on pose $\mu_{n,r} = \lambda_{1,r} * \lambda_{2,r} * \ldots * \lambda_{n,r}$.

a) Montrer que la suite $(\mu_{n,r})$ converge vaguement vers une mesure μ_r sur **R**, de support contenu dans $I = [-1, +1]$ (prouver que pour tout intervalle U contenu dans **R**, la suite $(\mu_{n,r}(\mathrm{U}))$ est convergente).

b) Montrer que pour $r < 1/2$, la mesure μ_r est *étrangère* à la mesure de Lebesgue sur **R**, mais que $\mu_{1/2}$ est la mesure induite sur **I** par la mesure de Lebesgue.

c) Soit $\nu_{1/4}$ l'image de $\mu_{1/4}$ par l'homothétie $t \to 2t$ dans **R**. Montrer que l'on a $\mu_{1/4} * \nu_{1/4} = \mu_{1/2}$, bien que $\mu_{1/4}$ et $\nu_{1/4}$ soient toutes deux étrangères à la mesure de Lebesgue (utiliser l'exerc. 11 *a*)).

§ 4

¶ 1) Soient G un groupe localement compact, β une mesure de Haar à gauche sur G, A une partie β-mesurable de G, ν une mesure positive non nulle sur G. On suppose que $s\mathrm{A}$ est localement ν-négligeable pour tout $s \in \mathrm{G}$. Montrer que A est localement β-négligeable. (Se ramener au cas où A est relativement compact et ν bornée. Prouver que ν et $\varphi_A . \beta$ sont convolables et que $\nu *^{\beta} \varphi_A = 0$, d'où $0 = \|\nu * \varphi_A . \beta\| = \|\nu\| . \|\varphi_A . \beta\|$). Montrer, en admettant l'hypothèse du continu, que ce résultat peut être en défaut si A n'est pas supposé β-mesurable. (Prendre $G = \mathbf{R}^2$, prendre pour ν la mesure de Haar du sous-groupe $\mathbf{R} \times \{0\}$, et appliquer l'exerc. 7 *c*) du chap. V, § 8).

2) Soit H le groupe additif **R** muni de la topologie discrète. Soit G le groupe localement compact $\mathbf{R} \times \mathbf{R} \times \mathrm{H}$. Soient α une mesure de Haar de G, β une mesure de Haar de $\mathbf{R} \times \mathrm{H}$, et $\mu = \varepsilon_0 \otimes \beta \in \mathscr{M}(\mathrm{G})$.

Construire une fonction $f \geqslant 0$ sur G, localement α-négligeable (donc telle que μ et f soient convolables) mais telle qu'aucune translatée de f ne soit μ-mesurable. (Imiter la construction du chap. V, § 3, exerc. 4).

¶ 3) Soit G un groupe localement compact.

a) Soit μ une mesure positive bornée non nulle sur G telle que $\mu * \mu = \mu$. Montrer que le support S de μ est compact. (Soit $f \in \mathscr{K}_+(G)$ avec $f \neq 0$; on choisit une mesure de Haar à gauche sur G par rapport à laquelle on prendra les produits de convolution ; on a $\mu * f \in \overline{\mathscr{K}(G)}$; soit $x \in S$ tel que $(\mu * f)(x) = \sup_{y \in S} (\mu * f)(y)$; montrer que $(\mu * f)(y) = (\mu * f)(x)$ pour tout $y \in S$).

b) Montrer que S est un sous-groupe compact de G et que μ est la mesure de Haar normalisée de S. (Utiliser *a*), l'exerc. 21 de *Top. gén.*, chap. III, 3e éd., § 5, et l'exerc. 5 du § 3).

¶ 4) Soit G un groupe localement compact. Pour tout $t \in \mathbf{R}_+^*$, soit μ_t une mesure bornée positive non nulle sur G. On suppose que l'application $t \mapsto \mu_t$ est continue pour la topologie $\sigma(\mathscr{M}^1(G), \overline{\mathscr{K}(G)})$, et que $\mu_{s+t} = \mu_s * \mu_t$ (s, t dans $\mathbf{R}_+^*$).

a) Montrer qu'il existe un nombre $c \in \mathbf{R}$ tel que $\|\mu_t\| = \exp(ct)$. (Observer que $t \mapsto \|\mu_t\|$ est semi-continue inférieurement et que

$$\|\mu_{s+t}\| = \|\mu_s\| \cdot \|\mu_t\|.$$

Utiliser la prop. 18.)

b) On suppose $c = 0$. Montrer que μ_t converge faiblement quand $t \to 0$ vers la mesure de Haar normalisée d'un sous-groupe compact de G. (Utiliser la compacité faible de la boule unité de $\mathscr{M}^1(G)$, et montrer que pour toute valeur d'adhérence faible μ de μ_t suivant le filtre des voisinages de 0 dans $\mathbf{R}_+^*$, on a $\mu_t * \mu = \mu_t$ pour tout t, puis $\mu * \mu = \mu$; appliquer ensuite l'exerc. 3.)

¶ 5) Soient G un groupe localement compact dénombrable à l'infini, β une mesure de Haar à gauche sur G, $a \in \mathbf{R}_+^*$, $(\nu_u)_{0 \leqslant u \leqslant a}$ une famille de mesures positives sur G satisfaisant aux conditions suivantes :

(i) $\nu_0 = \varepsilon_e$; $\nu_{u+v} = \nu_u * \nu_v$ si $u + v \leqq a$; $\nu_u = \check{\nu}_u$;

(ii) pour $0 < u \leqq a$, $\nu_u = f_u \cdot \beta$, avec $f_u \geqslant 0$ semi-continue inférieurement ;

(iii) ν_u est fonction vaguement continue de u.

a) Soit $f \in \mathscr{K}_+(G)$. Montrer que, pour $0 < u \leqq a$,

$$\int (f_{u/2} * f)(z)^2 d\beta(z) = \int f(x)(f_u * f)(x) d\beta(x). \tag{1}$$

b) Soit $f \in \mathscr{K}(G)$. Montrer que $f_{u/2} * f$ est de carré β-intégrable pour $0 < u \leqq a$, et qu'on a encore (1).

c) Soit $f \in \mathscr{K}(G)$ telle que $\nu_a * f = 0$. Montrer que $f = 0$. (On a $\nu_{a/2^n} * f = 0$ pour tout entier $n > 0$ d'après *b*), donc $f = 0$ d'après le § 3, nº 3, *Remarque* 1)).

d) Soit $\nu \in \mathscr{C}'(G)$ telle que $\nu_a * \nu = 0$. Montrer que $\nu = 0$. (Régulariser ν par des fonctions de $\mathscr{K}(G)$ et appliquer *c*).)

6) Soit G un groupe localement compact. Montrer que si $\mathscr{K}(G)$ est commutatif pour la convolution, G est commutatif. (Montrer par

régularisation que $\mathscr{C}'(G)$ est commutatif, et appliquer ceci aux mesures ε_s, où $s \in G$).

7) Soient G un groupe localement compact et β une mesure de Haar à gauche sur G. Montrer que l'algèbre $L^1(G, \beta)$ admet un élément unité si et seulement si G est discret. (Supposons G non discret, et soit $f_0 \in L^1(G, \beta)$. Il existe un voisinage compact V de e tel que

$$\int_V |f_0(x)| d\beta(x) < 1.$$

Soit U un voisinage compact symétrique de e tel que $U^2 \subset V$. On a, pour presque tout $x \in U$,

$$|(\varphi_U * f_0)(x)| = \int_U |f_0(y^{-1}x)| d\beta(y) \leqslant \int_V |f_0(x)| d\beta(x) < 1,$$

donc f_0 n'est pas élément unité de $L^1(G, \beta)$).

¶ 8) Soient G un groupe localement compact dénombrable à l'infini opérant continûment à gauche dans un espace localement compact polonais T. Soit ν une mesure positive sur T quasi-invariante par G. Soit R une relation d'équivalence ν-mesurable sur T, compatible avec G. Il existe donc (chap. VI, § 3, n° 4, prop. 2) un espace localement compact polonais B, et une application ν-mesurable p de T dans B, tels que $R(x, y)$ soit équivalente à $p(x) = p(y)$. Soit ν' une mesure pseudo-image de ν par p, et soit $b \to \lambda_b$ ($b \in B$) une désintégration de ν par R. Montrer que les λ_b sont, pour presque tout $b \in B$, quasi-invariantes par G.

(Soit χ une fonction sur $G \times T$ satisfaisant aux conditions de l'exerc. 13 du chap. VII, § 1. Montrer que, pour tout $s \in G$, il existe une partie ν'-négligeable $N(s)$ de B telle que $\chi(s^{-1}, .)$ soit localement λ_b-intégrable pour $b \notin N(s)$; pour cela, on remarquera que pour tout $\psi \in \mathscr{K}(T)$, la fonction $x \to \psi(x)\chi(s^{-1}, x)$ est λ_b-intégrable sauf pour b appartenant à un ensemble ν'-négligeable $N(s, \psi)$, et l'on utilisera le lemme 1 du chap. VI, § 3, n° 1. Posons $\lambda'_{b,s} = 0$ si $b \in N(s)$ et $\lambda'_{b,s} = \chi(s^{-1}, .) . \lambda_b$ si $b \notin N(s)$. Montrer que l'application $b \to \lambda'_{b,s}$ est ν'-adéquate (on utilisera le lemme 3 du chap. VI, § 3, n° 1) et que $\gamma(s)\beta = \int \lambda'_{b,s}\, d\nu'(b)$. Montrer d'autre part que $\gamma(s)\beta = \int \gamma(s)\lambda_b d\nu'(b)$ et en déduire que, pour tout $s \in G$, on a $\gamma(s)\lambda_b = \chi(s^{-1}, .) . \lambda_b$ pour presque tout b, donc que pour presque tout b on a $\gamma(s)\lambda_b = \chi(s^{-1}, .) . \lambda_b$ pour presque tout s. Utiliser alors le cor. 2 de la prop. 17 du § 4 pour en déduire que, pour presque tout b, $\gamma(s)\lambda_b$ est équivalente à λ_b pour tout $s \in G$).

Montrer que si ν est relativement invariante par G de multiplicateur χ, les λ_b sont, pour presque tout b, relativement invariantes de multiplicateur χ.

9) Soient G un groupe localement compact, β une mesure de Haar

à gauche sur G, A et B deux ensembles β-intégrables tels que $\beta(A) \leqq \beta(B)$. Montrer qu'il existe

1) des ensembles disjoints N, K_1, K_2, ... recouvrant A, N étant β-négligeable et les K_n compacts ;

2) des ensembles disjoints N′, K'_1, K^2, ... recouvrant B, avec les K'_n compacts ;

3) des $s_n \in G$ tels que $K'_n = s_n K_n$.

(En utilisant le fait que $\beta(xA \cap B)$ dépend continûment de x et que $\int \beta(xA \cap B) d\beta(x) = \beta(A^{-1})\beta(B)$, montrer que, si $\beta(A) \neq 0$, il existe $x \in G$ tel que $\beta(xA \cap B) \neq 0$).

10) Soient G un groupe localement compact, β une mesure de Haar à gauche sur G. Quels que soient les ensembles β-intégrables A, B, on pose $\rho(A, B) = \beta(A \cup B) - \beta(A \cap B)$.

a) Soit A un ensemble β-intégrable. Montrer que $x \to \rho(xA, A)$ est une fonction continue.

b) Soit U un voisinage de e. Montrer qu'il existe un ensemble compact A et un nombre $\varepsilon > 0$ tels que $\rho(xA, A) < \varepsilon$ implique $x \in U$. (Prendre pour A un voisinage de e tel que $A.A^{-1} \subset U$.)

c) Pour qu'une partie C de G soit relativement compacte, il faut et il suffit qu'il existe un ensemble β-intégrable A et un nombre a $(0 < a < 2\beta(A))$ tels que $x \in C$ implique $\rho(xA, A) \leqq a$.

11) *a*) Soit G un groupe localement compact engendré par un voisinage compact de e. Soit φ un endomorphisme continu non surjectif de G adhérent au groupe $\mathscr{G}$ des automorphismes (bicontinus) de G pour la topologie de la convergence compacte. Alors $\lim\limits_{\psi \in \mathscr{G},\, \psi \to \varphi} \operatorname{mod} \psi = 0$.

(Soit K un voisinage compact de e engendrant G. Soit μ une mesure de Haar à gauche de G. Si $\mu(\varphi(K)) > 0$, $\varphi(K).\varphi(K)^{-1}$ est un voisinage de e dans G, donc $\varphi(G)$ est un sous-groupe ouvert de G ; pour $\psi \in \mathscr{G}$ assez voisin de φ, on a $\psi(K) \subset \varphi(G)$, donc $\psi(G) \neq G$, ce qui est absurde. Donc $\mu(\varphi(K)) = 0$. Quand $\psi \in \mathscr{G}$ tend vers φ, $\mu(\psi(K))$ tend vers 0).

b) Soit G un groupe abélien libre, somme directe $G_1 \oplus G_2 \oplus \ldots$, où chaque G_i est isomorphe à $\mathbf{Z}$. On considère G comme discret. Soit φ l'endomorphisme non surjectif $(x_1, x_2, \ldots) \to (0, x_1, x_2, \ldots)$ de G. Alors φ est limite pour la topologie de la convergence compacte d'automorphismes de G, et tout automorphisme de G est de module 1.

12) Pour $t > 0$ et $x \in \mathbf{R}$, soit $F_t(x) = te^{-\pi t^2 x^2}$. Soit $f \in \mathscr{K}(\mathbf{R})$. Montrer que $f * F_t$ tend vers f uniformément quand t tend vers $+\infty$. (Montrer que les mesures $F_t(x)dx$ satisfont aux conditions du § 2, nº 7, lemme 4, avec $a = 0$.)

¶ 13) Soit G un groupe localement compact opérant continûment à gauche dans un espace localement compact polonais T. Soient β une mesure de Haar à gauche sur G, ν une mesure quasi-invariante positive sur T et $\chi(s, x)$ une fonction > 0 sur $G \times T$ satisfaisant aux conditions de l'exerc. 13 du chap. VII, § 1.

Pour $f \in L^p(T, \nu)$ $(1 \leqq p < +\infty)$, on pose

$$(\gamma_{\chi,p}(s)f)(x) = \chi(s^{-1}, x)^{1/p} f(s^{-1}x).$$

a) Montrer que, pour tout $s \in G$, $\gamma_{\chi,p}(s)$ est un endomorphisme isométrique de $L^p(T, \nu)$. Montrer que l'application $s \to \gamma_{\chi,p}(s)$ est une représentation linéaire de G dans $L^p(T, \nu)$ (raisonner comme au § 2, n° 5).

b) Soit $f \in \mathscr{L}^p(T, \nu)$, et soit $h \in \mathscr{K}(G)$. Montrer que la fonction

$$(x, s) \to f(s^{-1}x)h(s)\chi(s^{-1}, x)^{1/p}$$

est de puissance $p^{\text{ème}}$ intégrable pour $\beta \otimes \nu$ (commencer par le cas $p = 1$, et utiliser le lemme 1 du § 4, n° 1). Montrer que si q est l'exposant conjugué de p, et si $g \in \mathscr{L}^q(T, \nu)$, alors $f(s^{-1}x)h(s)g(x)\chi(s^{-1}, x)^{1/p}$ est intégrable pour $\beta \otimes \nu$ (écrire h sous la forme h_1h_2 avec h_1, h_2 dans $\mathscr{K}(G)$). Déduire alors du théorème de Lebesgue-Fubini que, pour $f \in L^p(T, \nu)$ et $g \in L^q(T, \nu)$, la fonction

$$s \to \int g(x)(\gamma_{\chi,p}(s)f)(x)d\nu(x)$$

est β-mesurable.

c) Montrer, en utilisant le cor. 2 de la prop. 18 du § 4 et le lemme 1 du chap. VI, § 3, n° 1, que la représentation $s \to \gamma_{\chi,p}(s)$ de G dans $L^p(T, \nu)$ est *continue* pour $1 \leq p < +\infty$.

d) On suppose de plus que, pour tout $s \in G$, la fonction $x \to \chi(s^{-1}, x)$ est bornée. On pose, pour $f \in L^p(T, \nu)$:

$$(\gamma_\chi(s)f)(x) = \chi(s^{-1}, x)f(s^{-1}x).$$

Montrer que $s \to \gamma_\chi(s)$ est une représentation continue de G dans $L^p(T, \nu)$ pour $1 \leq p < +\infty$. (On montrera, comme dans la démonstration de la prop. 9 du § 2, n° 5, que $s \to \gamma_\chi(s)$ est une représentation de G par des endomorphismes de $L^p(T, \nu)$. Puis on remarquera que si $f \in L^p(T, \nu)$ et $h \in \mathscr{K}(G)$, le lemme 1 du § 4, n° 1 montre que $h(s)f(s^{-1}x)\chi(s^{-1}, x)$ est de puissance $p^{\text{ème}}$ intégrable pour $\beta \otimes \nu$. On terminera la démonstration comme dans *c*)).

14) *a*) Soient G un groupe localement compact, f une fonction positive semi-continue inférieurement dans G, μ une mesure positive sur G. Montrer que la fonction $x \to \int^* f(s^{-1}x)d\mu(s) = g(x)$ est semi-continue inférieurement dans G (cf. chap. IV, § 1, n° 1, th. 1) ; pour que μ et f soient convolables, il faut et il suffit que g soit intégrable pour une mesure de Haar à gauche sur G.

b) Sur le groupe $G = \mathbf{R} \times \mathbf{R}$, soit μ la mesure $\varepsilon_0 \otimes \lambda$, où λ est la mesure de Lebesgue sur $\mathbf{R}$; soit $f(x, y) = (1 - |xy - 2|)^+$; montrer que la fonction $g(x, y) = \int f(x - s, y - t)d\mu(s, t)$ est partout finie dans G mais n'est pas continue et n'est pas intégrable pour la mesure de Lebesgue sur G.

¶ 15) Soient G un groupe localement compact, β une mesure de Haar à gauche sur G ; par abus de langage, on identifie dans ce qui suit les fonctions numériques β-intégrables et leurs classes dans $L^1(G, \beta)$; même abus pour les $L^p(G, \beta)$.

a) Soit A un endomorphisme continu de l'espace de Banach $L^1(G, \beta)$ tel que, pour tout $s \in G$, on ait $A(f * \varepsilon_s) = A(f) * \varepsilon_s$ pour tout $f \in L^1(G, \beta)$.

Montrer que, pour toute fonction $g \in \mathcal{K}(G)$, on a alors $A(f * g) = A(f) * g$ (remarquer que $s \to g(s)A(f * \varepsilon_s)$ est une application β-intégrable de G dans $L^1(G, \beta)$) ; réciproque. En déduire qu'il existe une mesure bornée et une seule μ sur G telle que $A(f) = \mu * f$ pour tout $f \in L^1(G, \beta)$, et que $\|A\| = \|\mu\|$. (Avec les notations de la prop. 19 du n° 7, considérer la limite de $A(f_V * g)$ suivant un ultrafiltre plus fin que le filtre des sections de $\mathfrak{B}$, en utilisant la compacité de la boule unité de $\mathcal{M}^1(G)$ pour la topologie faible $\sigma(\mathcal{M}^1(G), \overline{\mathcal{K}(G)})$.)

b) Soit μ une mesure bornée sur G ; montrer directement que la norme de l'endomorphisme continu $\gamma(\mu) : f \to \mu * f$ de $L^\infty(G, \beta)$ est égale à $\|\mu\|$. (Se ramener au cas où μ est à support compact, et où μ a une densité continue par rapport à $|\mu|$.) En déduire de nouveau que l'endomorphisme continu $\gamma(\mu) : f \to \mu * f$ de $L^1(G, \beta)$ a une norme égale à $\|\mu\|$.

c) On suppose G *compact* et μ *positive*. Montrer que pour $1 < p < +\infty$, la norme de l'endomorphisme continu $\gamma(\mu) : f \to \mu * f$ de $L^p(G, \beta)$ est égale à $\|\mu\|$.

d) On prend pour G le groupe cyclique d'ordre 3. Donner un exemple de mesure μ sur G telle que la norme de l'endomorphisme $\gamma(\mu)$ de $L^p(G, \beta)$ soit strictement inférieure à $\|\mu\|$ pour $1 < p < +\infty$.

¶ 16) Les notations et conventions sont celles de l'exerc. 15.

a) Montrer que, pour qu'une mesure bornée μ sur G soit telle que $\|\mu * f\|_1 = \|f\|_1$ pour toute $f \in L^1(G, \beta)$, il faut et il suffit que μ soit une mesure ponctuelle de norme 1. (En utilisant le fait que l'endomorphisme $\gamma(|\mu|)$ de $L^1(G, \beta)$ a pour norme $\|\mu\|$ (exerc. 15), montrer qu'on doit nécessairement avoir, pour toute fonction $f \in \mathcal{K}(G)$,

$$\left| \int f d\mu \right| = \int |f| d|\mu| ;$$

en déduire d'abord que $\check{\mu} = c|\mu|$, où c est une constante de valeur absolue 1, puis que μ est ponctuelle).

b) On prend pour G le groupe cyclique d'ordre 3. Donner un exemple de mesure non ponctuelle μ sur G telle que $\|\mu * f\|_2 = \|f\|_2$ pour toute fonction numérique f définie dans G.

17) Les notations et conventions sont celles de l'exerc. 15.

a) Soit μ une mesure bornée sur G ; pour que l'endomorphisme $\gamma(\mu) : f \to \mu * f$ de $L^p(G, \beta)$ soit surjectif ($1 \leq p < +\infty$), il faut et il suffit qu'il existe $c_p > 0$ tel que $\|\check{\mu} * g\|_q \geqslant c_p \|g\|_q$ pour tout $g \in L^q(G, \beta)$ (où $\frac{1}{p} + \frac{1}{q} = 1$) (cf. *Esp. vect. top.*, chap. IV, § 5, exerc. 11).

b) Si μ est une mesure de base β, si G n'est pas discret, montrer que $\gamma(\mu)$ n'est jamais surjectif pour $1 \leqslant p \leqslant +\infty$ (pour $p < +\infty$, utiliser *a*)), en se ramenant au cas où la densité de μ par rapport à β appartient à $\mathcal{K}(G)$; pour $p = +\infty$, raisonner directement en remarquant que pour $f \in L^1(G, \beta)$ et $g \in L^\infty(G, \beta)$, $f * g$ est uniformément continue pour la structure uniforme droite).

c) Si G est commutatif, $1 \leqslant p \leqslant 2$ et si l'endomorphisme $\gamma(\mu)$

de $L^p(G, \beta)$ est surjectif, montrer qu'il est bijectif (en utilisant la régularisation, montrer que si $\gamma(\mu)$ n'est pas injectif, l'endomorphisme $\gamma(\check{\mu})$ de $L^q(G, \beta)$ n'est pas injectif : on utilisera le chap. IV, § 6, n° 5, cor. de la prop. 4).

d) On prend $G = \mathbf{Z}$ et $\mu = \varepsilon_1 - \varepsilon_0$; montrer que $\gamma(\mu)$ est injectif dans les $L^p(\mathbf{Z}, \beta)$ tels que $p \neq +\infty$, mais non dans $L^\infty(\mathbf{Z}, \beta)$, et n'est surjectif pour aucune valeur de p.

¶ 18) Les notations et conventions sont celles de l'exerc. 15.

a) Soit μ une mesure bornée sur G, dont le support contient au moins deux points distincts. Montrer qu'il existe un ensemble compact K, et un nombre k tel que $0 < k < 1$, pour lesquels on a $\|\varphi_{sK} \cdot \mu\| \leqslant k\|\mu\|$ pour tout $s \in G$. (Si t, t' sont deux points distincts du support de μ, prendre pour K un voisinage assez petit de e pour que sK ne puisse rencontrer à la fois tK et t'K).

b) Soit μ une mesure bornée $\geqslant 0$ sur G, dont le support contient au moins deux points distincts. Montrer qu'il existe une fonction $f \in L^\infty(G, \beta)$, non équivalente à une fonction $\geqslant 0$, et telle que $\mu * f$ soit $\geqslant 0$ localement presque partout pour β. (Utiliser *a*), en prenant f égale à -1 dans K et à une constante positive convenable dans $\complement$K.) Si de plus le support de μ est compact, il existe une fonction f ayant les propriétés précédentes et ayant un support compact.

c) Soient μ_1, μ_2 deux mesures bornées positives non nulles sur G, permutables pour la convolution, et telles que le support K de μ_1 soit compact et contienne e. On pose $\mu = \mu_1 + \mu_2$. Soient V un voisinage compact symétrique de e contenant K, g la fonction égale à $\mu * \varphi_V$ dans $\complement$V, à 0 dans V ; montrer que la fonction $\mu * (g - (\mu_1 * \varphi_V))$ est localement presque partout $\geqslant 0$ dans $\complement(V^2)$. D'autre part, montrer qu'il existe un ensemble compact H tel que la fonction $\mu_2 * \varphi_H$ soit presque partout $\geqslant 0$ dans V^2.

d) Déduire de *c*) que si μ est une mesure positive bornée dans G dont le support contient au moins deux points distincts, il existe une fonction f appartenant à tous les $L^p(G, \beta)$ $(1 \leqslant p \leqslant +\infty)$, non équivalente à une fonction $\geqslant 0$, et telle que $\mu * f$ soit $\geqslant 0$ localement presque partout, lorsqu'on fait en outre l'une des hypothèses suivantes : α) G est commutatif ; β) il y a un point $a \in G$ tel que $\mu(\{a\}) > 0$. (Décomposer convenablement μ en une somme de deux mesures $\geqslant 0$ permutables).

¶ 19) Les notations et conventions sont celles de l'exerc. 15.

a) Montrer que si une mesure bornée positive μ sur G est telle que pour toute fonction $f \in L^p(G, \beta)$ (p donné, $1 \leqslant p < +\infty$) la relation $\mu * f \geqslant 0$ localement presque partout entraîne $f \geqslant 0$ localement presque partout, alors on peut conclure que μ est une mesure ponctuelle dans chacun des cas suivants : α) G est compact ; β) G est discret ; γ) G est commutatif (utiliser l'exerc. 18) (*). Pour $p = +\infty$, la même conclusion est valable sans hypothèse supplémentaire sur G.

b) Soit μ une mesure bornée positive sur G telle que : 1° $\gamma(\mu)$ soit un endomorphisme surjectif de $L^1(G, \beta)$; 2° pour toute fonction $f \in L^1(G, \beta)$ la relation $\mu * f \geqslant 0$ localement presque partout entraîne

(*) Pour un exemple où μ est non ponctuelle et telle que $\mu * f \geqslant 0$ entraîne $f \geqslant 0$, voir Williamson, *Proc. Edimb. Math. Soc.*, 1957, pp. 71-77.

$f \geqslant 0$ localement presque partout. Montrer alors que μ est une mesure ponctuelle. (Observer que pour toute fonction $g \in L^\infty(G, \beta)$, la relation $\check{\mu} * g \geqslant 0$ localement presque partout entraîne $g \geqslant 0$ localement presque partout).

20) Soient G un groupe localement compact, β une mesure de Haar à gauche sur G.

a) Soit f une fonction numérique bornée dans G, uniformément continue pour la structure uniforme gauche. Montrer que pour toute mesure bornée μ sur G, $\mu * f$ est uniformément continue pour la structure uniforme gauche ; en outre, avec les notations du n° 7, prop. 19, f est limite, pour la topologie de la convergence uniforme dans G, des fonctions $f_V * f$ suivant le filtre des sections de $\mathfrak{B}$.

b) On prend $G = \mathbf{T}$; donner un exemple de fonction continue h dans $\mathbf{T}$ qui ne soit pas de la forme $f * g$, où f et g appartiennent à $L^2(\mathbf{T}, \beta)$. (Utiliser les exerc. 19 *b*) et 20 du chap. IV, § 6.)

¶ 21) Soient G un groupe localement compact, β une mesure de Haar à gauche sur G ; on identifie canoniquement $L^1(G, \beta)$ à un sous-espace de $\mathscr{M}^1(G)$.

a) Avec les notations du § 3, exerc. 11, soient A une partie relativement compacte de $\mathscr{M}_{III}$, B une partie de $L^1(G, \beta)$, relativement compacte dans $\mathscr{M}_{IV}$. Montrer que la restriction à $A \times B$ de l'application $(\mu, \nu) \to \mu * \nu$ de $\mathscr{M}_{III} \times \mathscr{M}_{IV}$ dans $\mathscr{M}_{IV}$ est continue. (Prouver d'abord que si A et B sont compacts, l'image de $A \times B$ par cette application est compacte ; utiliser l'exerc. 10 du § 3, ainsi que le critère α) du chap. V, § 5, exerc. 17. Pour montrer ensuite que $(\mu, \nu) \to \mu * \nu$ est continue, utiliser l'exerc. 11 *c*) du § 3.)

b) Soit $\mathscr{U}_s^\infty(G)$ l'ensemble des fonctions numériques bornées et uniformément continues dans G pour la structure uniforme gauche. On désigne par $\mathscr{T}_{II}$ la topologie $\sigma(\mathscr{M}^1(G), \mathscr{U}_s^\infty(G))$, par $\mathscr{M}_{II}$ l'espace $\mathscr{M}^1(G)$ muni de $\mathscr{T}_{II}$. En prenant $G = \mathbf{R}$, donner un exemple d'une suite (μ_n) de mesures sur G tendant vers 0 pour $\mathscr{T}_{II}$ et d'une suite (f_n) de fonctions de $L^1(G, \beta)$, tendant vers 0 pour $\mathscr{T}_{IV}$ (ou, ce qui revient au même, pour la topologie $\sigma(L^1(G, \beta), L^\infty(G, \beta))$, telles que la suite $(\mu_n * f_n)$ ne tende pas vers 0 pour $\mathscr{T}_{IV}$ (prendre $f_n(t) = \sin nt$ dans l'intervalle $[0, \pi]$, $f_n(t) = 0$ ailleurs).

c) Soient A une partie relativement compacte de $\mathscr{M}_{II}$, B une partie de $L^1(G, \beta)$, relativement compacte pour la topologie de la norme $\|f\|_1$. Montrer que la restriction à $A \times B$ de l'application $(\mu, f) \to \mu * f$ de $\mathscr{M}_{III} \times L^1(G, \beta)$ dans $L^1(G, \beta)$ est continue ($L^1(G, \beta)$ étant muni de sa topologie d'espace normé). (Se ramener à prouver que pour $f \in \mathscr{K}(G)$, l'application $\mu \to \mu * f$ de $\mathscr{M}_{II}$ dans $L^1(G, \beta)$ est continue dans A. En utilisant le fait que pour $g \in L^\infty(G, \beta)$ et $f \in \mathscr{K}(G)$, $g * f$ est uniformément continue pour la structure uniforme gauche, montrer d'abord que l'application $\mu \to \mu * f$ de $\mathscr{M}_{II}$ dans $\mathscr{M}_{IV}$ est continue. Utilisant ensuite l'exerc. 20 *a*), se ramener à prouver que si C est une partie de $L^1(G, \beta)$ compacte pour la topologie $\sigma(L^1(G, \beta), L^\infty(G, \beta))$ et $h \in \mathscr{K}(G)$, l'application $\mu \to \mu * h$ de C dans $L^1(G, \beta)$ est continue lorsque $L^1(G, \beta)$ est munie de sa topologie d'espace normé. Par le même raisonnement que dans *a*), montrer qu'il suffit pour cela de prouver que l'image de C par cette application est compacte pour la topologie d'espace normé. Utiliser pour cela le th. de Šmulian, le fait que C est serré (§ 3, exerc. 10) et le th. de Lebesgue).

d) Soient A une partie relativement compacte de $\mathscr{M}_{II}$ contenant 0, B une partie relativement compacte de $\mathscr{M}_I$; montrer que pour tout $\nu_0 \in B$ la restriction à $A \times B$ de l'application $(\mu, \nu) \to \mu * \nu$ de $\mathscr{M}_{II} \times \mathscr{M}_I$ dans $\mathscr{M}_{II}$ est continue au point $(0, \nu_0)$. (Utiliser l'exerc. 20 *a*), et l'exerc. 8 *c*).)

e) Soient A une partie bornée de $\mathscr{M}^1(G)$, f une fonction de $L^1(G, \beta)$; montrer que la restriction à A de l'application $\mu \to \mu * f$ de $\mathscr{M}_{III}$ dans $\mathscr{M}_{IV}$ est continue.

f) Soit $\mathscr{M}^1_+(G)$ l'ensemble des mesures positives bornées sur G. Montrer que si une partie A de $\mathscr{M}^1_+(G)$ est compacte pour $\mathscr{T}_{II}$ elle est aussi compacte pour $\mathscr{T}_{III}$. (Se ramener à prouver que A est un ensemble serré. Raisonner par l'absurde, en utilisant le fait que pour $f \in \mathscr{K}(G)$, l'image de A par l'application $\mu \to \mu * f$ est un ensemble serré en vertu de *c*).)

g) Montrer que pour $G = \mathbf{R}$, les topologies induites sur $\mathscr{M}^1_+(G)$ par $\mathscr{T}_{II}$ et $\mathscr{T}_{III}$ sont distinctes.

¶ 22) Les notations sont celles de l'exerc. 21 du § 4 et de l'exerc. 11 du § 3.

a) Soit (μ_n) une suite de mesures bornées sur G. On suppose que pour toute fonction $f \in L^1(G, \beta)$, la suite $(\mu_n * f)$ converge vers 0 dans $\mathscr{M}_I$. Montrer que la suite des normes $(\|\mu_n\|)$ est bornée (utiliser le th. de Banach-Steinhaus pour la famille d'applications $f \to \mu_n * f$ de $L^1(G, \beta)$ dans lui-même, ainsi que l'exerc. 15). En déduire que la suite (μ_n) tend vers 0 dans $\mathscr{M}_I$ (utiliser l'exerc. 20).

b) Soit (μ_n) une suite de mesures bornées sur G telle que la suite $(\mu_n * f)$ tende vaguement vers 0 pour toute fonction $f \in L^1(G, \beta)$; montrer que la suite (μ_n) tend vaguement vers 0 (pour toute partie compacte K de G, montrer, en raisonnant comme dans *a*), que la suite $(|\mu_n|(K))$ est bornée). Donner un exemple (avec $G = \mathbf{Z}$) où la suite $(\|\mu_n\|)$ n'est pas bornée.)

c) Soit (μ_n) une suite de mesures bornées sur G telle que pour toute fonction $f \in L^1(G, \beta)$, la suite $(\mu_n * f)$ converge vers 0 dans $\mathscr{M}_{II}$; montrer que la suite (μ_n) converge vers 0 dans $\mathscr{M}_{II}$ (utiliser *a*)).

23) Soient G un groupe localement compact, β une mesure de Haar à gauche sur G, f et g deux fonctions *positives* localement β-intégrables. On suppose que f et g sont convolables et que l'une de ces fonctions est nulle dans le complémentaire d'une réunion dénombrable d'ensembles compacts. Montrer que $f * g$ est égale localement presque partout à une fonction semi-continue inférieurement (utiliser la prop. 15 du nº 5).

24) Montrer que les inégalités des prop. 12 et 15 du nº 5 ne peuvent être améliorées par l'insertion d'un facteur constant $c < 1$ aux seconds membres.

25) Soient G un groupe localement compact, β une mesure de Haar à gauche sur G, μ une mesure positive sur G. Si A est un ensemble μ-intégrable et B un ensemble borélien dans G, la fonction

$$u : s \to \mu(A \cap sB)$$

est β-mesurable dans G ; si en outre B est β-intégrable, il en est de même de u, et l'on a $\int \mu(A \cap sB) d\beta(s) = \mu(A)\beta(B^{-1})$. Donner un exemple de mesure μ telle que $s \to \mu(A \cap sB)$ ne soit pas continue ; si μ est une mesure de base β et si A est μ-intégrable et B borélien, la fonction $s \to \mu(A \cap sB)$ est continue dans G.

¶ 26) Soient G un groupe localement compact, β une mesure de Haar à gauche sur G. Pour qu'une partie H de $L^p(G, \beta)$ ($1 \leqslant p \leqslant +\infty$) soit relativement compacte (pour la topologie de la convergence en moyenne d'ordre p), il faut et il suffit que les conditions suivantes soient satisfaites : 1° H est borné dans $L^p(G, \beta)$; 2° pour tout $\varepsilon > 0$, il existe une partie compacte K de G que telle $\|f\varphi_{G-K}\|_p \leqslant \varepsilon$ pour toute fonction $f \in H$; 3° pour tout $\varepsilon > 0$, il existe un voisinage V de e dans G tel que $\|\gamma(s)f - f\|_p \leqslant \varepsilon$ pour toute $f \in H$ et tout $s \in V$. (Pour prouver que les conditions sont suffisantes, observer que si $g \in \mathscr{K}(G)$, et si L est une partie compacte de G, l'image par l'application $f \to g * f$ de l'ensemble des restrictions à L des fonctions de H est une partie équicontinue de $\mathscr{K}(G)$).

¶ 27) Soient G un groupe localement compact, β une mesure de Haar à gauche sur G. Si G n'est pas réduit à e, $L^1(G, \beta)$ est une algèbre (pour la convolution) admettant des diviseurs de zéro autres que 0. On pourra procéder comme suit pour former deux éléments f, g non nuls de $L^1(G, \beta)$ tels que $f * g = 0$:

1° Cas où G contient un sous-groupe compact H non réduit à e. Prendre alors pour f une fonction caractéristique d'un ensemble A, pour g une différence $\varphi_{sB} - \varphi_B$ de deux fonctions caractéristiques d'ensemble, A et B étant convenablement choisis.

2° Cas où G = **Z**. Montrer alors que l'on peut prendre

$$f(n) = \frac{1}{2n-1} - \frac{1}{2n+1}$$

pour tout $n \in \mathbf{Z}$ et $g(n) = f(-n)$.

3° Cas général. Prouver d'abord qu'il existe $a \neq e$ dans G tel que $\Delta(a) = 1$. L'adhérence H dans G du sous-groupe engendré par a est alors un sous-groupe compact ou un sous-groupe isomorphe à **Z** (*Top. gén.*, chap. V, § 1, exerc. 2). Dans le premier cas, utiliser le résultat du 1° ; dans le second, prendre $f(t) = \sum_{n=-\infty}^{+\infty} \alpha_n \varphi_{Ua^{-n}}(t)$, $g(t) = \sum_{n=-\infty}^{+\infty} \beta_n \varphi_{a^n U}(t)$, en choisissant convenablement U et les suites (α_n), (β_n) à l'aide du 2°.

¶ 28) Soient G_1, G_2 deux groupes localement compacts, β_1, β_2 des mesures de Haar à gauche sur G_1, G_2 et A_1 (resp. A_2) l'algèbre topologique (sur **R**) $L^1(G_1, \beta_1)$ (resp. $L^1(G_2, \beta_2)$). Soit T un isomorphisme d'algèbres de A_1 sur A_2, tel que la relation $f \geqslant 0$ presque partout soit équivalente à $T(f) \geqslant 0$ presque partout.

a) Montrer que T est un isomorphisme d'algèbres topologiques. (Noter d'abord que si une suite décroissante (f_n) d'éléments de A_1 tend vers 0 presque partout, il en est de même de la suite des $T(f_n)$; en déduire que pour toute suite (f_n) majorée dans A_1, $T(\sup(f_n)) = \sup(T(f_n))$ et conclure à l'aide du lemme de Fatou).

b) Montrer que T se prolonge d'une seule manière en un isomorphisme de l'algèbre topologique $\mathscr{M}^1(G_1)$ sur l'algèbre topologique $\mathscr{M}^1(G_2)$, et qu'il existe un isomorphisme topologique u de G_1 sur G_2 et un homomorphisme continu χ de G_1 dans $\mathbf{R}_+^*$ tel que $T(\varepsilon_s) = \chi(s)\varepsilon_{u(s)}$ (utiliser l'exerc. 15 *a*) et l'exerc. 19 *b*) ; pour prouver que u et χ sont continus, remarquer que T définit un isomorphisme de l'algèbre $\mathscr{L}(A_1)$ des endomorphismes continus de l'espace vectoriel topologique A_1 sur l'algèbre analogue $\mathscr{L}(A_2)$ et que cet isomorphisme est bicontinu pour la topologie de la convergence simple ; d'autre part, observer que $s \to \boldsymbol{\delta}(s^{-1})$ est un isomorphisme de G sur un sous-groupe multiplicatif de $\mathscr{L}(A_1)$).

c) Déduire de *b*) que l'on a, pour toute $f \in A_1$,

$$(T(f))(t) = \chi(u^{-1}(t))f(u^{-1}(t))$$

pour tout $t \in G_2$.

On rappelle (*Alg.*, chap. III, 3e éd., § 1) qu'il y a des groupes finis G_1, G_2 tels que les algèbres $L^1(G_1, \beta_1)$ et $L^1(G_2, \beta_2)$ soient isomorphes sans que G_1 et G_2 le soient.

§ 5

1) Soient X un espace localement compact, $\mathfrak{F}$ (ou $\mathfrak{F}(X)$) l'ensemble des parties fermées de X. Pour toute partie compacte K de X, tout voisinage compact L de K et tout entourage V de l'unique structure uniforme de L, soit Q(K, L, V) l'ensemble des couples (A, B) d'éléments de $\mathfrak{F}$ satisfaisant aux deux conditions

$$A \cap K \subset V(B \cap L) \quad \text{et} \quad B \cap K \subset V(A \cap L).$$

a) Montrer que les ensembles Q(K, L, V) forment un système fondamental d'entourages pour une structure uniforme séparée sur $\mathfrak{F}$.

b) Soit $\mathscr{U}$ une structure uniforme compatible avec la topologie de X. Pour toute partie compacte K de X et tout entourage W de $\mathscr{U}$, soit P(K, W) l'ensemble des couples (A, B) d'éléments de $\mathfrak{F}$ satisfaisant aux deux conditions

$$A \cap K \subset W(B) \quad \text{et} \quad B \cap K \subset W(A).$$

Montrer que les ensembles P(K, W) forment un système fondamental d'entourages pour la structure uniforme définie dans *a*).

c) Soient X' le compactifié d'Alexandroff de X, ω le point à l'infini de X' ; pour toute partie fermée A de X, soit $A' = A \cup \{\omega\}$. Montrer que l'application $A \to A'$ est un isomorphisme de l'espace uniforme $\mathfrak{F}(X)$ défini dans *a*) sur le sous-espace de $\mathfrak{F}(X')$ formé des parties fermées contenant ω (utiliser *b*)). En déduire que $\mathfrak{F}(X)$ est compact (cf. *Top. gén.*, chap. II, 3e éd., § 4, exerc. 15).

2) Soient G un groupe localement compact, $\mathfrak{F}(G)$ l'espace uniforme des parties fermées de G (défini au no 6 ou dans l'exerc. 1). Démontrer directement que l'ensemble Σ des sous-groupes fermés de G est fermé dans $\mathfrak{F}(G)$ (sans utiliser la prop. 3 du no 1).

3) Soient G un groupe localement compact, χ une représentation continue de G dans $\mathbf{R}_+^*$. Généraliser les prop. 4, 5 et 6 à l'ensemble Γ_χ des mesures $\alpha \in \Gamma$ telles que la restriction de χ à H_α soit le module de α. (Remplacer la mesure μ par $\chi.\mu$ et considérer les mesures quotients $(\chi.\mu)/\breve{\alpha}$).

4) Soit G un groupe localement compact qui ne soit engendré

par aucune partie compacte de G, et soit H un sous-groupe discret de G tel que G/H soit compact. Montrer que H ne peut être engendré par un nombre fini d'éléments, mais que la mesure de Haar normalisée α_0 de H est adhérente dans Γ^0 à l'ensemble des α telles que $\|\mu_\alpha\| = +\infty$ (considérer les mesures de Haar normalisées des sous-groupes de H engendrés par un nombre fini d'éléments).

5) Soit G le groupe discret somme directe d'une suite infinie (G_n) de sous-groupes à deux éléments, et soit p_n la projection de G sur G_n. Posons $H_n = p_n^{-1}(e)$, et soit α_n la mesure de Haar normalisée de H_n. Si μ est la mesure de Haar normalisée de G, montrer que dans Γ_c^0, la suite (α_n) converge vers μ mais que l'on a $\|\mu_{\alpha_n}\| = 2$ et $\|\mu_\mu\| = 1$.

6) Soit G un groupe localement compact ne vérifiant pas la condition (L) du nº 4.

a) Montrer (avec les notations du nº 4) que la bijection canonique de N sur D n'est pas un homéomorphisme. (Pour tout voisinage W de *e* dans G, soit A(W) l'ensemble des sous-groupes finis $\neq \{e\}$ contenus dans W ; montrer que les A(W) forment la base d'un filtre convergeant dans D vers le sous-groupe $\{e\}$, mais que si α_H désigne la mesure de Haar normalisée de H, les mesures α_H ne convergent pas vers ε_e).

b) Si de plus G est métrisable, montrer qu'il existe une partie compacte B de l'espace D des sous-groupes discrets de G, qui n'est contenue dans aucun des ensembles D_U définis dans le th. 1 du nº 3.

NOTE HISTORIQUE
(chapitres VII et VIII)

(N.B. — Les chiffres romains renvoient à la bibliographie placée à la fin de cette note.)

Les notions de longueur, d'aire et de volume chez les Grecs sont essentiellement fondées sur leur *invariance* par les déplacements : « Des choses qui coïncident (ἐφαρμόζοντα) sont égales » (*Eucl. El.*, Livre I, « Notion commune » 4) ; et c'est par un usage ingénieux de ce principe que sont obtenues toutes les formules donnant les aires ou volumes des « figures » classiques (polygones, coniques, polyèdres, sphères, etc.), tantôt par des procédés de décomposition finie, tantôt par « exhaustion » (*). En langage moderne, on peut dire que ce que font les géomètres grecs, c'est démontrer l'existence de « fonctions d'ensembles » additives et invariantes par déplacements, mais définies seulement pour des ensembles d'un type fort particulier. Le calcul intégral peut être considéré comme répondant au besoin d'élargir le domaine de définition de ces fonctions d'ensemble, et, de Cavalieri à H. Lebesgue, c'est cette préoccupation qui sera au premier plan des recherches des analystes ; quant à la propriété d'invariance par déplacements, elle passe au second plan, étant devenue une conséquence triviale de la formule

(*) On peut montrer que si deux polygones plans P, P′ ont même aire, il y a deux polygones $R \supset P$, $R' \supset P'$ qui peuvent être décomposés chacun en un nombre fini de polygones R_i (resp. R'_i) ($1 \leqslant i \leqslant m$) sans point intérieur commun, tels que R_i et R'_i se déduisent l'un de l'autre par un déplacement (dépendant de i), et tels que R (resp. R′) soit réunion d'une famille finie de polygones S_j (resp. S'_j) ($0 \leqslant j \leqslant n$), sans point intérieur commun, avec $S_0 = P$, $S'_0 = P'$, et S'_j se déduisant de S_j par un déplacement pour $1 \leqslant j \leqslant n$. Par contre, M. Dehn a démontré (Ueber den Rauminhalt, *Math. Ann.*, t. LV (1902), pp. 465-478) que cette propriété n'est plus valable pour le volume des polyèdres, et que les procédés d'exhaustion employés depuis Eudoxe étaient par suite inévitables.

générale de changement de variables dans les intégrales doubles ou triples et du fait qu'une transformation orthogonale a un déterminant égal à ± 1. Même dans les géométries non-euclidiennes (ou pourtant le groupe des déplacements est différent), le point de vue reste le même : de façon générale, Riemann définit les éléments infinitésimaux d'aire ou de volume (ou leurs analogues pour les dimensions $\geqslant 3$) à partir d'un ds^2 par les formules euclidiennes classiques, et leur invariance par les transformations qui laissent invariant le ds^2 est donc presque une tautologie.

C'est seulement vers 1890 qu'apparaissent d'autres extensions moins immédiates de la notion de mesure invariante par un groupe, avec le développement de la théorie des *invariants intégraux*, notamment par H. Poincaré et E. Cartan ; H. Poincaré n'envisage que des groupes à un paramètre opérant dans une portion d'espace, tandis que E. Cartan s'intéresse surtout aux groupes de déplacements, mais opérant dans d'autres espaces que celui où ils sont définis. Par exemple, il détermine ainsi entre autres (II) la mesure invariante (par le groupe des déplacements) dans l'espace des droites de $\mathbf{R}^2$ ou de $\mathbf{R}^3$ (*) ; en outre, il signale que de façon générale les invariants intégraux pour un groupe de Lie ne sont autres que des invariants différentiels particuliers, et qu'il est donc possible de les déterminer tous par les méthodes de Lie. Il ne semble pas toutefois que l'on ait songé à considérer ni à utiliser une mesure invariante sur le groupe lui-même avant le travail fondamental de A. Hurwitz en 1897 (V). Cherchant à former les polynômes (sur $\mathbf{R}^n$) invariants par le groupe orthogonal, Hurwitz part de la remarque que, pour un groupe fini de transformations linéaires, le problème se résout aussitôt en prenant la *moyenne* des transformés $s.$P d'un polynôme quelconque P par tous les éléments s du groupe ; ce qui lui donne l'idée de remplacer, pour le groupe orthogonal, la moyenne par une intégrale relative à une mesure invariante ; il donne explicitement l'expres-

(*) La mesure invariante sur l'espace des droites du plan avait déjà été essentiellement déterminée à l'occasion de problèmes de « probabilités géométriques », notamment par Crofton, dont E. Cartan ne connaissait probablement pas les travaux à cette époque.

sion de cette dernière à l'aide de la représentation paramétrique par les angles d'Euler, mais observe aussitôt (indépendamment de E. Cartan) que les méthodes de Lie fournissent l'existence d'une mesure invariante pour tout groupe de Lie. Peut-être à cause du déclin de la théorie des invariants au début du xxe siècle, les idées de Hurwitz n'eurent guère d'écho immédiat, et ne devaient être mises en valeur qu'à partir de 1924, avec l'extension aux groupes de Lie compacts, par I. Schur et H. Weyl, de la théorie classique de Frobenius sur les représentations linéaires des groupes finis. Le premier se borne au cas du groupe orthogonal, et montre comment la méthode de Hurwitz permet d'étendre les classiques relations d'orthogonalité des caractères ; idée que H. Weyl combine avec les travaux de E. Cartan sur les algèbres de Lie semi-simples pour obtenir l'expression explicite des caractères des représentations irréductibles des groupes de Lie compacts et le théorème de complète réductibilité (XI *a*)), puis, par une extension hardie de la notion de « représentation régulière », le célèbre théorème de Peter-Weyl, analogue parfait de la décomposition de la représentation régulière en ses composantes irréductibles dans la théorie des groupes finis (XI *b*)).

Un an auparavant, O. Schreier avait fondé la théorie générale des groupes topologiques, et dès ce moment il était clair que les raisonnements du mémoire de Peter-Weyl devaient rester valables tels quels pour tout groupe topologique sur lequel on pourrait définir une « mesure invariante ». A vrai dire, les notions générales sur la topologie et la mesure étaient encore à cette époque en pleine formation, et ni la catégorie de groupes topologiques sur lesquels on pouvait espérer définir une mesure invariante, ni les ensembles pour lesquels cette « mesure » serait définie, ne semblaient clairement délimités. Le seul point évident était qu'on ne pouvait espérer étendre au cas général les méthodes infinitésimales prouvant l'existence d'une mesure invariante sur un groupe de Lie. Or, un autre courant d'idées, issu de travaux sur la mesure de Lebesgue, conduisait précisément à des méthodes d'attaque plus directes. Hausdorff avait prouvé, en 1914, qu'il n'existe pas de fonction d'ensemble additive non identiquement nulle définie pour *tous* les sous-ensembles de $\mathbf{R}^3$ et invariante par déplacements, et il était naturel de chercher si ce résultat était encore valable pour $\mathbf{R}$ et $\mathbf{R}^2$: problème qui fut résolu par S. Banach en 1923 de façon surprenante, en montrant au contraire que dans ces deux cas une telle « mesure » existait bel et bien (I) ; son procédé, fort ingénieux, repose déjà sur une construction par induction transfinie et sur la considération des « moyennes » $\frac{1}{n}\sum_{k=1}^{n} f(x+\alpha_k)$ de translatées d'une fonction par des éléments du groupe (*). Ce sont des idées analogues qui permirent à A. Haar, en 1933 (IV), de faire le pas décisif, en prouvant l'existence d'une mesure invariante pour les groupes localement compacts à base dénombrable d'ouverts : s'inspirant de la méthode d'approximation d'un volume, en Calcul intégral classique, par une juxtaposition de cubes congruents de côté arbitrairement petit, il obtient, à l'aide du procédé diagonal, la mesure invariante comme limite d'une suite de « mesures approchées », procédé qui est encore essentiellement celui que nous avons utilisé au chap. VII, § 1. Cette découverte eut un très grand retentissement, en particulier parce qu'elle permit aussitôt à J. von Neumann de résoudre, pour les groupes compacts, le fameux « 5e problème » de Hilbert sur la caractérisation des groupes de Lie par des propriétés purement topologiques (à l'exclusion de toute structure différentielle préalablement donnée). Mais on s'aperçut aussitôt que, pour pouvoir utiliser la mesure invariante de façon efficace, il fallait non seulement connaître son existence, mais encore savoir qu'elle était unique à un facteur près ; ce point fut d'abord démontré par J. von Neumann pour les groupes compacts, en utilisant une méthode de définition de la mesure de Haar par des « moyennes » de fonctions continues, analogues à celles de Banach (VII *a*)) ; puis J. von Neumann (VII *b*)) et A. Weil (X),

(*) J. von NEUMANN montra, en 1929, que la raison profonde de la différence de comportement entre $\mathbf{R}$ et $\mathbf{R}^2$ d'une part, et les $\mathbf{R}^n$ pour $n \geqslant 3$ de l'autre, devait être cherchée dans la commutativité du groupe des rotations de l'espace $\mathbf{R}^2$.

par des méthodes différentes, obtinrent simultanément l'unicité dans le cas des groupes localement compacts, A. Weil indiquant en même temps comment le procédé de Haar pouvait s'étendre aux groupes localement compacts généraux. C'est aussi A. Weil (*loc. cit.*) qui obtint la condition d'existence d'une mesure relativement invariante sur un espace homogène, et montra enfin que l'existence d'une « mesure » (douée de propriétés raisonnables) sur un groupe topologique séparé, entraînait *ipso facto* que le groupe est localement précompact. Ces travaux achevaient essentiellement la théorie générale de la mesure de Haar ; la seule addition plus récente à citer est la notion de mesure quasi-invariante, qui ne s'est guère dégagée qu'aux environs de 1950, en liaison avec la théorie des représentations des groupes localement compacts dans les espaces hilbertiens.

L'histoire du produit de convolution est plus complexe. Dès le début du XIXe siècle, on observe que si, par exemple, $F(x, t)$ est une intégrale d'une équation aux dérivées partielles en x et t, linéaire et à coefficients constants, alors

$$\int_{-\infty}^{+\infty} F(x - s, t) f(s) ds$$

est aussi une intégrale de la même équation ; Poisson, entre autres, dès avant 1820, utilise cette idée pour écrire les intégrales de l'équation de la chaleur sous la forme

$$(1) \qquad \int_{-\infty}^{+\infty} \exp\left(-\frac{(x-s)^2}{4t}\right) f(s) ds.$$

Un peu plus tard, l'expression

$$(2) \qquad \frac{1}{2\pi}\int_{-\pi}^{+\pi} \frac{\sin \frac{2n+1}{2}(x-t)}{\sin \frac{x-t}{2}} f(t) dt$$

de la somme partielle d'une série de Fourier et l'étude, faite par Dirichlet, de la limite de cette intégrale lorsque n tend vers

$+\infty$, donne le premier exemple de « régularisation » $f \to \rho_n * f$ sur le tore $\mathbf{T}$ (à vrai dire par une suite de « noyaux » ρ_n non positifs, ce qui en complique singulièrement l'étude) ; sous le nom d'« intégrales singulières », les expressions intégrales analogues seront un sujet de prédilection des analystes de la fin du XIXe siècle et du début du XXe siècle, de P. du Bois-Reymond à H. Lebesgue. Sur $\mathbf{R}$, Weierstrass utilise l'intégrale (1) pour la démonstration de son théorème d'approximation par les polynômes, et donne à ce propos le principe général de la régularisation par une suite de « noyaux » positifs ρ_n de la forme $x \to c_n \rho(x/n)$. Sur $\mathbf{T}$, le plus célèbre exemple d'une régularisation par noyaux positifs est donné un peu plus tard par Fejér, et à partir de ce moment, c'est le procédé standard qui sera à la base de la plupart des « méthodes de sommation » des séries de fonctions.

Toutefois, ces travaux, en raison de la dissymétrie des rôles qu'y jouent le « noyau » et la fonction régularisée, ne faisaient guère apparaître les propriétés algébriques du produit de convolution. C'est à Volterra surtout que l'on doit d'avoir mis l'accent sur ce point. Il étudie de façon générale la « composition » $\mathrm{F} * \mathrm{G}$ de deux fonctions de deux variables

$$(\mathrm{F} * \mathrm{G})(x, y) = \int_x^y \mathrm{F}(x, t)\mathrm{G}(t, y)\,dt$$

qu'il envisage comme une généralisation, par « passage du fini à l'infini », du produit de deux matrices (IX). Il distingue très tôt le cas (dit « du cycle fermé » en raison de son interprétation dans la théorie de l'hérédité) où F et G ne dépendent que de $y - x$; il en est alors de même de $\mathrm{H} = \mathrm{F} * \mathrm{G}$, et si l'on pose $\mathrm{F}(x, y) = f(y - x)$, $\mathrm{G}(x, y) = g(y - x)$, on a

$$\mathrm{H}(x, y) = h(y - x),$$

avec

$$h(t) = \int_0^t f(t - s)g(s)\,ds$$

de sorte que, pour $t \geqslant 0$, h coïncide avec la convolution des fonctions f_1, g_1 égales respectivement à f et g pour $t \geqslant 0$, et à 0 pour $t < 0$.

Cependant, le formalisme algébrique développé par Volterra ne faisait pas apparaître les liens avec la structure de groupe de $\mathbf{R}$ et la transformation de Fourier. Nous n'avons pas à faire ici l'histoire de cette dernière ; mais il convient de noter qu'à partir de Cauchy les analystes qui traitent de l'intégrale de Fourier s'attachent surtout à trouver des conditions de plus en plus larges pour la validité des diverses formules d'« inversion », et négligent quelque peu ses propriétés algébriques. On ne pourrait certes en dire autant des travaux de Fourier lui-même (ou de ceux de Laplace sur l'intégrale analogue $\int_0^\infty e^{-st}f(t)dt$) ; mais ces transformations avaient été introduites essentiellement à propos de problèmes *linéaires*, et il n'est donc pas très surprenant que l'on n'ait pas songé avant longtemps à considérer le produit de deux transformées de Fourier (exception faite des produits de séries trigonométriques ou de séries entières, mais le lien avec la convolution des mesures discrètes ne pouvait évidemment pas être aperçu au XIXe siècle). La première mention de ce produit et de la convolution sur $\mathbf{R}$ se trouve probablement dans un mémoire de Tchebychef (VIII), à propos de questions de calcul des probabilités. En effet, dans cette théorie, la convolution $\mu * \nu$ de deux « lois de probabilité » sur $\mathbf{R}$ (mesures positives de masse totale 1) n'est autre que la loi de probabilité « composée » de μ et ν (pour l'addition des « variables aléatoires » correspondantes). Bien entendu, chez Tchebychef, il n'est encore question que de convolution de lois de probabilités ayant une densité (par rapport à la mesure de Lebesgue), donc de convolution de fonctions ; elle n'intervient d'ailleurs chez lui que d'une façon épisodique, et il en sera ainsi dans les quelques rares travaux où elle apparaît avant la période 1920-1930. En 1920, P. J. Daniell, dans une note peu remarquée (III), définit la convolution de deux mesures quelconques sur $\mathbf{R}$ et la transformée de Fourier d'une telle mesure, et observe explicitement que la transformation de

Fourier fait passer de la convolution au produit ordinaire ; formalisme qui, à partir de 1925, va être intensivement utilisé par les probabilistes, à la suite de P. Lévy surtout. Mais l'importance fondamentale de la convolution en théorie des groupes n'est reconnue pleinement que par H. Weyl en 1927 ; il s'aperçoit que, pour un groupe compact, la convolution des fonctions joue le rôle de la multiplication dans l'algèbre d'un groupe fini, et lui permet par suite de définir la « représentation régulière » ; en même temps, il trouve dans la régularisation l'équivalent de l'élément unité de l'algèbre d'un groupe fini. Il restait à faire la synthèse de tous ces points de vue, qui s'accomplit dans le livre de A. Weil (X), préludant aux généralisations ultérieures que constitueront, d'une part les algèbres normées de I. Gelfand, et de l'autre la convolution des distributions.

La mesure de Haar et la convolution sont rapidement devenues des outils essentiels dans la tendance à l'algébrisation qui marque si fortement l'Analyse moderne ; nous aurons à en développer de nombreuses applications dans des Livres ultérieurs. La seule que nous ayons traitée dans ces chapitres concerne la « variation » des sous-groupes fermés (et notamment des sous-groupes discrets) d'un groupe localement compact. Cette théorie, partant d'un résultat de K. Mahler en Géométrie des nombres, a été inaugurée en 1950 par C. Chabauty, et vient d'être considérablement développée et approfondie par Macbeath et Swierczkowski (VI), dont nous avons reproduit les principaux résultats.

BIBLIOGRAPHIE

(I) S. BANACH, Sur le problème de la mesure, *Fund. Math.*, t. IV (1923), p. 7-33.

(II) E. CARTAN, Le principe de dualité et certaines intégrales multiples de l'espace tangentiel et de l'espace réglé, *Bull. Soc. Math. France*, t. XXIV (1896), p. 140-177 (= *Œuvres complètes*, t. II_1, p. 265-302).

(III) P. J. DANIELL, Stieltjes-Volterra products, *Congr. Intern. des Math.*, Strasbourg, 1920, p. 130-136.

(IV) A. HAAR, Der Maassbegriff in der Theorie der kontinuierlichen Gruppen, *Ann. of Math.*, (2), t. XXXIV (1933), p. 147-169 (= *Gesammelte Arbeiten*, p. 600-622).

(V) A. HURWITZ, Ueber die Erzeugung der Invarianten durch Integration, *Gött. Nachr.*, 1897, p. 71-90 (= *Math. Werke*, t. II, p. 546-564).

(VI) A. M. MACBEATH, S. SWIERCZKOWSKI, Limits of lattices in a compactly generated group, *Can. Journ. of Math.*, t. XII (1960), p. 427-437.

(VII) J. von NEUMANN : *a*) Zum Haarschen Mass in topologischen Gruppen, *Comp. Math.*, t. I (1934), p. 106-114 (= *Collected Works*, t. II, n° 22) ; *b*) The uniqueness of Haar's measure, *Mat. Sbornik*, t. I (XLIII) (1936), p. 721-734 (= *Collected Works*, t. IV, n° 6).

(VIII) P. TCHEBYCHEF, Sur deux théorèmes relatifs aux probabilités, *Acta Math.*, t. XIV (1890), p. 305-315 (= *Œuvres*, t. II, p. 481-491).

(IX) V. VOLTERRA, *Leçons sur les fonctions de lignes*, Paris (Gauthier-Villars), 1913.

(X) A. WEIL, L'intégration dans les groupes topologiques et ses applications, *Actual Scient. et Ind.*, n° 869, Paris, Hermann, 1940 (2e éd., *ibid.*, n° 869-1145, Paris, Hermann, 1953).

(XI) H. WEYL : *a*) Theorie des Darstellung kontinuierlicher halbeinfacher Gruppen durch lineare Transformationen, *Math. Zeit.*, t. XXIII (1925), p. 271-309, XXIV (1926), p. 328-395 et 789-791 (= *Selecta*, Basel-Stuttgart (Birkhäuser), 1956, p. 262-366) ; *b*) (mit F. PETER) Die Vollständigkeit der primitiven Darstellungen einer geschlossenen kontinuierlichen Gruppe, *Math. Ann.*, t. XCVII (1927), p. 737-755 (= *Selecta*, p. 387-404).

INDEX DES NOTATIONS

Les chiffres de référence indiquent successivement le chapitre, le paragraphe et le numéro.

$\gamma_X(s)$, $\gamma(s)$: VII, 1, 1.
$\gamma(s)f$, $\gamma(s)\mu$ (f fonction, μ mesure) : VII, 1,. 1.
$d\mu(s^{-1}x)$: VII, 1, 1.
$\delta_X(s)$, $\delta(s)$, $\delta(s)f$, $\delta(s)\mu$, $d\mu(xs)$: VII, 1, 1.
$\check{f}$, $\check{\mu}$, $d\mu(x^{-1})$ (f fonction, μ mesure) : VII, 1, 1.
Δ_G, Δ : VII, 1, 3.
$\mathrm{mod}_G\,\varphi$, $\mathrm{mod}\,\varphi$ (φ automorphisme) : VII. 1, 4.
$\mathbf{Z}_p$ (p nombre premier) : VII, 1, 6.
K^+ (K corps) : VII, 1, 10.
$\mathrm{mod}_K a$, $\mathrm{mod}\,a$ (a élément d'un corps localement compact K) : VII, 1, 10.
α^* (α mesure sur le groupe additif d'un corps localement compact K) : VII, 1, 10.
$\mathscr{K}^\chi(X)$, $\mathscr{K}^\chi_+(X)$, $\mathscr{K}^1(X)$, f^χ, f^1 (X espace localement compact où opère un groupe localement compact H, χ représentation continue de H dans $\mathbf{R}^*_+$) : VII, 2, 1.
$f^\flat$: VII, 2, 2.
$\lambda^\#$, $\dfrac{\mu}{\beta}$, μ/β : VII, 2, 2.
$\mathbf{m}^\#$ ($\mathbf{m}$ mesure vectorielle) : VII, 2, 2.
T_{J_n}, $T_1(n, K)$, $T(n, K)$, $T(n, K)^*$: VII, 3, 3.
$\mathop{*}\limits_{i=1}^{n} \mu_i$, $*_\varphi(\mu_i)_{1\leqslant i\leqslant n}$, $\mu_1 * \mu_2 * \ldots * \mu_n$: VIII, 1, 1.
γ_χ : VIII, 2,3 et VIII, 2, 4.
$\gamma_{\chi,p}$: VIII, 2, 5.
$U(\mu)$ (U représentation d'un groupe localement compact G, μ mesure sur G) : VIII, 2, 6.
$\mathscr{M}^\varphi(G)$ (G groupe localement compact) : VIII, 3, 1.
$\mu *^\beta f$, $\mu * f$ (μ mesure, f fonction) : VIII, 4, 1.
$\mathscr{L}(G)$ (G groupe localement compact) : VIII, 4, 5.

INDEX TERMINOLOGIQUE

Les chiffres de référence indiquent successivement le chapitre, le paragraphe et le numéro (ou, exceptionnellement, l'exercice).

Algèbre trigonale supérieure, inférieure : VII, 3, 3.
Continue (représentation linéaire) : VIII, 2, 1.
Contragrédiente (représentation linéaire) : VIII, 2, 2.
Convolable, φ-convolable (suite finie de mesures) : VIII, 1, 1.
Convolables (mesure et fonction) : VIII, 4, 1.
Convolables (fonctions) : VIII, 4, 5.
Convolution (produit de) d'une suite finie de mesures : VIII, 1, 1.
Convolution (produit de) d'une mesure et d'une fonction : VIII, 4, 1.
Convolution (produit de) de fonctions : VIII, 4, 5.
Décomposition d'Iwasawa de **GL**(n,K) : VII, 3, 3.
Domaine fondamental : VII, 2, 10.
Entiers *p*-adiques : VII, 1, 6.
Equicontinue (représentation linéaire) : VIII, 2, 1.
Fondamental (domaine) : VII, 2, 10.
Groupe trigonal large supérieur, inférieur : VII, 3, 3.
Groupe trigonal spécial supérieur, inférieur : VII, 3, 3.
Groupe trigonal strict supérieur, inférieur : VII, 3, 3.
Groupe unimodulaire : VII, 1, 3.
Haar (mesure de) : VII, 1, 2.
Inégalité de Brunn-Minkowski : VII, 1, exerc. 25.
Invariante (mesure) par un groupe d'opérateurs : VII, 1, 1.
Invariante à gauche, à droite (mesure) sur un groupe : VII, 1, 1.
Isométrique (représentation linéaire) : VIII, 2, 1.
Iwasawa (décomposition d') : VII, 3, 3.
Limite projective de mesures sur une limite projective de groupes localement compacts : VII, 1, 6.
Mesure de Haar à gauche, à droite sur un groupe localement compact : VII, 1, 2.
Mesure de Haar normalisée sur un groupe compact, sur un groupe discret : VII, 1, 3.
Mesure de Haar normalisée sur $\mathbf{Q}_p$: VII, 1, 6.

Mesure invariante, relativement invariante, quasi-invariante par un groupe d'opérateurs : VII, 1, 1.
Mesure invariante à gauche, à droite sur un groupe localement compact : VII, 1, 1.
Mesure quasi-invariante sur un groupe localement compact : VII, 1, 9.
Mesure relativement invariante sur un groupe localement compact : VII, 1, 8.
Module d'un automorphisme : VII, 1, 4.
Module d'un groupe localement compact : VII, 1, 3.
Moyenne orbitale : VII, 2, 2.
Multiplicateur d'une mesure relativement invariante par un groupe d'opérateurs : VII, 1, 1.
Multiplicateur à gauche, à droite d'une mesure relativement invariante sur un groupe localement compact : VII, 1, 8.
Multiplicateur sur un produit G × X d'un groupe G et d'un ensemble X dans lequel G opère : VIII, 2, 3.
Normalisée (mesure de Haar) sur un groupe compact, sur un groupe discret : VII, 1, 3.
Normalisée (mesure de Haar) sur $\mathbf{Q}_p$: VII, 1, 6.
Orbitale (moyenne) : VII, 2, 2.
p-adiques (entiers) : VII, 1, 6.
Produit de convolution de mesures pour une application : VIII, 1, 1.
Produit de convolution d'une mesure et d'une fonction : VIII, 4, 1.
Produit de convolution de fonctions : VIII, 4, 5.
Quasi-invariante (mesure) par un groupe d'opérateurs : VII, 1, 1.
Quasi-invariante (mesure) sur un groupe localement compact : VII, 1, 9.
Quotient d'une mesure sur un espace localement compact X par une mesure de Haar d'un groupe opérant dans X : VII, 2, 2.
Relativement invariante (mesure) par un groupe d'opérateurs : VII, 1, 1.
Relativement invariante (mesure) sur un groupe localement compact : VII, 1, 8.
Régulière (représentation) gauche, droite : VIII, 2, 5.
Représentation continue, séparément continue, équicontinue, isométrique : VIII, 2, 1.
Représentation linéaire transposée, contragrédiente d'une représentation linéaire : VIII, 2, 2.
Représentation régulière droite, gauche : VIII, 2, 5.
Représentation unitaire : VIII, 2, exerc. 4.
Séparément continue (représentation linéaire) : VIII, 2, 1.
Suite finie φ-convolable de mesures : VIII, 1, 1.
Théorème de Minkowski : VII, 1, exerc. 27.
Transposée (représentation linéaire) : VIII, 2, 2.
Trigonal large, trigonal strict, trigonal spécial (groupe) : VII, 3, 3.
Trigonale (algèbre) : VII, 3, 3.
Unimodulaire (groupe) : VII, 1, 3.

TABLE DES MATIÈRES

CHAPITRE VII. — *Mesure de Haar* 7

§ 1. Construction d'une mesure de Haar.................... 7
1. Définitions et notations 7
2. Le théorème d'existence et d'unicité 13
3. Module 18
4. Module d'un automorphisme 21
5. Mesure de Haar d'un produit......................... 22
6. Mesure de Haar d'une limite projective 23
7. Définition locale d'une mesure de Haar 28
8. Mesures relativement invariantes 29
9. Mesures quasi-invariantes 30
10. Corps localement compacts 32
11. Algèbres de dimension finie sur un corps localement compact 37

§ 2. Quotient d'un espace par un groupe ; espaces homogènes.. 39
1. Résultats généraux 39
2. Cas où $\chi = 1$ 42
3. Autre interprétation de $\lambda^{\#}$ 45
4. Cas où X/H est paracompact 50
5. Mesures quasi-invariantes sur un espace homogène..... 53
6. Mesures invariantes sur un espace homogène 58
7. Mesure de Haar sur un groupe quotient............... 60
8. Une propriété de transitivité 61
9. Construction de la mesure de Haar d'un groupe à partir des mesures de Haar de certains sous-groupes 65
10. Intégration dans un domaine fondamental 67

§ 3. Applications et exemples............................ 70
1. Groupes compacts d'applications linéaires 70
2. Trivialité d'espaces fibrés et d'extensions de groupes... 72
3. Exemples : 1. Groupe linéaire 79
2. Groupe affine 80
3. Groupe trigonal strict 81
4. Groupe trigonal large................... 82

5. Groupe trigonal spécial 86
6. Groupe linéaire spécial 87
7. Décomposition d'Isawawa de **GL**(n,K) .. 90
8. Espaces de formes hermitiennes 93
Appendice I 96
Appendice II 98
Exercices du § 1 100
Exercices du § 2 111
Exercices du § 3 115

CHAPITRE VIII. — *Convolution et représentations* 120

§ 1. Convolution 120
1. Définitions et exemples 120
2. Associativité 122
3. Cas des mesures bornées 125
4. Propriétés concernant les supports 126
5. Expression vectorielle du produit de convolution 127

§ 2. Représentations linéaires des groupes 128
1. Représentations linéaires continues 128
2. Représentation contragrédiente 131
3. Exemple : représentations linéaires dans des espaces de fonctions continues 132
4. Exemple : représentations linéaires dans des espaces de mesures 134
5. Exemple : représentations linéaires dans les espaces L^p. 134
6. Prolongement d'une représentation linéaire de G aux mesures sur G 136
7. Relations entre les endomorphismes $U(\mu)$ et les endomorphismes $U(s)$ 137

§ 3. Convolution des mesures sur les groupes 140
1. Algèbres de mesures 140
2. Cas d'un groupe opérant sur un espace 144
3. Convolution et représentations linéaires 145

§ 4. Convolution des mesures et des fonctions 148
1. Convolution d'une mesure et d'une fonction 148
2. Exemples de mesures et de fonctions convolables.... 152
3. Convolution et transposition 159
4. Convolution d'une mesure et d'une fonction sur un groupe. 163
5. Convolution des fonctions sur un groupe 164
6. Applications 169
7. Régularisation 171

§ 5. L'espace des sous-groupes fermés 174
1. L'espace des mesures de Haar des sous-groupes fermés de G 174
2. Semi-continuité du volume de l'espace homogène 177
3. L'espace des sous-groupes fermés de G 180
4. Cas des groupes sans sous-groupes finis arbitrairement petits 183
5. Cas des groupes commutatifs 185
6. Autre interprétation de la topologie de l'espace des sous-groupes fermés 188

Exercices du § 1 190
Exercices du § 2 190
Exercices du § 3 192
Exercices du § 4 196
Exercices du § 5 206

Note historique (chap. VII et VIII) 208
Index des notations 217
Index terminologique 218

Principales formules du chapitre VII .... Dépliant I
Conditions suffisantes pour l'existence du produit de convolution .... Dépliant II

CONDITIONS SUFFISANTES POUR L'EXISTENCE DU PRODUIT DE CONVOLUTION

I. Cas où le produit de convolution $\mu * \nu$ de deux mesures existe :

(*a*) $*$ est défini par une application continue $\varphi : X \times Y \to Z$:
μ, ν bornées (alors $\mu * \nu$ est bornée et $\|\mu * \nu\| \leqslant \|\mu\| . \|\nu\|$).
μ, ν à support compact (alors $\mu * \nu$ est à support compact et $\mathrm{Supp}(\mu * \nu) \subset \varphi(\mathrm{Supp}\, \mu \times \mathrm{Supp}\, \nu)$).

(*b*) $*$ est défini par un groupe opérant à gauche continûment dans un espace : μ à support compact, ν quelconque.

(*c*) $*$ est défini par la multiplication dans un groupe G :
l'une des deux mesures à support compact.
μ, ν dans $\mathcal{M}^{\rho}(G)$ (alors $\mu * \nu \in \mathcal{M}^{\rho}(G)$, et $\|\mu * \nu\|_{\rho} \leqslant \|\mu\|_{\rho} \|\nu\|_{\rho}$).

II. — Cas où le produit de convolution $\mu * f$ d'une mesure et d'une fonction existe :

(*a*) $*$ est défini par un groupe G opérant à gauche continûment dans un espace X muni d'une mesure $\beta \geqslant 0$ telle que $\gamma(s)\beta = \chi(s^{-1}, .)\beta$, χ étant continue :

μ à support compact, f localement β-intégrable (si f est continue, $\mu * f$ est continue ; si f est continue à support compact, $\mu * f$ est continue à support compact).

G opère proprement dans X, $f \in \mathcal{K}(X)$ ($\mu * f$ est continue).

(*b*) les $\chi(s, .)$ sont bornées ; soit $\rho(s) = \sup_{x \in X} \chi(s^{-1}, x)$:

$\mu \in \mathcal{M}^{\rho}(G)$, $f \in L^{\infty}(X, \beta)$ (alors $\mu * f \in L^{\infty}(X, \beta)$; si $f \in \mathcal{C}^{\infty}(X)$, $\mu * f \in \mathcal{C}^{\infty}(X)$; si $f \in \overline{\mathcal{K}(X)}$, $\mu * f \in \overline{\mathcal{K}(X)}$).

$\mu \in \mathcal{M}^{\rho^{1/q}}(G)$, $f \in L^{p}(X, \beta)$ où $1/p + 1/q = 1$ (alors $\mu * f \in L^{p}(X, \beta)$ et $\|\mu * f\|_{p} \leqslant \|\mu\|_{\rho^{1/q}} \|f\|_{p}$).

III. — Cas où le produit de convolution $f * g$ de deux fonctions localement β-intégrables existe (β mesure $\geqslant 0$ relativement invariante sur un groupe G, de multiplicateurs à gauche et à droite χ et χ') :

f ou g continue, f ou g à support compact (alors $f * g$ est continue ; si f, g dans $\mathcal{K}(G)$, $f * g \in \mathcal{K}(G)$).

$f\chi^{-1/q} \in L^{1}(G, \beta)$ et $g \in L^{p}(G, \beta)$ $(1/p + 1/q = 1)$ (alors $f * g \in L^{p}(G, \beta)$ et $\|f * g\|_{p} \leqslant \|f\chi^{-1/q}\|_{1} \|g\|_{p}$).

$f \in L^{p}(G, \beta)$ et $g\chi'^{-1/q} \in L^{1}(G, \beta)$ (alors $f * g \in L^{p}(G, \beta)$ et $\|f * g\|_{p} \leqslant \|f\|_{p} \|g\chi'^{-1/q}\|_{1}$).

$f\chi^{-1} \in L^{1}(G, \beta)$ et $g \in \mathcal{C}^{\infty}(G)$ (resp. $\overline{\mathcal{K}(G)}$) (alors $f * g \in \mathcal{C}^{\infty}(G)$ (resp. $\overline{\mathcal{K}(G)}$)).

$f \in \mathcal{C}^{\infty}(G)$ (resp. $\overline{\mathcal{K}(G)}$) et $g\chi'^{-1} \in L^{1}(G, \beta)$ (alors $f * g \in \mathcal{C}^{\infty}(G)$ (resp. $\overline{\mathcal{K}(G)}$)).

$f \in L^{p}(G, \beta)$, $g \in L^{q}(G, \check{\beta})$ avec $1/p + 1/q = 1$, $1 < p < +\infty$, β invariante à gauche (alors $f * g \in \overline{\mathcal{K}(G)}$ et $\|f * g\|_{\infty} \leqslant \|f\|_{p} \|\check{g}\|_{q}$).

Formules concernant les $\gamma(s)$ et les $\delta(s)$.

Soit G un groupe topologique opérant continûment à gauche dans un espace localement compact X par $(s, x) \rightarrow sx$.

$\gamma(sx) = sx$ ($s \in G$, $x \in X$)
$\gamma(st) = \gamma(s)\gamma(t)$ (s, t dans G)
$(\gamma(s)f)(x) = f(s^{-1}x)$ (f fonction sur X)
$\langle f, \gamma(s)\mu\rangle = \langle\gamma(s^{-1})f, \mu\rangle$ (μ mesure sur X)
$d(\gamma(s)\mu)(x) = d\mu(s^{-1}x)$
$(\gamma(s)\mu)(A) = \mu(s^{-1}A)$ (A ensemble $\gamma(s)\mu$-intégrable).

Si μ est relativement invariante de multiplicateur χ,

$\gamma(s)\mu = \chi(s)^{-1}\mu$
$d\mu(sx) = \chi(s)d\mu(x)$.

Soit G un groupe topologique opérant continûment à droite dans un espace localement compact X par $(s, x) \rightarrow xs$.

$\delta(s)x = xs^{-1}$
$\delta(st) = \delta(s)\delta(t)$
$(\delta(s)f)(x) = f(xs)$
$\langle f, \delta(s)\mu\rangle = \langle\delta(s^{-1})f, \mu\rangle$
$d(\delta(s)\mu)(x) = d\mu(xs)$
$(\delta(s)\mu)(A) = \mu(As)$.

Si μ est relativement invariante de multiplicateur χ',

$\delta(s)\mu = \chi'(s)\mu$.
$d\mu(xs) = \chi'(s)d\mu(x)$

Formules concernant les mesures de Haar.

Soient G un groupe localement compact, Δ son module, μ une mesure de Haar à gauche, ν une mesure de Haar à droite.

1) On a

$$\gamma(s)\mu = \mu \qquad \delta(s)\mu = \Delta(s)\mu \qquad \check{\mu} = \Delta^{-1}.\mu$$
$$d\mu(sx) = d\mu(x) \qquad d\mu(xs) = \Delta(s)d\mu(x) \qquad d\mu(x^{-1}) = \Delta(x)^{-1}d\mu(x)$$

Si f est μ-intégrable,

$$\int f(sx)d\mu(x) = \int f(x)d\mu(x) \qquad \int f(xs)d\mu(x) = \Delta(s)^{-1}\int f(x)d\mu(x)$$
$$\int f(x^{-1})\Delta(x)^{-1}d\mu(x) = \int f(x)d\mu(x).$$

Si $A \subset G$ est μ-intégrable,

$$\mu(sA) = \mu(A) \qquad \mu(As) = \Delta(s)\mu(A).$$

2) On a

$$\delta(s)\nu = \nu \qquad \gamma(s)\nu = \Delta(s)\nu \qquad \check{\nu} = \Delta.\nu.$$
$$d\nu(xs) = d\nu(x) \qquad d\nu(s^{-1}x) = \Delta(s)d\nu(x) \qquad d\nu(x^{-1}) = \Delta(x)d\nu(x).$$

Si f est ν-intégrable,

$$\int f(xs)d\nu(x) = \int f(x)d\nu(x) \qquad \int f(sx)d\nu(x) = \Delta(s)\int f(x)d\nu(x)$$
$$\int f(x^{-1})\Delta(x)d\nu(x) = \int f(x)d\nu(x).$$

Si $A \subset G$ est ν-intégrable,

$$\nu(As) = \nu(A) \qquad \nu(sA) = \Delta(s^{-1})\nu(A).$$

3) ν est proportionnelle à $\Delta^{-1}.\mu$, μ est proportionnelle à $\Delta.\nu$.